21世纪高等学校计算机应用技术规划教材

C语言程序设计

◎ 王晓峰 李文杰 主编
　王思鹏 陈东方 李顺新 副主编

清华大学出版社
北京

内 容 简 介

本书以 C 语言标准为基本框架,按照"强基础、重应用"的原则,全面、系统地阐述 C 语言的基本概念、基本规范,以及利用 C 语言进行程序设计的基本方法和技术。全书共 11 章,包括数据类型、流程控制、数组、函数、指针、结构体、文件操作等内容。

本书内容新颖、概念清晰、逻辑严谨、深入浅出,结合笔者多年的程序设计教学经验,精选出丰富的典型实例,详细阐述了程序设计的分析和算法设计步骤,并给出了详尽的参考代码,便于学生理解和自学。

本书适合作为高等院校各类专业"C 语言程序设计"课程的教材,也适合作为相关领域计算机爱好者的参考书。

本书封面贴有清华大学出版社防伪标签,无标签者不得销售。
版权所有,侵权必究。举报: 010-62782989, beiqinquan@tup.tsinghua.edu.cn。

图书在版编目(CIP)数据

C 语言程序设计/王晓峰,李文杰主编. —北京: 清华大学出版社,2020.8(2023.1重印)
21 世纪高等学校计算机应用技术规划教材
ISBN 978-7-302-56049-4

Ⅰ. ①C… Ⅱ. ①王… ②李… Ⅲ. ①C 语言-程序设计-高等学校-教材 Ⅳ. ①TP312.8

中国版本图书馆 CIP 数据核字(2020)第 126980 号

责任编辑: 陈景辉　张爱华
封面设计: 刘　键
责任校对: 时翠兰
责任印制: 丛怀宇

出版发行: 清华大学出版社
　　网　　址: http://www.tup.com.cn, http://www.wqbook.com
　　地　　址: 北京清华大学学研大厦 A 座　　邮　编: 100084
　　社 总 机: 010-83470000　　邮　购: 010-62786544
　　投稿与读者服务: 010-62776969, c-service@tup.tsinghua.edu.cn
　　质量反馈: 010-62772015, zhiliang@tup.tsinghua.edu.cn
　　课件下载: http://www.tup.com.cn, 010-83470236
印 装 者: 三河市天利华印刷装订有限公司
经　　销: 全国新华书店
开　　本: 185mm×260mm　　印　张: 18.5　　字　数: 449 千字
版　　次: 2020 年 8 月第 1 版　　印　次: 2023 年 1 月第 6 次印刷
印　　数: 8001~9500
定　　价: 49.90 元

产品编号: 087409-01

前 言

随着人工智能技术的飞速发展，计算机编程教育日益受到广泛关注。对于初学者而言，面对众多的编程语言，往往不知如何选择。C语言作为最具代表性的高级语言，凭借其"语法简单、入门快捷、功能强大"等特点，成为广大初学者的首选。本书从初学者的实际需求出发，结合笔者多年的教学经验，按照"强基础、重应用"的原则，对C语言的概念、规范进行了深入浅出的介绍。

全书共包括11章。

第1章介绍程序设计和算法的基本概念，并以Visual C++ 2010为例，介绍程序的集成开发环境及调试过程。

第2章介绍数据类型、运算符与表达式。

第3～5章介绍标准输入输出操作以及流程控制结构。

第6章介绍数组的定义、引用，以及如何以数组作为数据类型进行程序设计。

第7章介绍函数的定义、调用的基本概念，以及嵌套函数、递归函数的基本规范及程序设计方法。

第8章介绍编译预处理命令。

第9章介绍指针的概念以及指针与数组、指针与函数之间的联系和应用。

第10章介绍复杂数据类型中的结构与联合，并介绍链表的基本概念及操作。

第11章介绍文件指针的概念以及文件的读写操作。

本书概念清晰、逻辑严谨，语言描述通俗易懂；循序渐进、深入浅出，在详细介绍C语言基本语法规范的同时，配套讲解了丰富的典型例题，便于学生掌握程序设计的基本方法与技巧。

本书由王晓峰、李文杰任主编，王思鹏、陈东方、李顺新任副主编，王晓峰负责全书的策划、总纂与定稿工作。

本书在编写过程中得到了武汉科技大学计算机科学与技术学院诸多同仁的大力支持，在此表示诚挚的谢意！

由于作者水平有限，书中难免存在疏漏之处，恳请广大读者批评指正。

作 者

2020年8月

目 录

第 1 章 概述 ··· 1

  1.1 程序设计及程序设计语言 ··· 1
    1.1.1 低级语言 ·· 1
    1.1.2 高级语言 ·· 1
  1.2 算法及其表示方法 ··· 2
    1.2.1 算法的基本概念及特性 ·· 2
    1.2.2 算法的表示方法 ·· 3
  1.3 C 语言简介 ··· 5
    1.3.1 C 语言的产生与发展 ··· 5
    1.3.2 C 语言的特点 ·· 6
    1.3.3 C 语言程序的基本结构 ·· 7
    1.3.4 C 语言的基本语法单位 ·· 10
    1.3.5 运行 C 语言程序的一般步骤 ·· 12
  1.4 Visual C++ 2010 集成开发环境简介 ·· 13
    1.4.1 Visual C++的开发环境 ··· 13
    1.4.2 使用 Visual Studio 2010 新建及运行 C 程序项目 ······························ 14
    1.4.3 调试程序的方法 ·· 16
    1.4.4 运行多文件组成的 C 程序的方法 ··· 17
  习题 1 ··· 18

第 2 章 数据类型、运算符与表达式 ·· 19

  2.1 C 语言的数据类型 ·· 19
  2.2 常量 ··· 21
    2.2.1 直接常量 ·· 22
    2.2.2 符号常量 ·· 26
  2.3 变量 ··· 27
    2.3.1 变量名与变量值 ·· 27
    2.3.2 变量的定义 ·· 27
    2.3.3 变量初始化 ·· 28
  2.4 运算符与表达式 ··· 29
    2.4.1 C 语言的运算符简介 ·· 29

2.4.2 算术运算 ……………………………………………………………… 30
   2.4.3 关系运算 ……………………………………………………………… 32
   2.4.4 逻辑运算 ……………………………………………………………… 33
   2.4.5 赋值运算 ……………………………………………………………… 36
   2.4.6 逗号运算 ……………………………………………………………… 39
   2.4.7 位运算 ………………………………………………………………… 40
   2.4.8 数据之间的混合运算 ………………………………………………… 42
  习题 2 ……………………………………………………………………………… 44

第 3 章 输入输出与简单程序设计 …………………………………………………… 47
  3.1 概述 ………………………………………………………………………… 47
  3.2 流程控制结构与语句 ……………………………………………………… 48
  3.3 基本的标准输入输出函数 ………………………………………………… 49
  3.4 单个字符的输入和输出 …………………………………………………… 50
   3.4.1 字符输入 ……………………………………………………………… 50
   3.4.2 字符输出 ……………………………………………………………… 51
  3.5 格式化输出 ………………………………………………………………… 53
   3.5.1 整数的输出 …………………………………………………………… 55
   3.5.2 实数的输出 …………………………………………………………… 56
   3.5.3 单个字符的输出 ……………………………………………………… 57
   3.5.4 字符串的输出 ………………………………………………………… 57
   3.5.5 混合数据的输出 ……………………………………………………… 58
   3.5.6 使用 printf 函数时的注意事项 ……………………………………… 58
  3.6 格式化输入 ………………………………………………………………… 59
   3.6.1 整数的输入 …………………………………………………………… 60
   3.6.2 实数的输入 …………………………………………………………… 61
   3.6.3 字符和字符串的输入 ………………………………………………… 61
   3.6.4 混合数据类型的输入 ………………………………………………… 63
   3.6.5 使用 scanf 函数时的注意事项 ……………………………………… 63
  3.7 简单程序设计 ……………………………………………………………… 65
  习题 3 ……………………………………………………………………………… 68

第 4 章 选择结构程序设计 …………………………………………………………… 70
  4.1 if 语句 ……………………………………………………………………… 70
   4.1.1 if 语句的 3 种基本形式 ……………………………………………… 70
   4.1.2 if 语句的嵌套 ………………………………………………………… 74
   4.1.3 条件表达式 …………………………………………………………… 75
  4.2 switch 语句 ………………………………………………………………… 76
  习题 4 ……………………………………………………………………………… 79

第 5 章 循环结构程序设计 ··· 80

- 5.1 while 语句 ··· 80
- 5.2 do…while 语句 ··· 83
- 5.3 for 语句 ··· 85
- 5.4 用 goto 语句和 if 语句构成循环 ··· 88
  - 5.4.1 goto 语句 ··· 88
  - 5.4.2 带标号语句 ··· 88
- 5.5 循环的嵌套 ··· 88
- 5.6 关于循环语句的几点说明 ··· 90
- 5.7 break 语句和 continue 语句 ··· 90
  - 5.7.1 break 语句 ··· 90
  - 5.7.2 continue 语句 ··· 91

习题 5 ··· 92

第 6 章 数组 ··· 94

- 6.1 一维数组 ··· 94
  - 6.1.1 一维数组的定义 ··· 94
  - 6.1.2 一维数组的引用 ··· 95
  - 6.1.3 一维数组的赋值 ··· 96
  - 6.1.4 一维数组的应用举例 ··· 98
- 6.2 二维数组 ··· 102
  - 6.2.1 二维数组的定义 ··· 102
  - 6.2.2 二维数组元素的引用 ··· 103
  - 6.2.3 二维数组的赋值 ··· 103
  - 6.2.4 二维数组的应用举例 ··· 104
- 6.3 字符数组 ··· 107
  - 6.3.1 字符串常量 ··· 107
  - 6.3.2 字符数组的定义 ··· 107
  - 6.3.3 字符数组的引用 ··· 107
  - 6.3.4 字符数组的初始化 ··· 108
  - 6.3.5 字符串处理函数 ··· 108
  - 6.3.6 字符数组的应用举例 ··· 111
- 6.4 数组综合应用举例 ··· 113

习题 6 ··· 120

第 7 章 函数 ··· 122

- 7.1 结构化程序设计与函数 ··· 122
  - 7.1.1 结构化程序设计 ··· 122

		7.1.2 函数概述 ………………………………………………… 124
	7.2	函数定义与函数说明 ………………………………………… 126
		7.2.1 函数定义 ………………………………………………… 126
		7.2.2 函数说明 ………………………………………………… 129
	7.3	函数调用和参数传递 ………………………………………… 131
		7.3.1 函数调用 ………………………………………………… 131
		7.3.2 参数传递 ………………………………………………… 135
	7.4	函数的嵌套调用和递归调用 ………………………………… 137
		7.4.1 函数的嵌套调用 ………………………………………… 137
		7.4.2 函数的递归调用 ………………………………………… 138
	7.5	数组作为函数参数 …………………………………………… 143
		7.5.1 数组元素作为函数实参 ………………………………… 143
		7.5.2 数组名作为函数参数 …………………………………… 144
	7.6	局部变量和全局变量 ………………………………………… 149
		7.6.1 局部变量 ………………………………………………… 149
		7.6.2 全局变量 ………………………………………………… 151
	7.7	变量的存储类型 ……………………………………………… 153
		7.7.1 动态存储方式与静态存储方式 ………………………… 153
		7.7.2 自动变量 ………………………………………………… 155
		7.7.3 外部变量 ………………………………………………… 156
		7.7.4 静态变量 ………………………………………………… 158
		7.7.5 寄存器变量 ……………………………………………… 160
	7.8	内部函数和外部函数 ………………………………………… 161
	习题 7	………………………………………………………………… 163

第 8 章 编译预处理 ……………………………………………………… 167

	8.1	宏定义 ………………………………………………………… 167
		8.1.1 无参宏定义 ……………………………………………… 167
		8.1.2 带参宏定义 ……………………………………………… 170
	8.2	条件编译 ……………………………………………………… 174
	8.3	文件包含 ……………………………………………………… 177
	习题 8	………………………………………………………………… 179

第 9 章 指针 ……………………………………………………………… 182

	9.1	地址和指针的基本概念 ……………………………………… 182
	9.2	指针变量 ……………………………………………………… 184
		9.2.1 指针变量的定义 ………………………………………… 184
		9.2.2 指针变量的类型 ………………………………………… 185
		9.2.3 指针变量的初始化 ……………………………………… 185

  9.2.4 指针变量的引用 ……………………………………………… 186
  9.2.5 指针变量的运算 ……………………………………………… 189
  9.2.6 指针变量作为函数参数 ……………………………………… 190
 9.3 通过指针引用数组 ……………………………………………………… 193
  9.3.1 一维数组的指针 ……………………………………………… 193
  9.3.2 通过指针访问一维数组 ……………………………………… 194
  9.3.3 通过指针在函数间传递一维数组 …………………………… 197
  9.3.4 通过指针访问二维数组 ……………………………………… 202
 9.4 指针与字符串 …………………………………………………………… 206
  9.4.1 字符串与指向字符串的指针 ………………………………… 206
  9.4.2 字符串指针变量与字符数组的区别 ………………………… 207
 9.5 函数指针变量 …………………………………………………………… 210
 9.6 指针型函数 ……………………………………………………………… 212
 9.7 指针数组和指向指针的指针 …………………………………………… 214
  9.7.1 指针数组的概念 ……………………………………………… 214
  9.7.2 指向指针的指针 ……………………………………………… 217
  9.7.3 main 函数的参数 …………………………………………… 219
 习题 9 ………………………………………………………………………… 220

第 10 章　结构与联合 ……………………………………………………… 221

 10.1 概述 …………………………………………………………………… 221
 10.2 结构类型的声明与引用 ……………………………………………… 222
  10.2.1 结构类型的声明 …………………………………………… 222
  10.2.2 声明结构类型变量的方法 ………………………………… 223
  10.2.3 结构变量的初始化 ………………………………………… 224
  10.2.4 访问结构的成员 …………………………………………… 225
  10.2.5 结构的嵌套 ………………………………………………… 228
 10.3 结构数组 ……………………………………………………………… 229
  10.3.1 结构数组的声明 …………………………………………… 229
  10.3.2 结构数组的初始化 ………………………………………… 229
  10.3.3 结构数组元素的引用 ……………………………………… 230
 10.4 指向结构类型数据的指针 …………………………………………… 232
 10.5 结构与函数 …………………………………………………………… 233
  10.5.1 结构成员作为函数的参数 ………………………………… 233
  10.5.2 结构作为函数的参数 ……………………………………… 234
  10.5.3 将指向结构的指针作为函数的参数 ……………………… 235
 10.6 动态数据结构与链表 ………………………………………………… 236
  10.6.1 动态数据结构 ……………………………………………… 236
  10.6.2 动态存储分配函数 ………………………………………… 237

	10.6.3 链表 ………………………………………………………………………… 239
10.7	联合 …………………………………………………………………………………… 244
	10.7.1 联合的声明 ……………………………………………………………… 245
	10.7.2 联合变量的说明 ………………………………………………………… 245
	10.7.3 联合变量的引用 ………………………………………………………… 247
	10.7.4 联合与结构的区别与联系 ……………………………………………… 248
习题 10	……………………………………………………………………………………… 251

第 11 章 文件 …………………………………………………………………………… 252

11.1	文件概述 ……………………………………………………………………………… 252
11.2	文件的分类 …………………………………………………………………………… 253
11.3	文件类型指针 ………………………………………………………………………… 254
11.4	文件的打开与关闭 …………………………………………………………………… 255
	11.4.1 标准文件 ………………………………………………………………… 255
	11.4.2 文件的打开与关闭函数 ………………………………………………… 255
11.5	文本文件的顺序读写 ………………………………………………………………… 258
	11.5.1 字符读取函数 …………………………………………………………… 260
	11.5.2 写字符函数 ……………………………………………………………… 261
	11.5.3 字符串读取函数 ………………………………………………………… 261
	11.5.4 写字符串函数 …………………………………………………………… 262
	11.5.5 格式化读写函数 ………………………………………………………… 263
11.6	数据块读写函数 ……………………………………………………………………… 266
	11.6.1 读数据块函数 …………………………………………………………… 266
	11.6.2 写数据块函数 …………………………………………………………… 267
	11.6.3 使用数据块读写函数的注意事项 ……………………………………… 267
11.7	文件的随机读写 ……………………………………………………………………… 269
	11.7.1 文件头定位函数 ………………………………………………………… 269
	11.7.2 文件随机定位函数 ……………………………………………………… 270
	11.7.3 文件当前位置函数 ……………………………………………………… 272
11.8	其他函数 ……………………………………………………………………………… 273
习题 11	……………………………………………………………………………………… 273

附录 A　ASCII 字符编码一览表 ……………………………………………………… 275

附录 B　C 语言运算符 ………………………………………………………………… 276

附录 C　C 语言中的关键字 …………………………………………………………… 277

附录 D　常用标准库函数 ……………………………………………………………… 278

参考文献 ………………………………………………………………………………… 284

第 1 章　概　　述

本章主要通过 C 语言介绍程序设计的基本背景和概念,包括程序设计语言、算法的基本概念及其表示方法、C 语言程序的基本结构和 C 语言程序的开发环境等内容。

1.1　程序设计及程序设计语言

计算机中的程序是用程序设计语言描述的解决某一类问题的计算机指令序列。程序设计是将解题任务转变成程序的过程,一般包括分析问题、确定算法(对复杂算法需要画出程序流程图)、用选定的程序设计语言编写源程序、编译、调试和运行程序等基本步骤。

程序设计语言是计算机能够理解并执行的、用于人和计算机交流的语言。程序设计语言可分为低级语言和高级语言。

1.1.1　低级语言

低级语言包括机器语言和汇编语言。

机器语言用二进制代码表示机器指令和数据。因为计算机能够直接执行的指令是二进制指令,机器语言程序能够直接被机器理解和执行。虽然这种语言程序效率高,但编程烦琐,且不便于记忆和阅读,因而程序维护困难。

汇编语言采用符号来表示机器指令和数据的内存地址,是一种符号化的低级语言。汇编语言简化了程序的编写,但机器并不理解汇编语言所采用符号的含义,汇编语言程序必须被转换为机器语言程序才能被计算机理解和执行,完成这种转换任务的系统软件称为汇编程序,该转换过程称为汇编。

低级语言是面向机器的,用低级语言编写的程序效率高,但没有可移植性,即不能从一个机器系统移到另一个机器系统上运行。此外,用低级语言编写源程序要求程序员必须懂得具体机器系统的硬件结构(指令系统)。

1.1.2　高级语言

高级语言起始于 20 世纪 50 年代中期,是一种能够被计算机接收同时更接近自然语言的程序设计语言。和汇编语言相比,高级语言去掉了与机器有关但与完成工作无关的细节,大大简化了程序中的指令。同时,由于省略了很多细节,编程者不需要有太多的专业知识。因此,使用高级语言编写的程序可读性强,编程方便。

高级语言所编写的程序叫作源程序。源程序不能直接被计算机识别和理解,必须经过转换才能被计算机执行。其转换方式可分为解释方式和编译方式两种。

(1) 解释方式。

解释方式类似于日常生活中的"同声翻译",即一边将源代码由相应语言的解释器"翻译"成目标代码,一边执行,因此效率比较低,而且不能生成可执行文件。但这种翻译方式比较灵活,可以及时发现错误,动态地调整、修改应用程序。Basic、Prolog 等语言就是采用解释方式。

(2) 编译方式。

编译方式是指在源程序被执行之前,就将源程序源代码"翻译"成目标代码(机器语言),因此其目标程序可以脱离其语言环境独立执行,使用比较方便、效率较高。但源程序一旦需要修改,必须先修改源代码,再重新编译生成新的目标文件才能执行。目前大多数高级语言均采用编译方式,如 Pascal、FORTRAN、C 语言等。

目前高级语言的种类有千种之多。常用的有 Basic、FORTRAN、Pascal、C/C++、Python 和 Java 等。

1.2 算法及其表示方法

1.2.1 算法的基本概念及特性

计算机解决问题的方法和步骤就是计算机的算法。每一种算法都是由一系列的操作指令组成的,研究算法的目的就是研究怎样把各种类型问题的求解过程分解成一系列解决问题的清晰指令。

为便于计算机执行算法而用程序设计语言或半形式语言所表示的算法被称为程序。所有算法都能被编制成程序,但由程序设计语言书写的程序并不一定都满足算法特性。一个算法应具有以下几个特征。

(1) 有穷性:一个算法应该包含有限的操作步骤,而不是无限的,也就是说一个算法的实现应该在有限的时间内完成。

(2) 确定性:算法中的每一条指令必须有确切的含义,不会产生二义性,对于相同的输入只能得出相同的输出。

(3) 有效性:或者称为可行性,算法中的每个步骤都应当能够被有效地被执行,并得到确定的结果。即算法中描述的操作可以通过已经实现的基本运算来执行,并且能在有限时间内正确地执行每个步骤。

(4) 有零个或者多个输入:所谓输入是指在执行算法时需要从外界取得的必要的信息。

(5) 有一个或者多个输出:算法的目的是解决问题,"解决了的问题"就是输出。输出是算法执行的结果。

【例 1.1】 统计某班单科成绩不及格人数。

设 n 表示某班的人数,x 表示每个人的单科成绩,k 表示成绩不及格的人数,该问题的算法描述为:

(1) 输入某班人数 n 的值,并置 k 为 0;

(2) 按顺序输入每个学生的单科成绩并对每个学生的单科成绩 x 进行检查,如果 x 小于 60 分就按成绩不及格进行计数(即使 k 的值加 1);

(3) 当输入单科成绩的学生人数为 n 时,成绩输入完毕,输出统计成绩不及格的人数 k 的值;

(4) 结束。

1.2.2 算法的表示方法

把算法用一种适当的方式描述出来称为算法的表示。表示算法的方法有多种,在此仅介绍用自然语言、流程图和伪代码表示算法。下面通过一个简单的例子来说明。

【例 1.2】 在 a,b,c 中存放 3 个不同的数,要求对其排序,最后的结果使 a,b,c 中的数按升序排列并输出 a,b,c。对完成此排序任务的算法描述如下:

1. 用自然语言表示算法

(1) 按顺序输入 a,b,c 3 个数的值;
(2) 若 a>b,则转至(3),否则转至(4);
(3) a,b 两数交换;
(4) 若 b>c,则转至(5),否则转至(8);
(5) b,c 两数交换;
(6) 若 a>b,则转至(7),否则转至(8);
(7) a,b 两数交换;
(8) 输出 a,b,c;
(9) 结束。

自然语言就是人们日常用的语言,可以是汉语、英语或其他语言。自然语言描述算法通俗易懂,但是叙述比较烦琐,文字冗长,又容易出现多义性,不易精确描述算法。自然语言用来描述顺序执行步骤还比较方便,若有判断和转移(即含有分支和循环的算法)的情况时,则其表示就不够直观,即不能清晰地表示算法中各步骤间的逻辑顺序。

2. 用流程图表示算法

流程图是用图形表示算法,用一些几何图形框来代表各种不同性质的操作。表 1.1 给出了国际信息处理标准 ISO 8631—1986E 中规定使用的部分常用图形符号。

表 1.1 常用的流程图符号

图形符号	符号名称	说　明
⬭	起始框、结束框	表示算法的开始或结束
▱	输入框、输出框	框中标明输入、输出的内容
▭	处理框	框中标明进行什么处理

续表

图形符号	符号名称	说　　明
◇	判断框	框中标明判定条件并在框外标明判定后的两种结果的流向
→	流程线	表示从某一框到另一框的流向
○	连接圈	表示算法流向出口或入口连接点

下面介绍例 1.2 中算法的流程图描述，如图 1.1 所示。

用流程图表示算法，使算法的逻辑结构比较明显，容易形成算法的模块结构，直观易学。但是流程图是通过流程线指出各框的执行顺序，对流程线的使用没有严格限制，使用者可随意地使流程转来转去。当用该流程图表示算法时，若不注意流程线的使用，就容易出现混乱，难以阅读，难以理解算法的逻辑。

3. 用伪代码表示算法

用流程图表示算法，直观易懂，但画起来比较费时，不便于在计算机上直接实现。为此，可用计算机较易接受的程序设计语言来描述算法，同时，为了突出算法描述，便于阅读理解，可适当省略程序设计语言某些语法上的严格要求，可采用类似某种程序设计语言的伪代码来描述，例如类 C 语言、类 Pascal 语言等。

类 C 语言（即类似程序设计语言 C 语言的一种语言）是以 C 语言为基础的一种简化的高级语言，它既不像 C 语言那样形式化，又不像自然语言那样非形式化，称它为半形式程序设计语言或伪形式程序设计语言。用它描述算法时，重点突出算法的实质，暂时避开烦琐的语法细节，集中研究算法的基本思想和主要结构，这种用于描述算法的半形式语言称为算法描述语言。算法描述语言比较灵活，虽然不能直接将算法在计算机上执行，却能很方便地将其转换为计算机上能实现的高级语言程序。

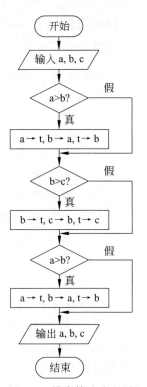

图 1.1　排序算法流程图

下面给出例 1.2 中算法的类 C 语言表示。

【程序】

```
void sort()
{   scanf("%d%d%d",&a,&b,&c);
    if(a>b)
    {t=a;a=b;b=t;}
    if (b>c)
    { t=b;b=c;c=t;}
    if (a>b)
    {t=a;a=b;b=t;}
    printf("%d%d%d\n",a,b,c);
}
```

至此，以 3 个不同的数进行排序为例，介绍了 3 种表示算法的方法：自然语言、流程图和伪代码（类 C 语言）。它们各有其特点：自然语言比较容易理解，但表述起来文字冗长，而且容易出现歧义，表述的含义不唯一；流程图很直观，但是当算法较复杂时画起来很麻烦，尤其是不易修改；伪代码书写方便，将它所描述的算法转换为计算机能接受的高级语言程序比较容易，但是它不如流程图直观。所以，常常将流程图和伪代码二者结合起来使用，即先用流程图粗略地描述算法，在流程图的基础上论证算法的正确性，然后进一步细化为伪代码描述。这样可以提高算法设计的效率，保证设计质量。在实际使用时，可以根据个人的情况和特点来选择适合自己的方法来表示算法。

1.3 C 语言简介

C 语言是目前世界上使用最广泛的一种程序设计语言。C 语言的产生有其深刻的技术背景与应用需求背景。

1.3.1 C 语言的产生与发展

C 语言的起源最早可以追溯到 1957 年产生的 FORTRAN 语言。FORTRAN 语言成功的两个重要特征是：程序的编写接近人类使用的自然语言和数学公式；同时编译后产生的目标代码的执行速度与汇编语言编写的程序的执行速度相仿。

借助 FORTRAN 语言的成功，人们 1960 年又设计了一种通用语言 ALGOL 60，实现了程序共享，使得一般人员能够用该语言编程进行数值处理。

由于 ALGOL 60 缺乏对计算机硬件的操作能力，不宜用来编写系统程序，英国剑桥大学于 1963 年在 ALGOL 60 的基础上设计了 CPL(Combined Programming Language)。该语言能够对机器硬件进行操作，但 CPL 过于复杂，规模过大，学习和使用比较困难。

针对 CPL 的弱点，英国剑桥大学的 Martin Richards 于 1967 年对 CPL 进行了简化，提出了简化的 CPL——BCPL。

1970 年，美国贝尔实验室的 K.Thompson 对 BCPL 进一步简化，取名为 B 语言，并用 B 语言书写了第一个 UNIX 操作系统，在 DEC PDP-7 上实现。B 语言突出了硬件处理能力，不过它过于简单，功能有限。

1972—1973 年，美国贝尔实验室的 D.M.Ritchie 对 B 语言进行了完善和扩充，即在保留 B 语言强大的硬件处理能力基础上，扩充了数据类型，恢复了通用性，并命名为 C 语言。1973 年，D.M.Ritchie 和 K.Thompson 用 C 语言重写了 UNIX 操作系统。

1977—1978 年，C 语言完全独立于 UNIX 和 PDP，成为计算机上通用的计算机语言，使得 C 语言不依赖于具体机器，能够移植到其他机器上。

1978 年以后，C 语言的不断发展导致了各种 C 语言版本的出现。不同的 C 语言版本对传统的 C 语言都有所扩充和发展。1988 年，美国国家标准研究所(ANSI)综合了各版本对 C 语言的扩充和发展，制定了新的 C 语言文本标准，称为 ANSI C。ANSI C 实现了 C 语言的规范化。

ANSI C 标准确立之后，C 语言的规范在很长时间都没有大的变动。C 语言最新的标准是 C11,于 2011 年 12 月发布,主要是为了与 C++ 11 保持一致,最主要的是增加了对并行的支持。

1.3.2 C 语言的特点

1. 语言简洁紧凑

C 语言的关键字和语句都非常少,运算符、语句等语言成分的表示简明扼要,为程序员减少了编程需要记忆的成分,有利于人们对语言的学习与使用。

2. 语言表达能力强

C 语言有丰富的数据类型和运算符,可以直接访问内存物理地址和硬件寄存器,也可以表达直接由硬件实现的针对二进制位的运算。

3. 流程控制结构化

C 语言具有各种流程结构的控制语句和多种转移语句,控制语句与适当的转移语句相结合可具有很强的流程控制功能,有助于编制结构良好的程序。此外,使用函数作为程序的基本单位以及变量的存储类属性,这在某种程度上实现了数据的隐藏和模块化程序设计。

4. 效率高

C 语言程序经编译后生成的目标程序代码质量高,或者说效率高。代码质量是指 C 语言源程序经编译后生成的目标程序在运行速度上的快慢和存储空间上的开销大小,运行速度越快、占用的存储空间越少则代码质量越高。C 语言在代码质量上几乎可以与汇编语言媲美。

5. 弱类型

类型要求的强弱由语言赋值操作的语义来规定。赋值操作是将赋值操作符的右操作数的值赋给左边的操作数(即变量)。如果一种语言的赋值操作的语义要求其左右操作数的类型完全一致,则称该语言为强类型语言。如果一种语言的赋值操作的语义要求其左右操作数的类型完全自由,则称该语言为无类型语言。C 语言中赋值操作中右操作数可以经过适当的转换向左操作数看齐,称之为弱类型语言。

在精度允许范围内,C 语言的弱类型特性可以减少编程所需要记忆的语法规则,有利于编程的灵活性。

6. "中级语言"特性

人们常称 C 语言是一种中级语言,这是指 C 语言既具备高级语言使用方便、接近自然语言和数学语言的特性,同时也具备对计算机硬件系统的良好操纵和控制能力。C 语言的这种"中级语言"特性既可使程序员摆脱用汇编语言编程的封锁和低下的效率,又使程序员能够像用汇编语言编程那样对机器硬件操纵自如。

7. 书写自由,使用灵活

C 语言的书写比较自由,接近人们平时的写作习惯。一行写不下允许续行,续行的要求远比 FORTRAN 自由。程序的注释允许单行或越行。表达式后面加一个分号就构成表达式语句。引入指针后,变量、数组元素、结构成员、函数等有多种等价的访问形式。C 语言的这一特性使得编程变得非常灵活。

8. 可移植性好

可移植性是衡量语言对计算机硬件依赖程度与敏感程度的一种度量。语言的可移植性越好,对机器硬件的依赖程度越低,或者说对机器硬件越不敏感。C 语言可移植性好是指一个 C 语言源程序可以不做改动,或者稍加改动就可以从一种型号的计算机移转到另外一种型号的计算机上,经过重新编译、连接后即可运行。

1.3.3 C 语言程序的基本结构

一个计算机高级语言程序均由一个主程序和若干个(包括 0 个)子程序组成,程序的运行从主程序开始,子程序被主程序直接或间接调用执行。

在 C 语言中,主程序和子程序都称作函数,规定主函数必须以 main 命名。因此,一个 C 语言程序必须由一个名为 main 的主函数和若干个(包括 0 个)子函数组成,程序的运行从 main 函数开始,其他函数被 main 函数直接或间接调用执行。

1. 程序举例及其说明

本节以 3 个具有代表性的简单 C 语言程序来说明 C 语言程序的基本结构。

【例 1.3】 输出字符串"This is a C program",并在输出后换行。
【程序】

```c
//example1-1.c
#include <stdio.h>
int main(void)
{
    printf("This is a C program\n");
    return 0;
}
```

【说明】 第 1 行://example 1-1.c 是注释,其中//表示注释符号。注释是供程序员看的,编译程序对注释不做翻译。注释内容任意,例如 example 1-1.c 为该程序的磁盘文件名;也可以是对程序功能、被处理数据或处理方法的说明。注释可以出现在程序中分隔符可以出现的任何位置。

第 2 行:#include 是编译程序的预处理指令,它不是 C 语言的语句,指令末尾不能加分号。stdio.h 是 C 编译程序提供的系统头文件(或称为包含文件)之一,程序中凡是调用了标准输入输出函数则必须在调用之前写上#include <stdio.h>。预处理指令必须独占一行,一般写在一个源程序文件的开始部分。

第 3 行:main 是主函数的函数名,main 前面的 int 是函数返回值的类型,用 int 说明函数的返回值类型,表明该函数返回一个 int 型的数据;main 后面用圆括号()括起来的部分是函数参数表,()中的 void 说明该函数的参数表为空,即该函数没有参数(void 可以省略)。

函数返回值类型、函数名和函数表3部分合起来称为函数头部。

第4~7行：用花括号{}括起来的部分称为函数体。函数体中可以有说明部分和语句部分。说明部分由说明语句组成，语句部分由可执行语句组成。本例中主函数的函数体无说明语句，第5行是一条可执行语句，该语句是对C语言的标准输出函数printf的调用，习惯上称为输出语句。该语句执行的结果是输出一行英文文字This is a C program("This is a C program\n"称为字符串)，其中\n是换行字符，表示输出字符串中\n左边的符号之后要回车换行。分号(;)是一条C语句的结束符，每一条C语句都必须以分号结束。第6行也是一条可执行语句，它是函数返回语句。

【例1.4】 输入两个整数，输出其中较大的一个值。

【程序】

```
//exampl1-2.c
#include <stdio.h>
int main()
{
    int a,b,c;
    scanf("%d%d",&a,&b);
    if(a>b)   c=a;
    else  c=b;
    printf("max=%d\n",c);
    return 0;
}
```

【说明】 程序1.4也仅由一个主函数组成，但函数体包括两部分：说明部分和语句部分。说明部分必须位于语句部分之前。说明部分包含一条说明语句"int a,b,c;"(第5行)，该说明语句定义了a,b,c 3个整型变量，分别用于存放用户输入的两个整数及比较结果。语句部分包含4条可执行语句(第6~10行)。

第6行：对标准输入函数scanf的调用，习惯上称为输入语句。该语句的作用是从标准输入设备(键盘)输入两个整数分别赋予变量a和b。参数"%d%d"是格式字符串，每个%d都是一个转换说明，用于指出输入数据为十进制整数；&a和&b分别表示变量a和变量b的地址。

第7~8行：if…else语句，用于判断a和b中哪个值较大，并将较大的一个值赋予变量c。

第9行：用于输出变量c的值，即求解结果。其中%d的含义同scanf中的%d，它指出c的值按十进制整数格式输出。输出时在%d的位置上被替换成c的值；max=是普通字符，按照原样输出。

第10行：函数返回语句。

【例1.5】 修改程序1.4，将其中找极大值的任务定义成一个函数。

【程序】

```
//exampl1-3.c
#include <stdio.h>
```

```
int max(int x,int y)
{
    int z;
    if(x>y)   z=x;
    else z=y;
    return z;
}
int main()
{
    int a,b,c;
    scanf("%d%d",&a,&b);
    c=max(a,b);
    printf("max=%d\n",c);
    return 0;
}
```

【说明】 程序 1.5 的功能与程序 1.4 完全相同,只是程序的结构不同。程序 1.5 由两个函数组成:主函数 main 和一个名为 max 的用户定义函数(第 3~9 行),max 函数由主函数调用执行第 14 行"c=max(a,b);"语句的作用是调用 max 函数并将函数的返回值赋予变量 c。

用户定义函数 max 用于代替程序 1.4 中第 7、8 行的 if…else 语句找出两个整数中较大的一个值,并由 max 函数体中的 return 语句将该值返回给 main 函数(由 max(a,b)表示该值)。函数 max 的语法形式与主函数 main 相同,只是各组成部分的具体内容不同。max 函数有 x 和 y 两个整数参数,参数表(int x,int y)是对参数的定义(称为参数说明),参数表中说明的参数称为形式参数,简称形参。函数返回值类型为整型,返回值为形参 x 和 y 中较大的一个值。形参 x 和 y 的值来源于调用时的参数(称为实际参数,简称实参)的值,即 main 中变量 a 和 b 的值。a 的值被传给形参 x,b 的值被传给形参 y。

2. C 语言程序的基本结构说明

1) C 语言程序的组成

一个 C 语言程序可以由若干个函数构成,其中必须有且只能有一个以 main 命名的主函数,可以没有其他函数。每个函数都完成一定的功能,参数是被函数处理的数据,参数能够在函数与函数之间传递数据。

main 函数可以位于源程序文件中的任何位置,但程序的运行总是从 main 函数的第一个可执行语句开始的,当遇到一个函数调用的时候,执行的控制转入被调用函数;从被调用函数返回到调用函数继续执行调用点之后的代码。

2) 函数的组成

函数是一个独立的程序块,相互不能嵌套。main 函数以外的其他任何函数都只能由 main 函数或其他函数调用,自己不能单独运行。

一个函数由两部分组成:函数头部和函数体。函数头部包括函数的返回值的类型、函数名和参数表,函数头部的末尾不能加分号(;)。参数表可以为空,参数表为空时用 void 表示(void 可以省略)。函数体包括说明部分(局部说明)和语句部分;可以没有说明部分,也可以没有语句部分。说明部分和语句部分都为空的函数称为哑函数,例如 int max(int x, int y){ },max 是一个哑函数。哑函数是一个最小的合法函数,调用一个哑函数在功能上不执行任何操作,但在调试由多个函数组成的大程序方面很有用处。

3) C 语言的标准函数

C 语言的函数分为两类:标准函数和用户自定义函数。用户自定义函数是由程序员在自己的源程序中编写的函数,例如程序 1.5 中的 max 函数。标准函数是由 C 语言编译程序提供的一些通用函数,这些函数以编译后的目标代码的形式集中存放在称为 C 语言标准函数的库文件中,C 语言标准函数又称为 C 语言库函数,例如,scanf 和 printf 函数都是 C 语言标准函数(或 C 语言库函数)。

用户程序需要使用标准函数时,只需要在使用前用♯include 包含该标准函数所需的系统头文件,例如,scanf 和 printf 函数的头文件为 stdio.h,然后按规定的格式调用所需标准函数即可。系统头文件中包含了相应标准函数的说明(函数原型)、有关的类型定义及常量定义等。

4) 编写格式

编写 C 语言程序时,一条语句可以写成多行,但是不能在一个单词内部换行;也可以在一行上写多条语句,但最好一行只写一条语句。

为使程序层次清晰、美观,易于阅读,易于在调试程序时检查错误,对具有嵌套结构的语句应写成层层缩进对齐的格式。即将处于用一个层次的语句在列上对齐,处于下一层次的语句用制表符(按 Tab 键)使其向右缩进相同的空白。此外,程序中还应加必要的注释(英文或汉字均可),这对程序员自己可起备忘录的作用,对其他人则起帮助理解程序功能和算法的作用。必要的注释是提高程序可读性的又一有效措施,也是良好的程序设计风格的一种体现。

1.3.4 C 语言的基本语法单位

任何一种程序设计语言都有自己的一套语法规则以及由基本的符号按照语法规则构成的各种语法成分,例如,常量、变量、表达式、语句和函数等。基本语法单元是指具有一定语法意义的最小语法成分,C 语言的基本语法单位被称为单词,单词是编译程序的词法分析单位。组成单词的基本符号是字符,标准 C 及大多数 C 编译程序使用的字符集是 ASCII 字符集。

C 语言的单词分为 6 类:标识符、关键字、常量、字符串、运算符及分隔符。本节介绍关键字、标识符及分隔符 3 类,其他 3 类将在第 2 章介绍。

1. 关键字

关键字由固定的小写字母组成,是系统预定义的名字,用于表示 C 语言的语句、数据类型、存储类型或运算符。用户不能用它们作为自己定义的常量、变量、数据类型或函数的名字。关键字又称为保留字,即本系统保留作为专门用途的名字。

标准 C 语言定义的 32 个关键字如下:

- char　int　short　long　signed　unsigned　float　double
- const　void　volatile　enum　struct　union　typedef
- auto　extern　static　register

- if　else　switch　case　default　while　do　for　break　continue　goto　return　sizeof

2. 标识符

1) 标识符的含义

标识符的一般概念是指在高级语言程序中由用户(即程序员)或编译程序(有时称系统)定义的常量、变量、数据类型、函数、过程等的名字。在 C 语言中,标识符的含义是指用户定义的常量、变量、数据类型和函数的名字,例如,例 1.3～例 1.5 中的变量名 a,b,c,z 与形参 x,y 以及函数名 max、main 和所有标准函数的名字(例如 scanf,printf)都是标识符。其中 main 是唯一由编译程序预定义的名字,被规定为主函数的函数名。

2) 标识符的组成规则

- 标识符由字母(A～Z,a～z)、数字(0～9)和下画线(_)组成;
- 第一个字符必须是字母或下画线;
- 字母要区分大小写;
- 标识符不能与关键字同名;
- 标准 C 语言规定标识符的有效长度为前 31 个字符,即程序员可以写一个很长的标识符,但在有效长度以内的字符才是有意义的字符;
- 为了便于阅读和记忆,应选用能够表达含义的英文单词、英文单词的一部分或缩写、组合(也可用汉语拼音)作为标识符;
- 在使用标识符时,习惯上将变量名和函数名用小写,将常量名和用 typedef 定义的数据类型名用大写。

例如,下面是一些合法的标识符:

a　A　Ax　ax　_Ax　A_x　Ax_　x1　PI　TREENOFE　month　name　student　filename　main　getchar　scanf

其中,A 和 a,Ax 和 ax 都是不同的标识符。

下面的表示均不是标识符:

4ab　　　　　　　　不是以字母开头(非法表示)
student.name　　　数点(.)不是字母也不是数字
birth−date　　　　减号(−)不是字母也不是数字(非法表示)
a[i]　　　　　　　[]不是字母也不是数字
p−>name　　　　　−>不是字母也不是数字

3. 分隔符

分隔符是一类字符,包括空格符、制表符、换行符、换页符及注释符。分隔符统称为空白字符,空白字符在语法上仅起分隔单词的作用。程序中两个相邻的标识符、关键字和常量之间必须用分隔符隔开(通常用空格符)。或者说,当两个单词之间如果不用分隔符就不能将两者区分开时必须加分隔符。

此外,任何单词之间都可以适当加空白字符使程序更加清晰,更易于阅读。例如将变量说明"int a,b,c;"写成"int a, b, c;"较好(后者在每个逗号后面加了个空格符)。

1.3.5 运行C语言程序的一般步骤

运行一个C语言程序是指从建立C语言源程序文件直到执行该程序并输出正确结果的全过程。在不同的操作系统和编译环境下运行C语言程序,其操作和命令形式可能不同,但基本过程是相同的,即必须经历如图1.2所示的4个步骤。

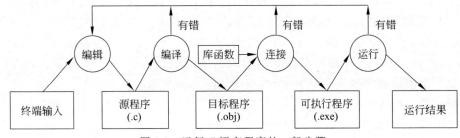

图1.2 运行C语言程序的一般步骤

图1.2中,一个圆表示一个处理步骤,矩形框表示处理的输入数据或输出数据,双箭头表示操作过程的顺序关系,单线箭头表示编译、连接和运行过程中遇到错误时应该重新回到编辑阶段重新修改源程序。

1. 编辑

在C语言编译程序提供的集成开发环境中的编辑窗口,通过键盘将源程序输入计算机内并建立以.c为扩展名的C源程序文件。

2. 编译

用所选用的C语言编译程序将C语言源程序翻译为二进制代码形式的目标程序。如果编译成功,则生成扩展名为.obj的目标程序文件。如果有语法错误则不会生成目标程序文件,此时必须回到编辑步骤修改源程序,然后重新执行编译,重复此过程,直到没有语法错误、生成目标程序为止。

3. 连接

将编译得到的目标程序与C语言的库函数装配成可执行的程序。如果连接成功,则生成扩展名为.exe的可执行程序文件。如果连接不成功,则应根据错误情况重复编辑、编译、连接直到连接成功。

4. 运行

经过编译和连接,最后得到了扩展名为.exe的可执行文件。该文件就可以直接给计算机执行。如果程序不能正确运行或输出结果不正确,则需要重复上述步骤,直到正常运行并输出正确结果为止。

1.4 Visual C++ 2010 集成开发环境简介

Visual C++ 2010(简称 VC 2010)是微软公司在多年使用、不断改进的基础上推出的基于 Windows 平台的可视化、面向对象的 C/C++ 开发环境,它包括编辑器、调试器和编译器等,包含在 Visual Studio 2010 中,是 Windows 平台下最强有力的开发工具之一。它不但提供了功能强大的 C/C++ 开发环境,而且具有程序框架自动生成、灵活方便的类管理、代码编写和设计集成的功能,可开发多种程序(应用程序、动态链接库、组件开发)。通过简单的设置还可以使其生成的程序框架支持数据库接口、组件、Winsock 网络等。

1.4.1 Visual C++ 的开发环境

在已安装好 Visual Studio 2010 的 Windows 操作系统中,选择"开始"→"程序"→Microsoft Visual Studio 2010→Microsoft Visual Studio 2010 命令,即进入 Visual Studio 2010 的集成开发环境的主窗口,如图 1.3 所示。Visual C++ 集成在 Visual Studio 2010 之中,使用统一的集成开发环境,可以在安装 Visual Studio 时只选择 Visual C++ 进行安装。

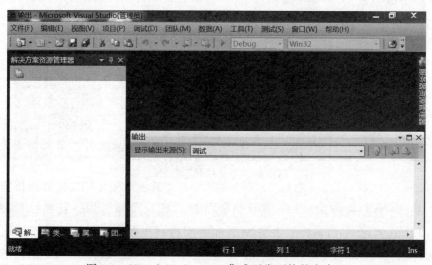

图 1.3 Visual Studio 2010 集成开发环境的主窗口

集成开发环境的主界面上有菜单栏、工具栏和解决方案资源管理器编辑区、输出窗口等。其中,左侧是解决方案资源管理器。右侧是编辑区,它是集成开发环境的重要区域;当编辑 C/C++ 源程序代码时,它显示源程序代码;在设计对话框时,窗口绘制器也在此显示;另外,当设计应用程序中使用的图标时,编辑区将显示图标绘制器。右下方是输出窗口,它是显示编译程序的进度说明、警告及出错信息的地方,在调试程序时,它是调试程序时实现所有变量当前值的地方。关闭输出窗口后,它在需要显示有关信息时会自动打开。

工具栏可以实现菜单中大部分选项的功能,启动 VC 时,在菜单下方有两个工具栏被自动打开,它们是:

(1) 标准工具栏:包括绝大多数标准工具,如打开和保存文件、剪切、复制、粘贴以及可能用到的其他各种命令(把鼠标指针移到图标上会显示命令名)。

(2)小型编译程序工具栏：提供开发和测试应用程序时最可能用到的编译、连接和运行命令。

此外，还有许多其他工具栏，这些工具栏都可以根据需要被打开和关闭。选择"工具"菜单下的"自定义"命令，此时打开一个"自定义命令"对话框，在对话框中点击"工具栏"选项，可以设置界面的工具栏。

1.4.2 使用 Visual Studio 2010 新建及运行 C 程序项目

1. 新建 C 程序项目

首先，打开 Visual Studio 2010，选择"文件"→"新建"→"项目"命令或者用 Ctrl+Shift+N 快捷键，之后会弹出对话框，如图 1.4 所示。

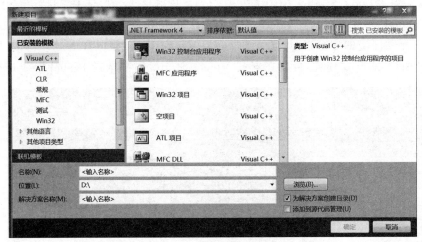

图 1.4 "新建项目"对话框

选择"Win32 控制台应用程序"(Win32 Console Application)，在"名称"文本框中输入要新建 C 项目的名称，如 Test，解决方案名称可用自动生成的，点击"确定"按钮后，出现 Win32 应用程序向导，点击"下一步"按钮后出现应用程序设置，选择"空项目"复选框和"控制台应用程序"单选按钮，如图 1.5 所示。

单击"完成"按钮，完成新建 C 程序项目。

然后，在"解决方案资源管理器"中的"源文件"处右击，在弹出的快捷菜单中选择"添加"→"新建"命令(或按 Ctrl+Shift+A 快捷键)，弹出的对话框如图 1.6 所示。

在弹出的对话框中选择"C++ 文件"，在"名称"文本框中输入的扩展名应是".c"，如果没有写，系统默认是".cpp"即 C++ 文件。

最后点击"添加"按钮，完成工程文件的创建。

2. 编写 C 程序

在"解决方案资源管理器"中的"源文件"处双击新建的 C 程序，右边出现编辑窗口，即可编写程序。

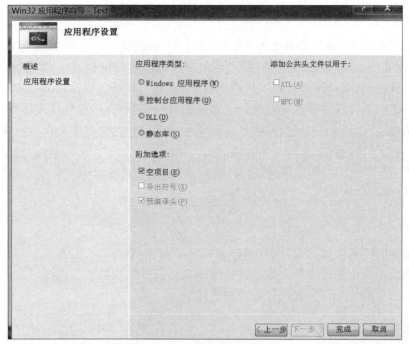

图 1.5 应用程序设置

图 1.6 新建 C 语言程序

3. 编译

选择"生成"→"编译"命令（或按 Ctrl+F7 快捷键），该命令用来编译当前工作区的 C 或 C++ 文件，执行时出现的对话框均单击 Yes 按钮。编译结果和错误信息将在输出窗口中显示。

4. 连接

(1) 选择"生成"→"生成解决方案"命令(或按 F7 快捷键):对工程文件进行编译、连接并生成可执行文件。可执行文件有两种版本:一种是包含调试信息的调试版(Debug),文件较大,运行较慢,且编译器不对程序代码进行优化;另一种是发行版(Release),文件紧凑,运行快,但不能调试源代码或从中看到任何调试消息。一般来说,在开发应用程序时使用调试模式,以便对开发过程中出现的问题进行调试。当程序开发完成准备发布时,应将程序在发布模式下重新编译。

(2) 选择"生成"→"配置管理器"命令,设置当前工程编译、连接后输出可执行文件的模式是调试版还是发行版。

5. 运行

选择"调试"→"启动调试或开始执行(不调试)"命令(按 F5 或按 Ctrl+F5 快捷键),执行编译、连接后生成可执行文件。如果文件尚未编译、连接,或源文件修改后尚未重新编译、连接,则系统自动提示是否要先进行编译和连接。

1.4.3 调试程序的方法

程序出现问题时,设置断点和单步执行程序是两个最有效的调试工具。单步执行即一次执行一行代码,以便查看每个变量的值。单步执行的关键是断点。可以在程序的任何地方设置断点。当程序运行到一个断点时,会停下来,编辑窗口会显示断点处的代码,以便单步跟踪可能有问题的程序段或继续程序的执行,从中发现问题。在 Visual Studio 2010 中,对各种各样的断点的支持和单步执行程序中可以使用的信息非常复杂,这里只能初步讲述一下如何使用这两种工具。

1. 设置断点

设置无条件断点的步骤:选择特定的代码行(在编辑窗口中的代码行中单击),然后在右键快捷菜单中移到断点处,在弹出的级联菜单中选择"插入断点"命令或按功能键 F9。如果要去掉此断点,则只需在断点所在行再次按功能键 F9。被设置为断点的代码行的开始处会有一个红色的实心圆。

设置条件断点的步骤:先设置无条件断点,在断点所在行单击,然后在右键快捷菜单中移到断点处,在弹出的级联菜单中选择"条件"命令,出现"断点条件"对话框。条件断点的使用比较复杂。所谓条件断点,是指当某个条件满足时程序中断的断点,一般在 Windows 的串口程序中用得较多。

在设置断点后,就可以通过调试器来运行程序。其方法为:选择"调试"→"启动调试"命令;或者直接按功能键 F5。

通过调试器运行程序,程序将正常执行直到碰到一个断点。此时,程序将在此断点处停下,并在编辑窗口中显示断点所在的代码行(用一个箭头来标记执行到的代码行),这时,如把鼠标指针移到变量上面停留一会儿,就会发现在鼠标指针的下面会显示出该变量的值,然后可通过调试工具栏来控制单步执行程序。

2. 单步执行

单步执行程序时可以使用表 1.2 所示的选项,可以在 Debug 工具栏或 Debug 菜单上找到这些选项。通过这些选项,可以查看程序执行的流程和执行过程中各个变量的值。编辑窗口中的黄色箭头标记了当前执行的代码行。

在调试应用程序的过程中可以使用调试窗口。常用的调试窗口有监视窗口和变量窗口。在这两个窗口中显示了调试程序时程序中变量的情况,显示的是当前各个变量在这一时刻的值。

在变量窗口中,显示的是在目前执行的代码中起作用的各个变量及其值。在单步执行程序的过程中,变量窗口中的各个变量及其值将自动更新,这样就可以知道变量在程序的执行过程中是如何变化的。

表 1.2 调试功能键

选项	快捷键	功能
逐语句	F11	一次执行当前代码,如果代码行包含了一个函数调用,就进入这个函数
逐过程	F10	一次执行当前代码,如果代码行包含了一个函数调用,不进入这个函数
跳出	Shift+F11	一次执行完函数中剩下的所有代码
运行到光标处	Ctrl+F10	一直执行,直到到达指定的光标所在的有效代码行
继续	F5	继续执行程序,直到到达下一个断点
停止调试	Shift+F5	停止调试程序,返回到编辑模式
重新启动	Ctrl+Shift+F5	重新从程序的开始处运行应用程序,停在程序的第一行的有效代码中
全部终止		当程序正在执行时可以使用这个选项来停止程序的执行
应用代码更改	Alt+F10	在调试中对代码进行修改后,重新编译程序,接着刚才所在位置调试

可以在监视窗口中输入变量名,也可以直接从编辑窗口中把变量拖到监视窗口(应先选中要拖动的变量)。监视窗口中将显示所输入的各个变量的值。在程序的单步执行中,这些变量的值将自动更新,直到当前正在执行的代码已经超出了变量的作用域。

1.4.4 运行多文件组成的 C 程序的方法

在集成环境中,最重要的是工程(Project)的概念。工程是相关源文件的集合,包括源程序、头文件及资源定义文件。Visual 平台是自动化很高的编译系统,它能自动处理源文件间的关系,利用其内在推理规则来激活编译器、连接器和资源编译器,最后生成可执行文件。

假设 C 程序由两个已编辑好的源文件 demo_1.c 和 demo_2.c 组成,这两个文件保存在 D:\myfile 目录中。那么,运行该程序的文步骤如下:

(1) 按上述方法新建一个空白的名为 demo 的 C 程序项目。

(2) 在"解决方案资源管理器"中的"源文件"处右击,在弹出的快捷菜单中选择"添加"→

"现有项"命令,即可打开一个选择框。选中文件 demo_1.c,则可将 C 源程序文件 demo_1.c 加入该工程文件中。重复上述步骤,将文件 demo_2.c 也加入该工程文件中。

(3) 进行编译和连接,则可得到可执行文件。

习 题 1

1.1 C 语言有什么特点?

1.2 C 语言程序的基本结构是怎样的? 举一个例子说明。

1.3 什么是算法? 什么是计算机算法? 算法的描述有哪些基本方法?

1.4 一个算法应具有哪几个重要特性?

1.5 用自然语言和流程图表示求解下列各问题的算法。

(1) 输入 4 个整数,计算它们的和及平均值。

(2) 输入 3 个整数,打印出其中的最小数。

(3) 输入 100 个整数,要求将其中最大的整数打印出来。

(4) 求 n 个数的平方和(其中 n 的值由输入来定)。

(5) 求 $1+\dfrac{1}{2}+\dfrac{1}{3}+\cdots+\dfrac{1}{100}$ 的值。

1.6 编写程序,在屏幕上显示如下信息。

Hello World!

1.7 编写程序,在屏幕上显示如下两行信息。

Programming is fun.

Programming in language C is even more fun!

1.8 编写程序,从键盘输入两个整数,输出它们的和。

1.9 编写程序,输入圆的半径,输出圆的面积和周长。

第 2 章　数据类型、运算符与表达式

本章主要介绍 C 语言的数据类型、常量和变量以及各种运算符。每个知识点都有语法讲解和实例,使读者掌握数据的使用方法。

本章重点:
(1) C 语言的基本数据类型。
(2) 变量的定义、赋值、初始化以及使用方法。
(3) 常量的表示。
(4) 基本运算符的运算规则及优先级别。
(5) 表达式的构成规则和计算。
(6) 数据类型转换的意义和实质。

本章难点:
(1) 数据类型的范围。
(2) 自增、自减运算符的使用。
(3) 运算符的优先级。
(4) 混合表达式的运算。

2.1　C 语言的数据类型

C 语言要求每个数据在使用之前必须明确其数据类型,这是因为程序中涉及的各种数据,都必须存放在内存中,而数据类型决定了数据在内存中的存放形式、数据的范围以及在数据上可以进行的运算。

1. 数据类型

在 C 语言中,数据类型可分为基本数据类型、构造数据类型、指针类型和空类型 4 大类,如图 2.1 所示。在本章中只介绍基本数据类型,其他类型在以后各章中陆续介绍。

(1) 基本数据类型:整型、实型、字符型属于基本数据类型。
(2) 构造数据类型:根据已定义的一个或多个数据类型用构造的方法来定义。也就是说,一个构造数据类型的值可以分解成若干个"成员"或"元素"。每个"成员"可以是一个基本数据类型,也可以是一个构造数据类型。在 C 语言中,构造数据类型有数组、结构体、共用体(或联合)和枚举类型等。
(3) 指针类型:一种特殊的同时又是具有重要作用的数据类型。指针变量用来存储某

个变量在内存中的地址。

(4) 空类型：在调用函数时，通常应向调用者返回一个函数值。这个返回的函数值是具有一定数据类型的，应在函数定义及函数说明中予以说明。如"int max(int a,int b);"，其中 int 类型说明符即表示该函数的返回值为整型量。又如若在程序中使用了库函数 sin，由于系统规定其函数返回值为双精度实型，因此在赋值语句"s＝sin(x);"中，s 也必须是双精度实型，以便与 sin 函数的返回值一致。但是，也有一类函数，调用后并不需要向调用者返回函数值，这种函数可以定义为"空类型"。其类型说明符为 void。如"void display();"，该函数返回值为空类型。

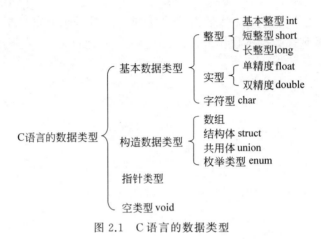

图 2.1　C 语言的数据类型

2. 基本数据类型及表示范围

C 语言的基本数据类型有整型、实型、字符型。

(1) 整型。C 语言提供 short int、int、long int、long long int、unsigned short int、unsigned int、unsigned long int、unsigned long long int 等内置整型数据类型。各种整型数据类型之间的差别体现在每个类型所占内存空间的大小不同。signed 关键字（可以省略）表示有符号，即最高位是符号位，不表示数值。unsigned 关键字表示无符号，即最高位不是符号位，表示数值。

(2) 实型。C 语言支持 3 种实型数据类型：float（单精度实型）、double（双精度实型）、long double（长双精度实型）。这些数据类型之间的差别体现在编译器为每个类型分配的存储空间的大小不同，它们决定了实型数据类型的精度。一般来说，双精度实型数的精度大约是单精度实型数的两倍。

(3) 字符型。也即 char 类型，用于存储单个字符。字符包括字母表中的大小写字母、数字 0~9 以及加号、减号等特殊字符。char 类型也有无符号和有符号之分。

表 2.1 列出了 C 语言的所有合法的基本数据类型的名字、长度和值的范围。

表 2.1　基本数据类型

完整类型名	简写类型名	长度(字节)	数 值 范 围
char	char	1	有符号：−128~＋127 无符号：0~255

续表

完整类型名	简写类型名	长度(字节)	数 值 范 围
signed char	signed char	1	$-128\sim+127$
unsigned char	unsigned char	1	$0\sim255$
int signed int	int 或 signed	2 或 4(与具体机器有关)	2 字节：$-32\,768\sim+32\,767$ 4 字节：$-2\,147\,483\,648\sim+2\,147\,483\,647$
unsigned unsigned int	unsigned	2 或 4(与具体机器有关)	2 字节：$0\sim65\,535$ 4 字节：$0\sim4\,294\,967\,295$
short short int signed short signed short int	short	2	$-32\,768\sim+32\,767$
long long int signed long signed long int	long	4	$-2\,147\,483\,648\sim2\,147\,483\,647$
signed long long int	long long	8	$-9\,223\,372\,036\,854\,775\,808\sim$ $+9\,223\,372\,036\,854\,775\,807$
unsigned short unsigned short int	unsigned short	2	$0\sim65\,535$
unsigned long unsigned long int	unsigned long	4	$0\sim4\,294\,967\,295$
unsigned long long int	unsigned long long	8	$0\sim18\,446\,744\,073\,709\,551\,615$
float	float	4	约 $3.4e^{-38}\sim3.4e^{+38}$ (7 位有效数字)
double	double	8	约 $1.7e^{-308}\sim1.7e^{+308}$ (15 位有效数字)
long double	long double	$\geqslant 8$	由具体实现定义

2.2 常　　量

在程序执行过程中,其值不发生改变的量称为常量。在 C 语言中,常量分为直接常量和符号常量。

2.2.1 直接常量

从字面上可以看出数据的值同时可以分析出数据类型的常量称为直接常量。直接常量分为整型常量、实型常量、字符常量和字符串常量四种。

1. 整型常量

整型常量就是整常数。C语言中使用的整常数有八进制、十六进制和十进制3种。

1) 十进制整常数

十进制整常数没有前缀,其数码为0~9,但不能以数字0开头。

以下各数是合法的十进制整常数。

    237 -568 65535 1627

以下各数不是合法的十进制整常数。

    023(不能有前缀0) 23D(含有非十进制数码)

2) 八进制整常数

八进制整常数必须以数字0开头,后面数码的取值范围为0~7。八进制数通常是无符号数。

以下各数是合法的八进制数。

  015(十进制为13) 0101(十进制为65) 0177777(十进制为65535)

以下各数不是合法的八进制数。

  256(无前缀0) 03A2(包含了非八进制数码) -0127(出现了负号)

3) 十六进制整常数

十六进制整常数的前缀为0X或0x,其数码取值范围为0~9、A~F或a~f。

以下各数是合法的十六进制整常数。

  0X2A(十进制为42) 0XA0(十进制为160) 0XFFFF(十进制为65535)

以下各数不是合法的十六进制整常数。

    5A(无前缀0X) 0X3H(含有非十六进制数码)

在16位字长的机器上,十进制无符号整常数的范围为0~65535,有符号数为-32768~+32767。八进制无符号整常数的范围为0~0177777,十六进制无符号整常数的范围为0X0~0XFFFF 或 0x0~0xFFFF。如果使用的数超过了上述范围,就必须用长整型数来表示。长整型数是用后缀L或l来表示的。

例如:

十进制长整常数:158L(十进制为158),358000L(十进制为358000)。

八进制长整常数:012L(十进制为10),077L(十进制为63),0200000L(十进制为65536)。

十六进制长整常数:0X15L(十进制为21),0XA5L(十进制为165),0X10000L(十进制为65536)。

注意,长整数158L和基本整常数158在数值上并无区别。但是,158L因为是长整型量,C语言编译系统将为它分配4字节的存储空间。而对于158,因为是基本整型,在16位字长的机器上只分配2字节的存储空间。

无符号数也可用后缀表示,整型常数的无符号数的后缀为U或u。

例如：358u,0x38Au,235Lu 均为无符号数。

前缀、后缀可同时使用以表示各种类型的数。如 0XA5Lu 表示十六进制无符号长整数 A5,其十进制为 165。

【例 2.1】 整型常量示例。

【程序】

```
#include <stdio.h>
int main()
{
    int a,b,c;
    a=10;
    b=010;
    c=0x10;
    printf("%d,%d,%d\n",a,b,c);
    return 0;
}
```

【运行】

10,8,16

2. 实型常量

实型也称为浮点型。实型常量也称为实数或者浮点数。在 C 语言中,实数只采用十进制。它有两种形式：小数形式和指数形式。

(1) 小数形式：由数码 0~9 和小数点组成。例如：

     0.0 25.0 5.789 0.13 5.0 300. −267.8230

等均为合法的实数。注意,必须有小数点,小数点前后可以没有数字。

(2) 指数形式：由十进制数加阶码标志 e 或 E 以及阶码(只能为整数,可以带符号)组成。其一般形式为：

     aEn(a 为十进制数,n 为十进制整数,其值为 $a \times 10^n$)

如：2.1E5   (等于 2.1×10^5)
  3E−2   (等于 3.0×10^{-2})
  0.5E7   (等于 0.5×10^7)
  −2.8E−2 (等于 -2.8×10^{-2})

以下是不合法的实数：

345   (无小数点)
E7   (阶码标志 E 之前无数字)
−5   (无小数点)
53.−E3 (负号的位置不对)
2.7E   (E 的右边无阶码)

标准 C 允许实数使用后缀。后缀为 f 或 F 即表示该数为单精度实数。例 2.2 说明了这种情况。

【例 2.2】 实型常量示例。

【程序】

```c
#include <stdio.h>
int main()
{
    printf("%f \n",356.);
    printf("%f \n",356.f);
    return 0;
}
```

【运行】

356.000000
356.000000

3. 字符常量

1) 常用字符常量

字符常量是用单引号括起来的一个字符。例如：

'a' 'b' '=' '+' '?'

在 C 语言中,字符常量有以下特点：

(1) 字符常量只能用单引号括起来,不能用双引号或其他括号。

(2) 字符常量只能是单个字符,不能是字符串。

(3) 字符可以是字符集中的任意字符,但数字被定义为字符型之后就不能参与数值运算。如'5'和 5 是不同的。'5'是字符常量,不能作为数字 5 参与数值运算。

2) 转义字符常量

转义字符是一种特殊的字符常量。转义字符以反斜线\开头,后跟一个或几个字符。转义字符具有特定的含义,不同于字符原有的意义,故称转义字符。例如,在前面各例题 printf 函数的格式串中用到的\n 就是一个转义字符,其意义是"回车换行"。转义字符主要用来表示那些用一般字符不便于表示的控制代码,如表 2.2 所示。

表 2.2 常用的转义字符及其含义

转义序列	ASCII 字符码	表示的字符	转义序列	ASCII 字符码	表示的字符
\0	0	空字符	\r	13	回车符
\a	7	响铃符	\"	34	双引号
\b	8	退格符	\'	39	单引号
\t	9	水平制表符	\?	63	问号
\n	10	换行符	\\	92	反斜线
\v	11	垂直制表符	\ooo	0~255	八进制数
\f	12	换页符	\xhh	0~255	十六进制数

转义序列有两种形式,其中一种是"字符转义序列",即反斜线后面跟一个图形符号,用于表示字符集中的非图形符号和一些特殊的图形字符。说明如下：

(1) 单引号(')和反斜线(\)虽然是图形符号,但作为字符常量时必须用转义序列。如'\''和'\\'是合法的,而'''和'\'是非法的。

(2) 双引号(")作为字符常量时既可用图形符号也可用转义序列表示。如'"'和'\"'均合法。

(3) 字符常量'\0'表示其值为 0 的字符,称为空字符,既不引起任何控制动作,也不是一个可显示字符。'\0'通常用于表示一个字符串的结束。用'\0'来代替 0,是为了在某些表达式中强调其字符的性质。

【例 2.3】 字符常量示例。

【程序】

```
#include <stdio.h>
int main()
{
    printf("\n\\n causes \na line feed to occur") ;
    printf("\n\\\"causes a double quote (\") to be printed");
    printf("\n\\a causes the bell,or beep, to sound\a");
    printf("\n\\t can be used to align some numbers to tab ");
    printf("columns \n\t1\t2\t3\n\t4\t5\t6\n");
    return 0;
}
```

【运行】

```
\n causes
a line feed to occur
\"causes a double quote (") to be printed
\a causes the bell,or beep, to sound
\t can be used to align some numbers to tab columns
        1       2       3
        4       5       6
```

转义序列的另一种是"数字转义序列",即反斜线后面跟一个字符的八进制或十六进制字符码,即\ooo 或\xhh。ooo 表示 1~3 个八进制数字,八进制可以不用前缀,hh 表示 1~2 个十六进制数字,x 是十六进制前缀。例如'A'、'\101'和'\x41'均表示字符 A,'\t'、'\11'、'\011'、'\x9'和'\x09'均表示水平制表符\t。

使用数字转义序列时注意以下两点。

(1) 使用数字转义序列时可能依赖于字符编码方式,因此是不可移植的。最好把转义符隐藏在宏定义中,便于修改。

```
#define  EOT   '\004'
#define  ACK   '\006'
#define  NAK   '\004'
```

(2) 数字转义序列的语法是独特的,八进制转义序列在用完 3 个八进制位之后或遇到第一个非八进制位时终止,因此字符串"\0111"包含两个字符\011 和 1,字符串"\090"包含 3 个字符\0、9 和 0。十六进制转义序列中的十六进制位数超过 2 时,编译出错,这时为了终止十六进制转义,可以把字符串分段。

```
"\xabc"            //出错
```

```
"\xa""bc"              //这个字符串包含 3 个字符
```

4. 字符串常量

字符串常量是由一对双引号括起来的字符序列。例如：

```
"CHINA"    "C program"    "$ 12.5"
```

字符串常量和字符常量是不同的常量。它们之间主要有以下区别。

(1) 字符常量由单引号括起来，字符串常量由双引号括起来。

(2) 字符常量只能是单个字符，字符串常量则可以含零个或多个字符。

(3) 可以把一个字符常量赋予一个字符变量，但不能把一个字符串常量赋予一个字符变量。在 C 语言中没有相应的字符串变量，但是可以用一个字符数组来存放一个字符串，这将在第 6 章数组中予以介绍。

(4) 字符常量占一字节的内存空间。字符串常量占的内存字节数等于字符串的实际长度加 1。增加的一字节中存放字符'\0'(ASCII 码为 0)，这是字符串结束的标志。

例如，字符串 "C program" 在内存中的存放情况可以形象地表示为：

| C | | p | r | o | g | r | a | m | \0 |

字符常量'a'和字符串常量"a"虽然都只有一个字符，但在内存中的存储情况是不同的。
'a'在内存中占一字节，可表示为：

| a |

"a"在内存中占两字节，可表示为：

| a | \0 |

2.2.2 符号常量

在 C 语言中，可以用一个标识符来表示一个常量，称之为符号常量。符号常量在使用之前必须先定义，其一般形式为：

```
#define 标识符 常量表达式
```

其中 #define 也是一条预处理命令(预处理命令都以 # 开头)，称为宏定义命令(在第 8 章编译预处理中将进一步介绍)，其功能是把该标识符定义为其后的常量值。编译之前，程序中出现的所有符号常量均被常量表达式的文字所替代。

【例 2.4】 符号常量示例。

【程序】

```
#include <stdio.h>
#define PI 3.14      //定义符号常量 PI
int main()
```

```
    {
        float r,circum,area;
        scanf("%f",&r);
        circum=2 * PI * r;
        area=PI * r * r;
        printf("\ncircumference=%f,area=%f\n",circum, area);
        return 0;
    }
```

【说明】 从该程序中可以看出,程序用#define命令定义PI代表常量3.14,程序在编译时将用3.14替代所有的PI。

注意:

(1) 符号常量的名字与后面的常量之间可有多个空白字符,但无须添加等号,且行末一般不以分号结尾。因为宏定义命令不是C语句,而是一种编译预处理命令。若以分号结尾,则编译预处理替换时会连同分号一起替换,造成程序的错误。

(2) 定义符号常量的好处是"一改全改"。在例2.4中,如果需要增加PI的精度,只需要将"#define PI 3.14"修改为"#define PI 3.14159265",则程序中所有的PI都会用3.14159265替换。

2.3 变 量

在C语言程序中,其值可以改变的量称为变量。

2.3.1 变量名与变量值

C语言中参与运算的变量必须有一个唯一的名字,称为变量名。变量名的命名规则遵循标识符的命名规则。

在程序运行过程中,变量的值存储在内存中。在C语言程序中,通过变量名来引用变量的值。

例如声明了一个整型变量a,编译时系统自动给变量a分配内存并给变量名a一个对应的内存地址。程序从变量中取值,则是通过变量名找到相应的内存地址,再从该内存地址对应的存储单元中读取数据。

2.3.2 变量的定义

变量定义的一般形式为:

类型说明符 变量名表;

类型说明符说明变量的数据类型。变量名表中可以包括多个变量名,各变量名之间以逗号分隔。

在C语言中,对所有用到的变量要先定义后使用。如果变量未定义而使用,编译时系统会给出有关出错信息。

下面就是一个程序出错的例子：

```c
#include <stdio.h>
int main ()
{
    int a=3;
    b=a+2;
    printf ("%d %d",a,b);
    return 0;
}
```

该程序在 Visual C++ 2010 系统中编译时，系统将会出现如下信息：

error C2065: "b": 未声明的标识符

它表示程序中有错误：变量 b 未声明。

正确的程序如下所示：

```c
#include <stdio.h>
int main ()
{
    int a=3,b;
    b=a+2;
    printf ("a=%d b=%d",a,b);
    return 0;
}
```

2.3.3 变量初始化

在 C 语言程序中常常需要对变量赋初值，以便使用变量。C 语言程序中可有多种方法为变量提供初值，变量初始化就是其中一种。变量初始化就是在定义变量的同时给变量赋以初值的方法。

变量初始化的一般形式为：

类型说明符 变量 1=值 1,变量 2=值 2,…;

例如：

```c
int a=3;
int b,c=5;
float x=3.2,y=3f,z=0.75;
char ch1='K',ch2='P';
```

注意，在定义中不允许连续赋值，如"int a＝b＝c＝5;"是不合法的。

【例 2.5】 变量初始化示例。

【程序】

```c
#include <stdio.h>
```

```
int main()
{
    int a=3,b=5,c;
    c=a+b;
    printf("a=%d,b=%d,c=%d\n",a,b,c);
    return 0;
}
```

【运行】

a=2,b=5,c=8

2.4 运算符与表达式

2.4.1 C语言的运算符简介

C语言的运算符十分丰富,由运算符构成的表达式形式多样,使用灵活。学习过程中对于每种运算符,都应该掌握运算符的运算功能、操作数的类型要求、运算结果的类型、运算的次序(优先级与结合性)以及运算过程中的数据类型转换。

1. 运算符

C语言的运算符可分为以下几类。

(1) 算术运算符:用于各类数值运算。包括+(加)、-(减)、*(乘)、/(除)、%(求余,或称模运算)、++(自增)、--(自减)等。

(2) 关系运算符:用于比较运算。包括>(大于)、<(小于)、==(等于)、>=(大于或等于)、<=(小于或等于)、!=(不等于)等。

(3) 逻辑运算符:用于逻辑运算。包括&&(与)、||(或)、!(非)等。

(4) 赋值运算符:用于赋值运算。包括简单赋值(=)、复合算术赋值(+=,-=,*=,/=,%=)和复合位运算赋值(&=,|=,^=,<<=,>>=)3类。

(5) 逗号运算符(,):用于把若干个表达式组合成一个表达式。

(6) 位操作运算符:参与运算的量,按二进制位进行运算。包括&(按位与)、|(按位或)、~(按位取反)、^(按位异或)、<<(左移)、>>(右移)等。

(7) 条件运算符(?:):这是C语言中唯一的三目运算符,用于根据条件完成不同的任务。

(8) 指针运算符:包括取内容(*)和取地址(&)两种运算。

(9) 求字节数运算符(sizeof):用于计算数据类型所占的内存字节数。

(10) 特殊运算符:包括括号运算符(())、下标运算符([])、成员选择运算符(->和.)等完成特殊任务的运算符。

2. 运算符的优先级与结合性

表达式的运算规则是由运算符的功能和运算符的优先级与结合性来决定的。为使表达式按一定的顺序求值,编译程序将所有运算符分成若干组,按运算执行的先后顺序为每组规定一个等级,称为运算符的优先级。当一个表达式中有多个运算符时,优先级高的运算符先执行运算,优先级较低的运算符后执行运算。处于同一优先级的运算符的运算顺序由结合性决定,运算符的结合性分为从左至右(左结合性)和从右至左(右结合性)两种。绝大部分运算符都是左结合性。

C 语言运算符的优先级及结合性详见附录 B。

2.4.2 算术运算

算术运算符有＋(加)、－(减)、＊(乘)、/(除)、％(求余数或取模)、＋＋(自增)、－－(自减)。其中,＋、－、＊、/、％为基本算术运算符。

1. 基本算术运算

(1) 基本算术运算符(＋、－、＊、/、％)均是双目运算符,结合性为左结合。

(2) 优先级：＊、/、％运算符的优先级相同,＋、－运算符的优先级相同,前面 3 个运算符的优先级高于后面两个。

(3) 求余运算(％)规定两个操作数必须为整数,运算结果也是整数,值为左操作数除以右操作数所得的余数,符号与左操作数相同。

例如,17％5 或 17％－5 的结果都为 2,－17％5 的结果为－2。

(4) 除法运算符(/)规定,如果两个操作数都是整型,则结果是整型,就是整除的结果。如果两个操作数中有一个是实型,则结果是实型。

例如,5/2 的结果是 2,而 5.0/2、5/2.0 或 5.0/2.0 的结果都是 2.5。

2. 算术表达式

算术表达式是算术运算符和括号将运算对象(也称操作数)连接起来的符合 C 语言语法规则的式子。

(1) 算术运算的两个运算对象的数据类型可以不相同。当两个运算对象的数据类型不同时,在进行运算之前它们按照相应的转换规则自动转换为相同类型。

(2) 算术运算结果的数据类型与操作数类型相同。如果操作数执行了类型转换,则与转换后的操作数类型相同。

例如：

13＋5　　　结果为 18,两个操作数类型相同,都为 int 型,不执行类型转换。

13.0＋5　　结果为双精度浮点数 18.0,运算前 5 自动执行了类型转换,转换为 double 型。

1/2　　　　结果为 0,两操作数类型相同,均为 int 型,结果也为 int 型。

3. 自增、自减运算符

C 语言还提供了两个特殊的单目运算符：＋＋(自增)和－－(自减)。＋＋和－－的操作数只能是变量,这个变量的类型可以是整型或指针类型。＋＋使内存中存储的变量值加 1,－－使内存中存储的变量值减 1。例如：

```
++x;   相当于   x=x+1;
--x;   相当于   x=x-1;
```

++和--的特殊之处在于,它们分别有前缀和后缀两种形式。++x和x++都使x加1,但它们有区别。表达式++x使内存中存储的变量x先加1,然后以x的新值作为该表达式的值。相反,表达式x++以内存中x的值作为该表达式的值,然后内存中存储的变量x再加1。--x和x--的道理也一样。

当++x或x++单独使用时,两者的效果是一样的,但在与其他运算符一起使用时,两者的效果是不相同的。

表2.3举例说明了前缀和后缀的使用情况。

表 2.3 增1和减1运算的例子(若有 int n=3,m;)

语　　句	等价的语句	执行该语句后 m 的值	执行该语句后 n 的值
m=++n;	n=n+1; m=n;	4	4
m=n++;	m=n; n=n+1;	3	4
m=--n;	n=n-1; m=n;	2	2
m=n--;	m=n; n=n-1;	3	2

【例 2.6】 运算符示例。

【程序】

```c
#include <stdio.h>
int main()
{
    int a, b, c=10;
    a=++c;
    b=c++;
    printf("a=%d, b=%d, c=%d\n", a, b, c) ;
    printf("++a=%d, --b=%d, c--=%d\n",++a, --b, c--);
    return 0;
}
```

【运行】

```
a=11, b=11, c=12
++a=12, --b=10, c--=12
```

【说明】 后缀++(或--)的复杂点在于,操作数值的更改并不是马上发生的,而是在引用原值之后发生的,这称为后缀++(或--)的计算延迟。计算延迟的终止点称为序列点。当到达序列点时,执行前面出现的所有后缀++(或--)的增1(或减1)运算。也就是说,在序列点之前,后缀++(或--)的操作数用原值,在序列点之后,该操作数是更改后的新值。下列情况下出现序列点。

(1) &&、||、?：或，运算符，即这些运算符的第一个操作数之后。

(2) 完整表达式结束时，即表达式语句，return 语句中的表达式，if、switch 或循环语句中的条件表达式(包括 for 语句中的每个表达式)之后。

2.4.3 关系运算

在程序中经常需要判断两个量的关系，以决定程序下一步的工作。判断两个量关系的运算符称为关系运算符。

1. 关系运算符及其优先次序

在 C 语言中有 6 种关系运算符，分别是＜（小于）、＜＝（小于或等于）、＞（大于）、＞＝（大于或等于）、＝＝（等于）和！＝（不等于）。

关系运算符都是双目运算符，其结合性均为左结合(即自左至右)。

【说明】

(1) 前 4 种关系运算符的优先级相同，后两种的优先级相同，但前 4 种的优先级高于后两种。

(2) 关系运算符的优先级低于算术运算符。

(3) 关系运算符的优先级高于赋值运算符。

按照运算符的优先顺序可以得出：

```
a>b-c      等价于   a>(b-c)
a==b>=c    等价于   a==(b>=c)
a=b!=c     等价于   a=(b!=c)
```

2. 关系表达式

(1) 用关系运算符将两个操作数连接起来组成的表达式，称为关系表达式。关系表达式的一般形式为：

表达式　关系运算符　表达式

例如：

```
a+b>c-d
x>3/2
'a'+1<c
-i-5*j==k+1
```

都是合法的关系表达式。

(2) 关系表达式的值只能是 1 或 0，当关系成立时即为"真"，即表达式的值为整数 1；否则为"假"，即表达式的取值为整数 0。如：

5＞0 的值为"真"，即表达式的结果为 1。

(a=3)＞(b=5)由于 3＞5 不成立，故其值为"假"，即表达式的结果为 0。

3. 例子

【例 2.7】 关系表达式示例。

【程序】

```c
#include <stdio.h>
int main()
{
    char x='m', y='n';
    int a,b;
    a=x<y;              //a 为关系表达式 x<y 的值
    printf("a=%d\n",a);
    b=(x!=y-1);         //b 为关系表达式 x!=y-1 的值
    printf("b=%d\n",b);
    return 0;
}
```

【运行】

a=1
b=0

【说明】 通过上面的程序可以看出,关系运算的结果为"真"时值等于 1;结果为"假"时值等于 0。

2.4.4 逻辑运算

1. 逻辑运算符及其优先次序

除了使用关系表达式建立条件以外,C 语言还可以使用逻辑运算符建立更为复杂的条件。C 语言中提供了 3 种逻辑运算符:&&(逻辑与)、||(逻辑或)和!(逻辑非)。

逻辑与运算符 && 和逻辑或运算符 || 均为双目运算符,具有左结合性。逻辑非运算符!为单目运算符,具有右结合性。

逻辑运算符的优先级(从高到低排列)为:! → && → ||,其中 && 和 || 低于关系运算符,!高于算术运算符。

按照运算符的优先顺序可以得出:

```
a>b && c>d          等价于      (a>b)&&(c>d)
!b==c||d<a          等价于      ((!b)==c)||(d<a)
a+b>c&&x+y<b        等价于      ((a+b)>c)&&((x+y)<b)
```

2. 逻辑运算的值

逻辑运算的值也为真和假两种,用 1 和 0 来表示。逻辑运算符的真值表如表 2.4 所示。

表 2.4　逻辑运算真值表

A	B	!A	!B	A && B	A || B
假	假	1	1	0	0
假	真	1	0	0	1
真	假	0	1	0	1
真	真	0	0	1	1

(1) 逻辑与运算 &&：当逻辑与运算符和两个表达式一起使用时，只有当这两个表达式本身都为真时，结果才为真；只要两个表达式中有一个为假，结果即为假。当需要检测多个条件并做出判断时，可以使用逻辑与运算符 &&。例如：

(a<b) && (b<c)

只要 a<b 并且 b<c 时结果就为真（其值为 1），即判断 b 是否在 a 和 c 之间。因为关系运算符比逻辑运算符优先级高，这个逻辑表达式中的括号可以省略。

(2) 逻辑或运算 ||：当逻辑或运算符与两个表达式一起使用时，如果两个表达式中任意一个或两个都为真，则逻辑或运算的结果为真。只有两个表达式都为假时，结果才为假。例如：

(a>b) || (b>c)

只要 a>b 或者 b>c 为真，或者两个条件都为真时结果就为真（其值为 1）。

(3) 逻辑非运算 !：逻辑非运算符用于把一个表达式改变为它的相反状态。该运算符只能作用于一个表达式。例如，若 age 的值为 20，则 (age>18) 的值为 1，而 !(age>18) 的值为 0。

虽然 C 语言在给出逻辑运算结果时，以 1 代表真，0 代表假。但反过来在判断一个量是为真还是为假时，则 0 代表假，以非 0 的数值作为真。

例如，5&&3 的值为真，即结果为 1。

又如，5||0 的值为真，即结果为 1。

3. 逻辑表达式

逻辑表达式的一般形式为：

表达式　逻辑运算符　表达式

其中的表达式也可以是逻辑表达式，从而组成了嵌套的情形。例如：

(a&&b)&&c

根据逻辑运算符的左结合性，上式也可写为：

a&&b&&c

逻辑表达式的值是式中各种逻辑运算的最后值，以 1 和 0 分别代表真和假。在逻辑表达式的求解过程中，并不是所有的逻辑运算符都被执行，只有在必须执行下一个逻辑运算符才能求出表达式的值时,才执行该运算符的运算。

(1) A&&B：只要 A 为假,则不必判断 B 的真假,逻辑表达式即可得到结果,肯定为假。只有当 A 为真时,才需要判断 B 的真假来得到逻辑表达式的结果,这时才执行 && 运算符。

(2) A||B：只要 A 为真,则不必判断 B 的真假,逻辑表达式即可得到结果,肯定为真。只有当 A 为假时,才需要判断 B 的真假来得到逻辑表达式的结果,这时才执行 || 运算符。

例如：

```
int a=1, b=2, c=3, d=4, m=1,n=1;
(m=a>b)&&(n=c>d)
```

首先计算 m=a>b,计算结果 m=0,所以整个表达式的值就确定为假即数值 0,因此不必计算 n=c>d,所以 n 的值不变,仍然为 1。

【例 2.8】 逻辑表达式示例。

【程序】

```
#include <stdio.h>
int main()
{
    int m=0,n=0,k;
    k=(m=0)&&(n=1);            //①
    printf("1: m=%d , n=%d , k=%d\n",m,n,k);
    k=(m=1)&&(n=1);
    printf("2: m=%d , n=%d , k=%d\n",m,n,k);
    k=(m=2)&&(m=1)&&(m=0);
    printf("3: m=%d , k=%d\n",m,k);
    m=0;
    n=0;
    k=m==0&&n==0;
    printf("4: k=%d\n",k);
    k=m>0&&n==0;
    printf("5: k=%d\n",k);
    return 0;
}
```

【运行】

```
1: m=0 , n=0 , k=0
2: m=1 , n=1 , k=1
3: m=0 , k=0
4: k=1
5: k=0
```

【说明】 本例中,逻辑与运算从左至右计算每个表达式,左侧表达式的结果为 0,就不再计算右侧表达式。例如,当执行①时,m=0 的值为 0,便可确定整个表达式的值为 0,因此后面的 n=1 就不会计算了。所以结果 m 的值为 0,n 的值仍为 0,表达式(m=0)&&(n=1)

的值为 0,则 k 的值为 0。

【例 2.9】 逻辑表达式示例。

【程序】

```
#include <stdio.h>
int main()
{
    int m=0,n=0,k;
    k=(m=0)||(n=1);
    printf("1: m=%d, n=%d, k=%d\n",m,n,k);
    k=(m=1)||(n=0);
    printf("2: m=%d, n=%d, k=%d\n",m,n,k);
    k=(m=2)||(m=1)||(m=0);
    printf("3: m=%d, k=%d\n",m,k);
    m=0;
    n=0;
    k=m==0||n==0;
    printf("4: k=%d\n",k);
    k=m>0||n==0;
    printf("5: k=%d\n",k);
    return 0;
}
```

【运行】

1: m=0 , n=1 , k=1
2: m=1 , n=1 , k=1
3: m=2 , k=1
4: k=1
5: k=1

2.4.5 赋值运算

1. 赋值运算符

赋值运算就是把数据赋给内存中存储的变量。赋值表达式可以像其他任何表达式一样当作一个数据来处理。

2. 赋值表达式

赋值表达式的一般形式为:

变量=表达式

符号"="是简单的赋值运算符,它有两个操作数:左操作数必须是一个变量;右操作数是一个表达式,这个表达式可以是常量表达式、变量表达式或者其他形式的表达式。赋值表达式执行的过程是:首先计算右边表达式的值,然后将该值赋给左边的变量。

赋值表达式的值和类型与左操作数的值和类型相同。假设 a、b 和 x 是 int 型,有如下语句:

```
a=2;
b=3;
x=a+b;
```

赋值表达式 a=2 把值 2 赋给变量 a,这个表达式的值为 2。同样,赋值表达式 b=3 把值 3 赋给变量 b,这个表达式的值为 3。最终,这两个表达式的值相加,把结果 5 赋给 x。

当右操作数又是一个赋值表达式时,形成多重赋值表达式。例如:

```
a=b=c=3;
```

由于赋值运算符是右结合性,上式等价于:

```
a=(b=(c=3));
```

这个语句运行后,a、b、c 的值都为 3。

3. 赋值表达式的类型转换

赋值表达式也有类型转换的问题。当赋值运算符两边的数据类型不相同时,系统将进行自动类型转换,即把赋值运算符右边的类型转换为左边的类型。其转换规则为:

(1) 实型(float,double)赋给整型变量时,只将整数部分赋给整型变量,舍去小数部分。如"int x;",执行 x=6.89 后,x 的值为 6。注意,只是截取 6.89 的整数部分,而不是四舍五入的结果。

(2) 整型(int,short,long,long long)赋给实型变量时,数值不变,但将整型数据以浮点形式存放到实型类型变量中,即增加小数部分(小数部分的值为 0)。

如"float x;",执行 x=6 后,先将 x 的值 6 转换为 6.000000,再存储到变量 x 中。

(3) 字符型(char)赋给整型(int)变量时,由于字符型只占一字节,整型为两字节,所以 int 变量的高 8 位补的数与 char 的最高位相同,低 8 位为字符的 ASCII 码值。

如"int x; x='\154';",'\154'的二进制为 01101100,将其高 8 位补 0 后再赋值给 x,x 的值为 0000000001101100。同样,int 赋给 long int,也按这个规则进行。

(4) 整型(int)赋给字符型(char),只把低 8 位赋给字符变量。同样,long int 赋给 int 变量时,只把低 16 位赋给 int 变量。

由此可见,当赋值运算符右边表达式的数据类型长度比左边变量定义的长度长时,将丢失一部分数据,这样会损失精度。

【例 2.10】
【程序】

```c
#include <stdio.h>
int main()
{
    int a,b=322;
    float x, y=8.88;
```

```
        char cl='a',c2;
        a=y;
        x=b;
        printf("a=%d,x=%f\n",a,x);
        a=cl;
        c2=b;
        printf("a=%d,c2=%c\n",a,c2);
        return 0;
}
```

【运行】

a=8,x=322.000000
a=97,c2=B

【说明】 本例表明了赋值运算中类型转换的规则。a 为整型,赋予实型量 y 值 8.88 后只取整数部分 8。x 为实型,赋予整型量 b 的值 322 后增加了小数部分。字符型量 cl 赋予 a,变为整型,整型量 b 取其低 8 位赋予 c2(b 的低 8 位为 01000010,即十进制 66,按 ASCII 码对应于字符 B)。

4. 复合的赋值运算符

在赋值运算符"="之前加上其他双目运算符可构成复合赋值运算符,如＋＝、－＝、＊＝、/＝、％＝、＜＜＝、＞＞＝、&＝、^＝和|＝。

构成复合赋值表达式的一般形式为:

变量 双目运算符= 表达式

等效于:

变量=变量 运算符 表达式

例如:

i+=2   等价于   i=i+2
y/=x+10   等价于   y=y/(x+10)
x*=k=m+5   等价于   x=x*(k=m+5)

注意:等号右边的表达式作为一个整体参与运算。

复合赋值运算符是 C 语言的特色之一。这类运算符简明,其表示方式与人们的思维习惯比较接近。i＋＝2 可读作"把 2 加到 i 上",i=i+2 可读作"取 i,加上 2,再把结果放回到 i 中"。因此,前者比后者好。而且,这类运算符还有助于编译程序产生高效的目标代码。

复合赋值运算符的结合性都是右结合的,可以嵌套。例如若"int a＝1,b＝2;",则"a＋＝b＋＝3;"等价于"a＋＝(b＋＝3);",执行的过程是先执行 b＋＝3,再执行 a＋＝b。最后 a 的值是 6,b 的值是 5。

复合赋值运算与自增运算都可以使变量的值发生变化。在实际应用的过程中要注意和分析一些程序,熟练应用这两种运算符。

2.4.6 逗号运算

在 C 语言中逗号","也是一种运算符,称为逗号运算符。其功能是把两个表达式连接起来组成一个表达式,称为逗号表达式。其一般形式为:

表达式 1,表达式 2

逗号表达式的求值过程是从左到右分别求两个表达式的值,并以表达式 2 的值作为整个逗号表达式的值。

【例 2.11】
【程序】

```
#include <stdio.h>
int main()
{
    int a=2,b=4,c=6,x,y;
    y=(x=a+b,b+c);
    printf("y=%d,x=%d\n",y,x);
    return 0;
}
```

【运行】

x=6,y=10

【说明】 本例中,y 等于整个逗号表达式的值,也就是表达式 2 的值,x 是逗号表达式中第一个表达式的值。因为逗号运算符的优先级比赋值运算符低,所以 y=(x=a+b,b+c) 中的括号不能省。如果没有括号,结果就不一样了。请读者自己验证。

对于逗号表达式还要说明以下两点。

(1) 逗号表达式一般形式中的表达式 1 和表达式 2 也可以又是逗号表达式。例如:

表达式 1,(表达式 2,表达式 3)

形成了嵌套情形。因此可以把逗号表达式扩展为以下形式:

表达式 1,表达式 2,…,表达式 n

整个逗号表达式的值等于表达式 n 的值。

(2) 在程序中使用逗号表达式,通常是要分别求逗号表达式内各表达式的值,并不一定要求整个逗号表达式的值。另外,不是在所有出现逗号的地方都组成逗号表达式,如在变量说明中和函数参数表中的逗号只是用作各变量之间的间隔符。

【例 2.12】
【程序】

```
#include <stdio.h>
int main()
{
```

```
    int a=1, b=2, c=3;
    printf("%d,%d,%d\n",a, b, c);          //这里不是逗号表达式
    printf("%d,%d,%d\n",(a,b,c),b,c);      //(a, b, c) 是逗号表达式
    a=(c=0,c+5);                           //这里是逗号表达式
    b=(c=3,c+8);                           //这里是逗号表达式
    printf("%d,%d,%d\n", a, b, c);
    return 0;
}
```

【运行】

1, 2, 3
3, 2, 3
5, 11, 3

2.4.7 位运算

1. 位运算符及其优先次序

C语言还提供字符型、整型常量和变量的按位操作。用来执行这些位操作的运算符称为位运算符。位操作是对位模式按位进行的一元和二元操作。

位运算符有6个：~(按位取反)、&(按位与)、|(按位或)、^(按位异或)、>>(右移)和<<(左移)。

除~(按位取反)为单目运算符外，其余均为双目运算符。所有位运算符的操作数必须为整型(包含字符型)。进行位运算的两个操作数类型可以不同(如整型和长整型)，若类型不同则运算前自动转换为相同的类型(按由少字节类型向多字节类型转换的规则，即将整型转换为长整型)，运算结果的类型与转换后操作数的类型相同。

位运算符优先级(从左到右优先级由高到低)：~,<<,>>,&,^,|。

2. 位运算表达式及其值

在使用位运算符时，每个操作数被处理为由一系列单一的1和0组成的二进制数字。然后，每个操作数中的各个位再按位进行运算，其结果根据所选的运算确定。

1) 单目求反运算符~

该运算符作用是：改变操作数中每一位1为0，每一位0为1。例如：

```
int i=0, j=025;
```

~i 就是 ~0, 0 用十六位二进制表示为 0000000000000000，则 ~0 就是 1111111111111111，即 0xffff。

~j 就是~(025)=~(0000000000010101B)=1111111111101010B=0xffea=0177752 (十进制为-22)。

2) 双目按位与、按位或、按位异或运算符 &、|和^

运算规则如下：

&：对应的两个二进制位均为1，则结果位为1，否则为0。

|：对应的两个二进制位均为0，则结果位为0，否则为1。

^：对应的两个二进制位相同，则结果位为0，否则为1。

适当设置掩码，用按位|可将某些位置1；用按位^可将某些位取反；用按位&可将某些位清零。例如：

```
int a=0x2cab, b;
```

(1) 要求取出a的低8位，高8位清零。

用按位&实现，b=a&0x00ff（或0xff），即a的高8位分别与0进行&运算，低8位分别与1进行&运算。所以b的值是0x00ab。

(2) 要求只取a的高4位，其他位清零。

用按位&运算，b=a&0xf000，即a的高4位分别与1进行&运算，其他位用0进行&运算，b的值是0x2000。

(3) 要求a高8位不变，将低8位置1。

用按位|运算，b=a|0xff，使a的低8位分别与1进行|运算，高8位用0进行|运算。b的值是0x2cff。

(4) 将a的低4位取反，其余位不变。

用按位^运算，b=a^0xf，即用1与相应位进行^运算可将相应位取反，用0与相应位进行^运算其值不变。b的值是0x2ca4。

(5) 将a的最高位取反，其余位不变。

例如，b=a^0x8000，则b的值是0xacab。

3) 移位运算符<<和>>

移位运算符的作用是：将运算符左边的操作数向左（<<）或向右（>>）移动运算符右边操作数指定的位数。

左移时，高位移出，低位填0。右移时，低位移出，高位填0或1，一般无符号数填0，有符号用符号位填充。

【例2.13】 int a=9,b=-4；

用补码存储，b=0xfffc。

a>>2的操作，即从0000000000001001变为0000000000000010，所以a>>2，使a的值向右移两位，相当于a除以4，结果为2。

a<<2的操作，即从0000000000001001变为0000000000100100，所以a<<2，使a的值向左移两位，相当于a乘以4，结果为36。

b>>2的操作，即从1111111111111100变为1111111111111111，所以b>>2，使b的值向右移两位，相当于b除以4，结果为-1，即0xffff。

b<<2的操作，即从1111111111111100变为1111111111110000，所以b<<2，使b的值向左移两位，相当于b乘以4，结果为-16，即0xfff0。

注意，执行了a>>2运算后，a本身的值并没有改变。而执行了a>>=2运算后，a中的值是执行右移运算后的结果。

3. 位运算举例

【例2.14】 int w,h,s;

要求取 w 的低字节及 h 的高字节组成一个新字。

s=(w&0xff) | (h&0xff00)

【例 2.15】 char a,b;
要求使 a 的高 4 位不变,低 4 位取 b 的高 4 位。

a=(a&0xf0) | ((b&0xf0)>>4) 或 a=(a&0xf0) | ((b>>4)&0x0f)

【例 2.16】 unsigned int x,n;
将 x 高字节与低字节交换后组成一个新字。

n=(x&0xff)<<8 | (x&0xff00)>>8

2.4.8 数据之间的混合运算

变量的数据类型是可以转换的。转换的方法有两种:一种是自动转换;另一种是强制转换。

1. 自动转换

自动转换发生在不同数据类型的数据进行混合运算时,由编译系统按照一定的规则自动完成。自动转换遵循以下规则。

(1) 若参与运算的数据类型不同,则先转换为同一种类型,然后进行运算。

(2) 转换按数据长度增加的方向进行,以保证精度不降低。如 int 型和 long 型运算时,先把 int 型转换为 long 型后再进行运算。

(3) 所有的浮点运算都是以双精度进行的,即使仅含 float 单精度数据运算的表达式,也要先转换为 double 型,再做运算。

(4) char 型和 short 型参与运算时,必须先转换为 int 型。

(5) 在赋值运算中,赋值两边的数据类型不同时,赋值号右边数据的类型将转换为左边数据的类型。如果右边数据的类型长度比左边长,将丢失一部分数据,这样会降低精度,所以编译时会发出警告。编程时要注意这个问题。

图 2.2 表示了数据类型自动转换的规则。注意,向左的箭头表示是必须进行的转换,向上的箭头是表示转换的方向,而不是表示必须要从下往上一个一个地转换。例如,a 是 int 型,b 是 double 型,则执行 a+b 时,a 直接转换为 double 型进行运算。

图 2.2 数据类型自动转换的规则

【例 2.17】
【程序】
```
#include <stdio.h>
int main()
{
    int a=1;
    char c1='A';
```

```
    float f=100;
    double d=200.0;
    long L=40000;
    printf("%f\n",a+cl+f+d);        //a,cl,f 均转换为 double 型后再相加
    printf("%ld\n",a+L);            //a 转换为 long 型后与 L 相加
    printf("%d\n",a+cl);            //cl 转换为 int 型后与 a 相加
    printf("%f\n",cl+d);            //cl 转换为 double 型后与 d 相加
    return 0;
}
```

【运行】

```
366.000000
40001
66
265.000000
```

【例 2.18】 字符型与整型做算术运算。

【程序】

```
#include <stdio.h>
int main()
{
    char ch;
    ch='A';
    printf("ch=%c,ch+1=%c\n",ch,ch+1);
    printf("ch=%d,ch+1=%d\n",ch,ch+1);
    return 0;
}
```

【运行】

```
ch=A,ch+1=B
ch=65,ch+1=66
```

2. 强制转换

强制转换是通过类型转换运算来实现的。其一般形式为：

(类型说明符)　(表达式)

其功能是：把表达式的运算结果强制转换为类型说明符所表示的类型。例如：

(float) a　　　　　把 a 转换为实型
(int)(x+y)　　　　把 x+y 的结果转换为整型

在使用强制转换时应注意以下问题。

(1) 类型说明符和表达式都必须加括号(单个变量可以不加括号)，如把(int)(x+y)写成(int)x+y 则成了把 x 转换为 int 型之后再与 y 相加了。

(2) 无论是强制转换或是自动转换，都只是为了本次运算的需要而对变量的数据长度进行的临时性转换，而不改变数据说明时对该变量定义的类型，也不改变该变量的值。

【例 2.19】

【程序】

```c
#include <stdio.h>
int main()
{
    float f=5.75;
    printf("(int)f=%d,f=%f\n",(int)f,f);
    return 0;
}
```

【运行】

(int)f=5,f=5.750000

【说明】 本例表明，f 虽强制转换为 int 型，但只在运算中起作用，是临时的，而 f 本身的类型和数值并不改变。因此，(int)f 的值为 5(取得 f 的整数部分)，而 f 的值仍为 5.75。

习 题 2

2.1 C 语言为什么要规定对所有用到的变量要"先定义,后使用"？这样做有什么好处？

2.2 将下面各数用八进制和十六进制数(补码)表示。

(1) 10　　(2) 32　　(3) 75　　(4) −617

(5) −111　(6) 2483　(7) −28654　(8) 21003

2.3 分析下面程序的运行结果,并上机予以验证。

```c
#include <stdio.h>
int main()
{
    int n;
    double m;
    n=-8+5*3/6+9;
    printf("%d\n",n);
    n=15%7+3%5-8;
    printf("%d\n",n);
    m=-3*6/2.5;
    printf("%f\n",m);
    return 0;
}
```

2.4 若 x=3,y=z=4,下列各式的执行结果是什么？

(1) (z>=y>=x)? 1:0

(2) z>=y&&y>=x

(3) x<y? x:y

(4) x<y? x++:y++

(5) z+=x>y? x++:y++

2.5 如果下面的变量都是 int 型,则以下语句的输出应是什么?

```
sum=cap=10;
cap=sum++,cap++,++cap;
printf("%d\n",cap);
```

可选答案:(1) 10   (2) 11   (3) 12   (4) 13

2.6 已知在 ASCII 代码集中,字母 A 的序号是 65,以下程序的输出结果是什么?

```
#include <stdio.h>
int main()
{
    char c1='B',c2='Y';
    printf("%d,%d\n",++c1,--c2);
    return 0;
}
```

从以下可选答案中选你认为正确的一个。

(1) 66,89   (2) 67,88   (3) 67,89   (4) B,Y   (5) C,X

(6) 输出格式不合法,输出错误信息。

2.7 以下程序的输出结果是什么? 从可选答案中选择一个。

```
#include <stdio.h>
int main()
{
    int a =0100, b=100;
    printf("%d,%d\n",--a, b++);
    return 0;
}
```

可选答案:(1) 99,101   (2) 63,100   (3) 63,101   (4) 077,100

2.8 分析下面程序的运行结果。

```
#include <stdio.h>
int main()
{
    int x=1,y=1,z=1;
    x+=y+=z;
    printf("1:%d\n",x<y? y:x);
    printf("2:%d\n",x<y? x++:y++);
    printf("3:x=%d,y=%d\n",x,y);
    printf("4:z=%d\n",z+=x<y? x++:y++);
    printf("5:x=%d,y=%d,z=%d\n",x,y,z);
    x=5;
    y=z=6;
    printf("6:%d\n", z>=y&&y>=x);
    return 0;
}
```

2.9 求下面算术运算表达式的值。

(1) x+a%3*(int)(x+y)%2/4

设 x=2.5, a=7, y=4.7。

(2) (float)(a+b)/2+(int)x%(int)y

设 a=2, b=3, x=3.5, y=2.5。

2.10 写出表达式运算后 a 的值,若有定义"int a=12, n=5;"。

(1) a+=a   (2) a-=2   (3) a*=2+3   (4) a/=a+a

(5) a%=(n%=2)   (6) a+=a-=a*=a

第 3 章　输入输出与简单程序设计

C 语言没有专门的输入输出语句,程序中所有的输入输出都是通过诸如 scanf 和 printf 等标准库函数来完成的。本章先讲述程序设计中的流程控制结构,然后介绍 C 语言的输入输出函数,最后讲述简单程序设计的方法与步骤。

本章重点:
(1) 字符输入和字符输出函数的使用。
(2) 格式输入和格式输出函数的使用。

本章难点:
不同类型的数据的格式输入输出函数的使用。

3.1　概　　述

在程序设计过程中经常会遇到以下 3 种情况。
(1) 依次执行某些操作,最后得到所需的结果。
(2) 在执行操作的过程中对各种数据进行判断,然后根据判断的结果选择不同的数据进行处理。
(3) 反复执行某一项或某几项操作,直到达到某个目的为止。

为了满足对上述数据处理的需求,保证数据处理控制流程的规范性和控制编程中的复杂性,1965 年,计算机科学家 E.W.Dijikstra 提出了"结构化程序设计"的思想。结构化程序设计思想采用"自顶向下、逐步求精"的程序设计方法,可以有效地将一个比较复杂的系统设计任务分解成许多易于控制和处理的子任务,从而使程序的设计、开发和维护更加方便。其中,控制语句的结构化是结构化程序设计方法的主要精髓之一。结构化程序设计是计算机软件发展史上的第三个里程碑(另外两个是子程序和高级语言)。

所谓控制语句的结构化是指将顺序结构、选择结构和循环结构 3 种基本结构作为程序流程的基本控制结构,每种结构均只有一个入口和一个出口,任何程序都可由这 3 种基本控制结构通过组合、叠加,像搭积木一样来构成。控制语句的结构化改进了程序设计的效率,提高了程序设计的质量,使得程序设计向着更加易阅读、易理解、易维护和易验证的方向迈进。

3.2 流程控制结构与语句

1. 3 种基本控制结构

结构化程序设计使用的 3 种基本控制结构是顺序结构、选择结构和循环结构。

顺序结构是结构化程序设计的 3 种基本结构中最简单的一种。其特点是按语句在源程序中出现的先后顺序依次执行。它可以独立存在，也可以出现在选择结构或循环结构中。顺序结构是描述客观世界顺序现象的重要手段。

选择结构用来描述分支现象。它是一种常用的基本结构，通常只要稍有规模的程序都会不可避免地用到它。选择结构是根据条件判断的结果有选择地执行或不执行某些语句。

循环结构由循环条件和循环体(某一程序段)组成，它是在循环条件的控制下重复地执行循环中的若干语句。循环结构是描述客观世界重复现象的重要手段。

所有的流程控制都是由语句实现的，能够支持结构化程序设计的语言必须有好的流程控制语句。C 语言为实现结构良好的程序提供了基本的、功能强大的、使用灵活的各种流程控制语句，即语句组、条件判断(if…else)、多分支选择(switch)、循环(while,for,do)、转移语句(break,continue)等。

2. C 语句概述

语句是构成程序的基本单元。C 语言程序中有两类语句：说明语句和可执行语句。

说明语句用于定义程序中被处理的数据，包括变量说明、函数说明、常量定义及类型定义等。

可执行语句是程序中用于实现算法的代码，即完成对数据的处理和对程序流程的控制。C 语言的可执行语句共有以下 6 种。

（1）表达式语句；
（2）复合语句；
（3）选择语句(if…else、switch)；
（4）循环语句(while、for、do)；
（5）转移语句(break、continue、return、goto)；
（6）标号语句。

本章仅介绍表达式语句，其他几种语句将在以后的章节中介绍。

3. 表达式语句

C 语言是一种表达式语言。表达式是程序中使用最频繁的计算手段。程序中要求计算机进行某种计算主要是通过表达式来实现的。不同的表达式进行不同的运算，达到不同的目的。

C 语言中任何表达式在其末尾加上一个分号，就构成一个表达式语句。其语句形式为：

表达式；

其中";"是 C 语句的结束标志,它是语句的组成部分,是不可缺少的。

表达式语句与表达式的区别是:表达式语句能够独立出现在程序中的任何地方,而表达式只能出现在允许表达式出现的位置,例如作为运算符的操作数、作为函数调用的参数、作为选择语句和循环语句的条件等。

表达式语句中使用较多的是赋值表达式语句、逗号表达式语句、函数调用表达式语句等,特别是赋值表达式语句(简称赋值语句)使用非常广泛。

【例 3.1】

```
x=y+1                      //赋值表达式
x=y+1;                     //赋值表达式语句
x+=y                       //复合赋值表达式
x+=y;                      //复合赋值表达式语句
i=j=k=0                    //多重赋值表达式
i=j=k=0;                   //多重赋值表达式语句
a=5, n=2*a                 //逗号表达式
a=5, n=2*a;                //逗号表达式语句,等同于语句"a=5;n=2*a;"
a>b? 1:0                   //条件表达式
a>b? 1:0;                  //条件表达式语句
printf("hello world")      //标准输出函数调用表达式
printf("hello world");     //标准输出函数调用表达式语句,习惯上称为输出语句
scanf("%d",&x)             //标准输入函数调用表达式
scanf("%d",&x);            //标准输入函数调用表达式语句,习惯上称为输入语句
```

表达式语句的表达式部分可以为空,即只有一个分号";"。仅由一个分号组成的语句称为空语句,在语法上占据一个语句的位置,但是它不具备任何执行功能。空语句在程序中可以作为循环体使用,如下例所示。

```
for (i=0;i<100000;i++)
    ;
```

在这个循环中,循环体是一个空语句,不执行任何操作,在程序中用它来实现延时的功能。

C 语言中运算符种类很多,它可与运算对象组成各种表达式,表达能力很强。表达式语句是 C 语言的一个重要特色,在设计 C 语言程序时使用十分方便。

3.3　基本的标准输入输出函数

C 语言本身没有任何内置的输入输出语句。在 C 语言中所有的输入输出都是通过诸如 printf 和 scanf 之类的函数调用来完成的。这些函数统称为标准 I/O 库函数。

给程序变量提供数据有两种方法:一种方法是通过赋值语句把数值赋给变量,如"x=1;""sum=0;"等;另一种方法是使用输入函数(如 getchar 和 scanf),这两个函数可以从键盘读取数据。

输出数据可以使用输出函数(如 putchar 和 printf 函数),它们可以将结果送到外部设

备(如显示器)上。

　　用户程序在使用 C 语言的标准函数库提供的函数时,需用编译预处理命令"♯include <…>"将相关的系统头文件包含进来,并按规定的格式调用其中的标准函数即可完成所需的功能。例如,使用标准输入输出库函数时,要用到 stdio.h 文件(文件扩展名 h 是 head 的缩写,称为头文件)。如:

```
#include <stdio.h>
```

或者

```
#include "stdio.h"
```

两者的区别在于:前者是从系统定义的有关目录下查找指定的头文件(一般放在目录\include 中),而后者先从当前目录中查找指定的头文件,如果不存在,则再从系统定义的有关目录下查找。

　　本章将介绍 4 个最基本的用于输入输出的标准库函数:字符输入函数 getchar、字符输出函数 putchar、格式输入函数 scanf 和格式输出函数 printf。它们都是在系统默认的输入输出终端设备(一般为键盘、显示器)上进行输入和输出。其他输入输出函数将在第 11 章中详细介绍。

3.4　单个字符的输入和输出

　　最简单的输入输出操作是从"标准输入设备"(通常是键盘)中读取一个字符,或向"标准输出设备"(通常是显示器)写一个字符。读取一个字符可以用 getchar 函数来完成(也可以用 scanf 函数来实现,详见 3.6 节)。

3.4.1　字符输入

　　字符输入函数 getchar 的调用形式为:

```
var_name =getchar();
```

其中,var_name 是用户已经声明为 char、short 等整数类型的变量名。

　　该函数的功能是:每调用一次该函数,计算机就等待从键盘输入一个字符。从键盘输入一个字符后,将该字符的 ASCII 码返回,并将它赋给变量 var_name。若遇到文件尾(Ctrl＋Z),则返回 EOF(EOF 是系统在头文件 stdio.h 中定义的符号常量,其值为−1)。例如:

```
char ch;
ch=getchar();
```

当在键盘上输入 A 时,就把字符'A'赋给了变量 ch。

注意:

(1) getchar 函数的参数为空,但一对圆括号不可省略。

(2) getchar 函数一次只能接收一个字符,该字符可以赋给一个字符变量或整型变量,也可以不赋给任何变量,只作为表达式的一个运算对象参加表达式的运算或处理。

例如：

```
int num;
num=getchar();
```

执行时若在键盘上输入 a 时，则赋值后变量 num 的值为 97，即字符'a'的 ASCII 码值。又例如：

```
printf("%c",getchar());
```

执行时若在键盘上输入 A，则 getchar 函数的返回值为 65，即字符'A'的 ASCII 码值，并将该返回值作为 printf 函数的参数以字符形式(%c)进行输出，即输出字符 A。

（3）getchar 函数只能输入可显示和可打印的字符，对于不可显示和不可打印的字符（如水平制表字符'\t'、响铃字符'\a'等），只有使用赋值语句才能将其赋给相关变量。如：

```
ch='\t';
```

3.4.2 字符输出

与 getchar 函数相对应，C 语言中有一个 putchar 函数，用于每次向终端写一个字符。其调用形式如下：

```
putchar(var_name);
```

其中，var_name 是一个 char 类型的变量。该函数的功能是：每调用一次该函数，就在显示器上显示存储在 var_name 变量中的字符。如果没有发生错误，则函数返回输出的字符；否则函数返回 EOF。例如：

```
char yn='y';
putchar(yn);
```

是将字符'y'显示在显示器的屏幕上。而语句：

```
putchar('\n');
```

则输出一个回车换行符，即将屏幕上的光标移到下一行的开始处。

【例 3.2】 从键盘输入一个字符并将该字符显示在显示器上。

【程序】

```
#include <stdio.h>
int main()
{
    char c;
    c=getchar();         //从键盘输入一个字符并将该字符的 ASCII 码赋值给变量 c
    putchar(c);          //将该字符输出在显示器上
    return 0;
}
```

【运行】 从键盘上输入一个字符'A'，并按回车键（即 Enter 键↙），就会在屏幕上看到输出的字符'A'。

```
A
A
```

上面的例 3.2 程序也可以修改为以下程序。

```
#include <stdio.h>
int main()
{
    char c;
    putchar(getchar());  //getchar 的返回值作为 putchar 的参数输出
    return 0;
}
```

【例 3.3】 在屏幕上显示 A,B,C 3 个字符。

【程序】

```
#include <stdio.h>
int main()
{
    char a,b,c;
    a='A';
    b='B';
    c='C';
    putchar (a);
    putchar (b);
    putchar(c);
    return 0;
}
```

【运行】

ABC

如果将例 3.3 程序中的 3 条输出语句修改为：

```
putchar (a);
putchar('\n');
putchar (b);
putchar('\n');
putchar (c);
putchar('\n');
```

则修改后程序的运行结果为：

```
A
B
C
```

注意：putchar 函数的参数可以是 char 类型，也可以是 short 或 int 类型的常量、变量或表达式。例如，有定义：

```
char ch1='a';
int ch2=97;
```

则

```
putchar(ch1);
putchar(ch2);
putchar(97);
```

都是将小写字母'a'显示在屏幕上。而

```
putchar(ch1-32);
putchar(ch2-32);
```

都是将大写字母'A'显示在屏幕上，即将小写字母转换为大写字母输出。

3.5 格式化输出

getchar 函数一次只能输入一个字符，putchar 函数一次只能输出一个字符。如果要一次输入或输出若干个任意类型的数据，必须通过 printf 和 scanf 函数来实现。scanf 和 printf 函数在数据输入和输出的过程中能够将计算机内部格式的数据和输出设备上的外部数据进行相互转换，故 scanf 和 printf 函数被称为格式输入函数和格式输出函数。本节介绍格式化输出函数 printf，格式化输入函数将在 3.6 节讲述。

编程人员都期望程序的输出清晰、易理解，也易使用。printf 函数所提供的特性，能使程序员用来有效地控制输出数据在显示器上的对齐方式和间距。

printf 函数的一般形式为：

```
printf(格式控制字符串 [,输出参数 1,输出参数 2,…,输出参数 n]);
```

该函数的功能是：在格式控制字符串的控制下，将输出参数进行转换与格式化，并在标准输出设备（显示器）上输出。它的返回值为正确输出的字符数。

例如：

```
printf("a=%4d,b=%6.1f, c=%2c\n", a, b, c);
```

第一个参数是格式控制字符串"a=%4d,b=%6.1f, c=%2c\n"，后面的 3 个参数是要输出的数据 a,b,c。

格式控制字符串是用一对双引号括起来的字符串序列（又称为转换控制字符）。输出参数 1 至输出参数 n 是要输出的数据项，每个输出参数是一个表达式，一般可以是任何基本类型的表达式，也可以是指针类型的表达式。

在格式控制字符串中可以包括如下 3 种字符信息。

（1）普通字符：这些字符原样显示在屏幕上，它们通常用作对输出内容的注释或用来提示相关的信息。例如，"printf("a=%d,b=%d\n",a,b);"中的"a="、","和"b="都是普通字符。而"printf("Please input a number:\n");"则用来显示一个提示信息,即"Please input a number:"。在程序中这样的提示信息非常有用,经常用在输入语句 scanf 之前。

(2) 格式转换说明符:每个格式转换说明都由一个％开头,并以一个转换字符结束,转换字符通常用于说明输出数据的类型。转换说明并不直接输出,而是用于控制 printf 函数中参数的转换和打印。转换字符及其输出形式如表 3.1 所示。

格式转换说明的一般形式为:

%[[+/-][0][m.n][h/l]]转换字符

其中,+,−,0,m,n,h,l 是可选的,它们通常称为附加格式说明字符,用来说明输出数据的精度(即指出输出值的字段宽度、小数部分的位数)、输出值的左右对齐方向等,其输出形式如表 3.2 所示。

表 3.1　printf 函数的转换字符

转换字符	参数类型	输 出 形 式
d	int	带符号的十进制数(正数不输出符号)
o	int	无符号八进制数(不输出前导符 0)
x,X	int	无符号十六进制数(不输出前导符 0x 或 0X),10~15 分别用 a、b、c、d、e、f 或 A、B、C、D、E、F 表示
u	int	无符号十进制数
c	int	单个字符
s	char *	字符串
f	double	十进制小数[−]m.dddddd,d 的个数由精度决定(默认值为 6)
e,E	double	标准指数,[−]m.ddddde±xxx 或 [−]m.ddddddE±xxx,d 的个数由精度决定(默认值为 6)
g,G	double	选用％f 或％e 格式中输出宽度较短的一种格式,不输出无意义的 0

表 3.2　printf 函数的附加格式说明字符

附加字符	说　　明
字母 h	表示输出的是短整型整数,可加在 d、o、x、u 前面
字母 l	表示输出的是长整型整数,可加在 d、o、x、u 前面
m	表示输出数据的最小宽度,称为域宽
n	对实数,表示输出 n 位小数;对字符串,表示截取 n 个字符
0	表示左边补 0
+	转换后的数据右对齐
−	转换后的数据左对齐

下面是正确的 printf 语句的示例:

```
printf("%d",num);
printf("sum=%10d,average=%5.2f",sum,aver);
printf("length=%d",123);
```

(3) 转义字符:用来对输出进行控制。如'\n'、'\t'等。'\n'是回车换行控制符,用来使后面的输出内容从下一行开始;'\t'是水平制表控制符,使输出内容在下一个输出区输出(一个输出区占 8 列)。

printf 不能自动回车换行,因此多个 printf 语句产生的输出将显示在同一行上。利用换行字符'\n'就可以产生换行。例如:

```
printf("\n");
```

产生一个换行。

```
printf("a=%d\tb=%d\n",a,b);
```

输出 a 和 b 的值后,产生一个换行。其中的'\t'使得 a 和 b 的输出分隔开,输出更加清晰。

3.5.1 整数的输出

用于显示整数的格式转换说明符为:

```
%[m]d
```

其中,m 指定输出的最小宽度,可以省略。d 表示要显示的数为整数。如果一个数字的宽度比指定的宽度要大,则将全部显示,忽略该最小说明符。数字按给定宽度对齐显示,如果没有达到给定的宽度,则在数字前面补上空格。下面是在不同格式下输出整数 1234 的例子。

格式	输出
printf("%d",1234);	1 2 3 4
printf("%7d",1234);	1 2 3 4
printf("%3d",1234);	1 2 3 4
printf("%-7d",1234);	1 2 3 4
printf("%07d",1234);	0 0 0 1 2 3 4

输出格式中系统默认是右对齐方式,通过在%号后面放置一个减号,可以强制地使输出左对齐,如上面的第 2 个例子。也可以在域宽前面加一个 0,使输出结果的前面用 0 而不用空格来填充,如上面最后一个例子。

如果要输出长整型数,可以把格式说明符中的 d 用 ld 代替。同样,要输出短整型数,可以把格式说明符中的 d 用 hd 代替。

例如,语句:

```
long a=12345678;
short b=9876;
printf("%10ld,%10hd\n",a,b);
```

则产生输出:

  12345678,   9876

这个输出中_符号表示由控制字符串中的域宽产生的空格。在这里,默认对齐方式都是右对齐的,所以需要在数字的左边添加空格。

【例 3.4】 计算 15 与 121 的和,用竖式加法显示结果。

【程序】

```
#include <stdio.h>
int main()
{
    int a=15,b=121;
    printf("%6d\n",a);
    printf(" +%4d\n",b);              //在屏幕上输出加号及b,+号前有一个空格
    printf("--------\n");             //在屏幕上输出横线
    printf("%6d\n",a+b);
    return 0;
}
```

【运行】 该程序执行时输出为：

```
    15
 + 121
--------
   136
```

一般情况下只显示负数的符号，为了强制显示正和负的符号，必须使用加号(＋)附加格式修饰符。例如，语句：

```
printf("%+10d\n",15);
```

产生的输出为：

```
_____+15
```

在输出整数时，%d使整数用十进制形式进行显示，%o使整数用八进制进行显示，%x使整数用十六进制进行显示。例如，语句：

```
printf("%d,%o,%x\n",15,15,15);
```

产生的输出为：

```
15,17,f
```

3.5.2 实数的输出

用下面的格式转换说明符，可以将实数用小数形式输出：

```
%[m.n]f
```

其中，整数m表示包括小数点在内的总体显示宽度，整数n表示在小数点后输出数字的数目，m和n均可省略。当省略n时，默认显示6位小数。显示时，在列宽为m的区域以右对齐方式显示。

对于所有的数字（整数、单精度浮点数和双精度浮点数），如果总的域宽小于原数实际宽度，则忽略域宽按原数的实际宽度输出。如果小数部分含有的位数小于被指定的位数，则在这个数字末尾用0填补。如果小数部分的数位多于指定的位数，则这个数字被四舍五入到指定的小数位数。例如，语句：

```
printf("%10.3f",29.76);
```

产生输出：

```
␣␣␣␣29.760
```

在这个显示中,域宽 10 包含小数点和小数点右边的 3 位数。由于这个数字在右边只含有两个数字,这个数字的小数部分用 0 填补,并在输出数字的左边填写 4 个空格。

下面是在不同格式下输出数值 123.456 的例子。

格式	输出
`printf("%f",123.456);`	`123.456000`
`printf("%7.3f",123.456);`	`123.456`
`printf("%7.2f",123.456);`	`␣123.46`
`printf("%-7.2f",123.456);`	`123.46␣`
`printf("%5.3f",123.456);`	`123.456`

如果要输出双精度实型数,可以把格式说明符中的 f 用 lf 代替。同样,要输出长双精度实型数,可以把格式说明符中的 f 用 Lf 代替。

3.5.3 单个字符的输出

使用如下格式,可以将单个字符显示在所需的位置。

```
%[m]c
```

上述格式将字符以右对齐的方式显示在列宽为 m 的区域中,m 可以省略。在整数 m 之前加上负号,则以左对齐的方式显示。m 的默认值为 1。

下面是在不同格式下输出字符 'A' 的例子。

格式	输出
`printf("%c",'A');`	`A`
`printf("%4c",'A');`	`␣␣␣A`
`printf("%-4c",'A');`	`A␣␣␣`

3.5.4 字符串的输出

输出字符串的格式说明符的形式为：

```
%[m.n]s
```

其中,m 指定显示的区域宽度,n 表示只显示字符串的前 n 个字符。这种显示为右对齐方式显示字符串,m 和 n 均可省略。

下面是在不同格式下输出字符串 "Hello" 的例子。

格式	输出
`printf("%s","Hello");`	`Hello`
`printf("%10s","Hello");`	`␣␣␣␣␣Hello`

```
printf("%-10s","Hello");
printf("%3s","Hello");
printf("%10.4s","Hello");
printf("%.3s","Hello");
```

| H | e | l | l | o | | | | | |

| H | e | l | l | o |

| | | | | | | H | e | l | l |

| H | e | l |

3.5.5 混合数据的输出

在一条 printf 语句中可以输出以上所述的多种数据。例如：

```
int a=10;
float b=13.54;
char c[20]="China",d='A';
printf("%d %f %s %c",a,b,c,d);
```

该语句的输出为：

10⎵13.540000⎵China⎵A

3.5.6 使用 printf 函数时的注意事项

在使用 printf 函数进行数据输出时，应该注意以下几点。

（1）输出数据项的数目是任意的，但是必须在数目、类型和顺序上与格式控制字符串中格式转换说明保持一致。否则编译系统虽然不报语法错误，但将输出错误的结果。若输出项个数多于格式控制字符串中的格式转换说明的个数，则多余的项不被输出。

例如：

```
int   i=1,j=2;
double x=-5.5,y=12.345;
printf("i=%-4d,j=%4d,y=%6.2f \n", i, j, y, x);
```

输出为：

i=1⎵⎵⎵,j=⎵⎵⎵2,y=⎵12.35

在输出项中的 x 值不被输出。

（2）程序的输出经常用作分析变量之间的某些联系的信息，为决策提供依据。因此，输出的正确性和清晰度尤为重要。正确性取决于求解过程，而清晰度取决于输出的方法。因此，在程序输出时应该注意：①在两个数字之间提供足够的空格。②在输出中给出适当的标题和变量名。③在输出的两个部分之间加上空白行。

例如：

```
printf("a=%d\tb=%d",a,b);
```

上述语句在输出语句中给出了两个变量的名字，同时通过制表符'\t'，加大了两个数字之间的间距。而下面的语句通过在语句中使用回车换行字符'\n'将 a 和 b 在两行中显示。

```
printf("a=%d\nb=%d",a,b);
```

(3) 通过直接在 printf 语句中使用字符串,可以在输出中显示某些重要的提示和标题。如下面的语句所示。

```
printf("Please input a number:");
printf("Code \t Name \t Age \n");
```

3.6 格式化输入

在 C 语言中可以用 scanf 函数来实现不同类型数据的输入。scanf 函数的调用形式为:

scanf (格式控制字符串,地址列表);

其中的格式控制字符串与 printf 函数中类似。

该函数的功能是:从标准输入设备(键盘)上读取字符序列,并将它们按格式控制字符串中指定的格式转换为相应类型的值后,存储于地址表所指定的对应的变量中。

格式控制字符串通常包含以下几个部分。

(1) 空格或制表符,在处理过程中将被忽略。

(2) 普通字符,在输入流中相应位置必须有相同的字符与之匹配。

(3) 转换说明,依次由一个%,一个可选的赋值禁止字符 *,一个可选的数据(指定最大字段宽度),一个可选的 h、l 或 L 字符以及一个转换字符组成。

表 3.3 是 scanf 函数用到的格式字符。表 3.4 是 scanf 函数可以使用的附加格式说明字符。

表 3.3 scanf 函数的格式字符

格式字符	对输入数据的要求
d	十进制整数
o	八进制整数(可以以 0 开头,也可以不以 0 开头)
x	十六进制整数
c	字符
s	字符串(不加引号)
e, f, g	实数(浮点数),它可以包括正负号(可选)、小数点(可选)及指数部分(可选)

表 3.4 scanf 的附加格式说明字符

附加说明字符	说 明
字母 l	表示输入长整型量(%ld、%lo、%lx)或 double 型量(%lf、%le)
h	表示输入短整型数据(%hd、%ho、%hx)
m(正整数)	表示输入数据的最小宽度
*	表示本输入项在读入后不赋给相应的变量

转换说明指定对输入字段的解释,对应的地址列表中的参数必须是地址。

地址列表由","分开的若干个地址组成,地址可以是简单变量的地址或字符数组的首地址。在地址表中,给出变量的地址是用变量名前面加取地址运算符"&"来表示的。字符串的首地址是用字符数组名或指向字符串首地址的指针变量名表示的。

例如：

```
int a;
scanf("%d",&a);
```

若运行时输入(↙表示回车,下同)：

12↙

则结果是将 12 赋给变量 a。

在这个 scanf 函数的地址表中 &a 不可写成 a。& 是取地址运算符,&a 指出变量 a 在内存中的地址(将相应数据值送到该变量对应的地址单元中)。

```
char name[20];
scanf("%s",name);
```

在这个 scanf 函数的地址表中的参数是 name,它本身表示字符数组在内存中的首地址。

3.6.1 整数的输入

用于读取一个整数的格式说明符为：

%[m]d

其中,m 是一个整数,指定要读取的数字的域宽,可以省略。d 表明要读取的数据为整型数据。

例如：

```
int a,b;
scanf("%d%d",&a,&b);
```

若运行时输入：

12␣␣34↙

则结果是将 12 赋给变量 a,34 赋给变量 b。注意,在 12 和 34 之间有一个空格。

此时输入数据的各项必须用空白字符(空格、制表符或换行符)隔开,而不能用标点符号来分隔。当 scanf 函数从输入数据行读取数据时,将忽略所有的空白字符。

当 scanf 函数读取某个特定的值时,如果指定了域宽,则输入域直到域宽用完时为止；如果读取时遇到了一个不合法的字符,读取工作将被中止。

例如：

```
scanf("%2d%5d",&a,&b);
```

若输入为 12345678,则结果是将 12 赋给了 a,34567 赋给了 b,8 丢弃不用。

通过在格式说明符前加上输入抑制符 *,就可以跳过该输入数据,将其忽略。例如,语句：

```
scanf("%d%*d%d",&num1,&num2);
```

此时,如果输入为：

```
12␣34␣56↵
```

那么,12 赋给 num1,34 被忽略,不会赋值给任何变量(因为格式控制符中有 *),56 赋给 num2。

如果格式控制符是%ld,则用来读取长整型数据;如果换为%hd,则用来读取短整型数据。

3.6.2 实数的输入

输入实数时,不能指定实数的域宽,因此,scanf 函数只需使用简单的格式说明符%f 来读取实数,可用十进制小数或指数形式来输入实数。例如:

```
scanf("%f%f%f",&fa,&fb,&fc);
```

的输入数据为

```
123.456␣42.15E-2␣987
```

那么,123.456 赋值给了变量 fa,42.15E−2 赋值给了变量 fb,987 赋值给了变量 fc。注意,输入时在输入数据之间需用空格、换行符或者 Tab 键隔开。

如果要输入的数据为 double 类型,那么,格式说明符应为%lf。

【例 3.5】 各种实数的输入。

【程序】

```c
#include <stdio.h>
int main()
{
    float fx,fy;
    double dx,dy;
    printf("enter two float (fx, fy): ");
    scanf("%f%f",&fx, &fy);
    printf("fx=%f\tfy=%f\n",fx, fy);
    printf("enter two double (dx, dy): ");
    scanf("%lf%lf",&dx, &dy);
    printf("dx=%lf\tdy=%e\n",dx,dy);
    printf("dx=%.4f\tdy=%12.3e\n",dx,dy );
    return 0;
}
```

【运行】

```
enter two float (fx, fy): 123.456 24.98E-2
fx=123.456001    fy=0.249800
enter two double (dx, dy): 3.1415926 12.3456789
dx=3.141593      dy=1.234568e+001
dx=3.1416        dy=   1.235e+001
```

3.6.3 字符和字符串的输入

利用 getchar 函数仅能输入单个字符,而利用 scanf 函数不仅可以输入单个字符,而且还可以输入含有多个字符的字符串。输入字符串的格式说明符如下。

（1）输入字符的格式说明符为：%c。例如：

```
scanf("%c",&ch);
```

的输入数据为

B↙

那么，字符 A 赋值给了字符变量 ch。需要注意的是，空格符、换行符、制表符也都是字符。

（2）输入字符串的格式说明符为：%[m]s 或 %[m]c，相应的参数应该是字符数组的名字或是指向字符数组的指针。例如：

```
char name[20];
scanf("%s",name);
```

的输入数据为

Jack↙

那么，name 中将保留输入的字符串"Jack"。这里的 name 是字符数组名，表示字符串的首地址。

【例 3.6】 输入字符和字符串。

【程序】

```
#include <stdio.h>
int main()
{
    char name1,name2[20],name3[20];
    printf("Please input name1:\n");
    scanf("%c",&name1);
    printf("name1:%10c\n", name1) ;
    printf("Please input name2:\n");
    scanf("%s",name2);
    printf("name2:%10s\n",name2);
    printf("Please input name3:\n");
    scanf("%10s",name3);
    printf("name3:%10s\n",name3);
    return 0;
}
```

【运行】

第一次运行：

```
Please input name1:
A
name1 :          A
Please input name2:
Hubei Wuhan
name2 :      Hubei
Please input name3:
name3 :      Wuhan
```

第二次运行：

```
Please input name1:
A
name1 :         A
Please input name2:
Hubei-Wuhan
name2 :Hubei-Wuhan
Please input name3:
China
name3 :       China
```

【说明】

(1) 当使用%c输入字符时，系统将空格符、换行符、制表符都作为字符输入。

(2) 当使用%ms输入字符串时，遇到空白字符(空格符、换行符、制表符)，读取工作将被终止。

因此，在第一次运行的时候，name2只读取了输入的字符串"Hubei Wuhan"的前一部分"Hubei"，而后一部分"Wuhan"则自动赋给了name3。而在第二次运行时，通过在"Hubei"和"Wuhan"之间加上连字符号，name2和name3都读取了正确的字符串。

3.6.4 混合数据类型的输入

在scanf函数中，通过选用不同的格式转换字符，可实现同时输入多个不同简单类型的数据。例如：

```
char  ch;
int   a;
short b;
long  c;
double x;
scanf("%d%hd%ld%c,%*c%lf", &a,&b,&c,&ch,&x);
```

若从键盘输入数据：

  32␣40␣123A,B␣6.3↙

则结果是将32赋值给变量a，40赋值给变量b，123赋值给变量c，字符'A'赋值给变量ch，6.3赋值给变量x。而其中与%*c指定的转换说明相匹配的输入域的值，即字符'B'被跳过，不赋给任何变量。

特别需要注意的是，以%c格式输入字符时，空格字符和转义字符都作为有效字符，所以输入时123与'A'之间不用空格分开，否则赋值给ch的就是空格字符' '；在格式说明"%c,%*c"中的逗号属于普通字符，需要输入同样的字符与之匹配，所以输入数据"123A,B"中的逗号必须输入。

3.6.5 使用scanf函数时的注意事项

(1) 格式控制字符串中的格式说明与地址表中变量的类型要一致，否则输入变量中的数据可能不是所希望得到的值(在某些编译器中不提示语法错误)。

(2) 格式说明的个数应与地址表中变量的个数相同。若格式说明的个数少于地址表中变量的个数,则地址表中右边多出的变量将不被赋值;若格式说明的个数多于地址表中变量的个数,因输入数据没有被指定存储地址而可能导致难以预料的后果。

(3) scanf 遇到下列情况之一时终止读取数据。

① 在输入数字时发现有一个空白字符。

② 已经读取了数据的域宽个数。

③ 检查出了一个错误。

(4) 数据输入形式。

① 输入时,在每个输入项之间可以用空白字符(空格符、换行符或制表符)隔开。例如:

```
scanf("%f%d",&num1,&num2);
```

执行时若输入:

12.35␣34↙

或者执行时输入:

12.35↙
34↙

则 12.35 被赋值给 num1,34 被赋值给 num2。

② 整型、浮点型或字符型数据后面的字符型不用分隔符隔开,否则将把分隔符赋值给字符型变量。例如:

```
int num;
char ch;
scanf("%d%c",&num,&ch);
```

执行时若输入:

12a↙(2 和 a 之间无空格)

则 12 被赋值给 num,'a'被赋值给 ch。

执行时若输入:

12␣a↙(2 和 a 之间有一个空格)

则 12 被赋值给 num,空格字符' '被赋值给 ch,而输入的'a'被忽略,不会赋给任何变量。

③ 整数、浮点型或字符型数据后面的字符串数据可以有或无空白符;但是一个字符串内部不能有空白符,因为空白符是字符串输入结束的标志。例如:

```
int day,year;
char month[20];
scanf("%d%s%d",&day,month,&year);     //注意:month 前无取地址运算符
```

执行时若输入:

20␣Dec␣2006

或执行时输入:

20Dec 2006

则都将整数 20 赋值给变量 day,字符串"Dec"赋值给数组 month,整数 2006 被赋值给变量 year。

④ 如果在格式控制字符串中包含有普通字符,则输入时必须输入同样的字符与之匹配。例如:

scanf("a=%d,b=%d",&a,&b);

运行时,从键盘输入数据必须按如下所示进行。

a=3,b=6↙

又例如:

scanf("%d\n",&num);

运行时,从键盘输入数据必须按如下所示进行。

34\n↙

在这个输入函数中,'\n'是普通字符,输入时必须原样输入 num 才会被赋值。

所以,在 scanf 函数的格式控制字符串中一般不要出现除格式转换符以外的其他字符,如上面例子中的"a="、",b="、"\n"等。

3.7 简单程序设计

前面介绍了 4 种输入输出函数的调用形式及使用方法,它们也属于表达式语句,称为函数调用表达式语句。一般也简称为输入语句和输出语句。有了这些语句,就可以实现顺序结构程序设计。

简单程序是仅包含一个 main 函数的简单的 C 语言程序,只要适当运用这些表达式语句,就可以设计出完成某个特定功能的简单 C 语言程序。

输入、处理和输出数据是计算机程序设计的 3 个基本功能。在简单程序设计中要完成这 3 个基本功能。

下面通过几个例子来说明简单程序设计的方法。

【例 3.7】 从键盘上输入 3 个整数,计算并输出它们的和及平均值。

【程序】

```
#include <stdio.h>
int main()
{
    int a,b,c,sum;
    double aver;
    printf("enter three integers(a,b,c)\n");
    scanf("%d%d%d",&a,&b,&c);          //①
    sum=a+b+c;                          //②
```

```
    aver=sum/3.0;                          //③
    printf("sum=%4d\naverage=%6.2lf\n",sum,aver);
    return 0;
}
```

【运行】

```
enter three integers(a,b,c)
5 9 14
sum=  28
average=  9.33
```

【说明】

(1) 在这个程序中,①完成的是数据的读取工作,②完成的是数据的处理工作,③完成的是数据的输出工作。任何程序都是由输入(或赋值)、处理和输出 3 部分顺序组成的。

(2) 因为平均值需要保留小数部分,所以在"aver＝sum/3.0;"这条语句中除数是 3.0,而不是整数 3。

【例 3.8】 输入两个字符,输出用这两个字符绘制的三角形。

【程序】

```
#include <stdio.h>
int main()
{
    char ch1, ch2;
    printf("Enter two characters :");
    scanf("%c%c",&ch1,&ch2);
    printf("%4c\n",ch1);
    printf("%3c%c%c\n",ch1,ch2,ch1);
    printf("%2c%c%c%c%c\n", ch1,ch2,ch2,ch2,ch1) ;
    printf("%c%c%c%c%c%c%c\n", ch1,ch1,ch1,ch1,ch1,ch1,ch1);
    return 0;
}
```

【运行】

```
Enter two characters :*A
   *
  *A*
 *AAA*
*******
```

【例 3.9】 已知三角形三条边的长度,求该三角形的面积。

【分析】 该程序需要接收的输入为三角形的三条边长,设三角形三条边的长度分别用 a、b、c 表示,定义为整型,程序需要显示输出的是三角形的面积。假设三角形的三条边长通过键盘输入并且可以构成三角形,面积用 area 表示,这时可以根据下列数学公式计算三角形的面积。

$$area=\sqrt{s(s-a)(s-b)(s-c)} \quad \text{其中} \quad s=\frac{a+b+c}{2}$$

算法如下：
(1) 输入三角形三条边 a,b,c 的值。
(2) 计算 area 的值。
① 计算 s=(a+b+c)/2。
② 计算 area=$\sqrt{s(s-a)(s-b)(s-c)}$。
(3) 输出 area 的值。

【程序】

```
#include <stdio.h>
#include <math.h>              //使用平方根函数要用到数学函数头文件
int main ()
{
    int a,b,c;
    float s,area;
    printf("input three sides of a triangle\n");
    scanf("%d%d%d",&a,&b,&c);
    s=(a+b+c)/2.0;
    area=sqrt(s * (s-a) * (s-b) * (s-c));
    printf("area=%8.2f\n",area);
    return 0;
}
```

【运行】

```
input three sides of a triangle
3 4 5
area=   6.00
```

【例 3.10】 输入一个 3 位正整数，然后将它逆序输出。例如输入 123,输出为 321。

【分析】 设输入的 3 位正整数为 m,要将它逆序输出,可以采用这样的方法：先求出该数的各位数字(分别用 a、b、c 表示个位、十位、百位数字)。利用整除运算符/及求余运算符%按下述公式求得：$m/10^p\%10$,当 p=0 时求得的是个位数字,当 p=1 时求得十位数字,当 p=2 时求得百位数字。

```
a=m/1%10
b=m/10%10
c=m/100%10
```

当求出各位数字后,再将它们拼出逆序整数用 n 表示,可根据公式 n=100 * a+10 * b+c 计算出 n。利用这种方法可以使用循环结构得到位数不定的任意整数的逆序。

【程序】

```
#include <stdio.h>
int main()
{
    int m,n,a,b,c;
```

```
        printf("input an integer: ");
        scanf("%d",&m);
        a=m%10;
        b=m/10%10;
        c=m/100%10;
        n=100*a+10*b+c;
        printf("%d\n",n);
        return 0;
}
```

【运行】

```
input an integer: 123
321
```

习 题 3

3.1 编写一个程序,在屏幕上显示字符串"Nothing is too difficult,if you put your heart into it."。

3.2 给定字符串"OlympicGames",编写一个程序,从终端输入该字符串,并按如下格式显示出来。

(1) OlympicGames

(2) Olympic
    Games

(3) O.G.

3.3 编写一程序,显示下面的图案(要求使用格式控制符完成)。

3.4 编写一个程序,计算并显示一个半径为6cm 的圆的周长。

3.5 从键盘上输入一个不大于15 的整数,分别输出其对应的八进制数和十六进制数(提示:用格式转换字符%o 和%x)。

3.6 编写一个程序,其功能为:通过键盘输入两个正整数 x 和 y,然后显示下面表达式的结果。

(1) (x+y)/(x−y)   (2) (x+y)/2   (3) (x+y)*(x−y)

3.7 输入一个华氏温度值 F,要求计算并输出其对应的摄氏温度 C 的值。公式为:

$$C=\frac{5}{9}(F-32)$$

输出要分别注明华氏温度 F 和摄氏温度 C,取2 位小数。

3.8 编写一个程序,显示下面的提示。

Enter the length of the room:

```
Enter the width of the room:
```
在显示每个提示之后,程序可以接收键盘的数据。在输入房间的长度(length)和宽度(width)之后,该程序可以计算并显示出房间的面积。

3.9 编写一个程序用于超市中的记账:已知苹果每斤 2.5 元,鸭梨每斤 1.7 元,香蕉每斤 2 元,橘子每斤 1.2 元,要求输入各种水果的销售重量,计算并输出应收款的数额。

第 4 章　选择结构程序设计

顺序结构的程序是按照每个语句出现的先后次序而顺序执行的。如果要根据某种条件从若干个操作中选择一个执行,那么就要使用选择结构。

选择结构是 3 种基本结构之一。它的作用是根据所指定的条件的真假,决定从给定的两组或多组操作中选择其一执行。

选择结构语句有两类：if 语句与 switch 语句。本章主要讨论这两类语句的功能以及选择结构程序设计的实现方法。

本章重点：
(1) if 语句的基本形式以及使用。
(2) if 语句的嵌套。
(3) 条件表达式。
(4) switch 语句的形式以及使用。
(5) break 语句在 switch 语句中的使用。

本章难点：
(1) if 语句的嵌套形式。
(2) switch 语句的执行流程。

4.1　if 语 句

if 语句也叫条件语句,用来判断给定的条件的真假,并根据条件判断的结果(真或假)从给定的两个操作中选择其中的一个执行。

4.1.1　if 语句的 3 种基本形式

1. 两分支 if 语句

```
if(表达式)
  语句 1;
else
  语句 2;
```

流程图如图 4.1 所示。

该语句执行时,先计算作为条件的"表达式"的值,如果该

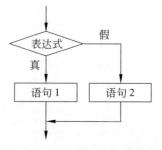

图 4.1　两分支 if 语句流程图

值为真(不等于 0),那么就执行紧跟在其后的语句 1,否则,执行位于 else 后的语句 2。这里可以把语句 1 称为 if 子句,语句 2 称为 else 子句。

需要注意的是,语句 1 和语句 2 是"互斥"的,当其中一个语句执行时,另一个语句就不可能执行。作为条件的"表达式"可以是任意类型的表达式,一般是关系表达式或逻辑表达式。

例如:

```
if(x>0)
    y=1;
else
    y=-1;
```

在此例中,先计算表达式"x>0"的结果,如果它的值为真,就执行语句"y=1;",否则就执行语句"y=-1;"。

【例 4.1】 所谓"水仙花数"是指一个三位数,其各位数字立方和等于该数本身。例如,153 就是一个水仙花数,因为 $153=1^3+5^3+3^3$。输入一个三位整数,判断该数是否是"水仙花数"。

【程序】

```
#include <stdio.h>
int main()
{
    int n,m,a,b,c;
    printf("请输入一个三位整数:");
    scanf("%d",&n);
    a=n%10;
    b=n/10%10;
    c=n/100%10;
    m=a*a*a+b*b*b+c*c*c;
    if(n==m)
        printf("%d是水仙花数.\n",n,m);
    else
        printf("%d不是水仙花数.\n",n,m);
    return 0;
}
```

【运行】

请输入一个三位正整数:153
153是水仙花数.

2. 单分支 if 语句

```
if(表达式)
    语句 1;
```

单分支 if 语句流程图如图 4.2 所示。

这是if语句的简化形式。该语句执行时,先计算作为条件的"表达式"的值,如果该值为真(不等于0),那么就执行紧跟在其后的语句1,否则就什么都不做。

例如:

```
if(x<y)
    printf("YES!");
```

在此例中,先计算表达式"x<y"的结果,如果它的值为真,就输出"YES.",否则什么都不输出。

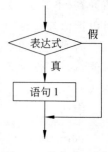

图 4.2 单分支 if 语句流程图

注意,如果if结构中的"语句"部分不是单个语句,而是一个语句序列,要使用一对花括号{ }把这个语句序列括起来,即把它作为一个复合语句来处理。

【例 4.2】 输入三个整数a、b、c,将它们按照从小到大的顺序排序。

【分析】 这是一个简化的排序算法。基本思想就是:把三个数分别两两比较,若前者大于后者,则将两数互换。

【程序】

```c
#include <stdio.h>
int main(void)
{
    int a,b,c,t;
    printf("请输入三个整数:\n");
    scanf("%d%d%d",&a,&b,&c);
    if (a>b)          //交换a和b的内容,下同
    {
        t=a;
        a=b;
        b=t;
    }
    if (b>c)
    {
        t=b;
        b=c;
        c=t;
    }
    if (a>b)          //注意,这里为什么又一次比较a和b呢?
    {
        t=a;
        a=b;
        b=t;
    }
    printf("排序后的结果是:a=%d,b=%d,c=%d\n",a,b,c);
    return 0;
}
```

【运行】

请输入三个整数:
2 1 4
排序后的结果是: a=1,b=2,c=4

【说明】 该例中所用的算法是在第 6 章中介绍的冒泡排序算法的简化形式。

3. if…else…if 语句

```
if (表达式 1)
    语句 1;
else if (表达式 2)
    语句 2;
else if (表达式 3)
    语句 3;
else
    语句 4;
```

if…else…if 语句的流程图如图 4.3 所示。

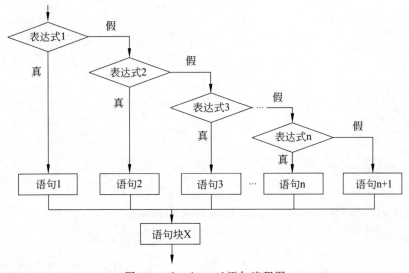

图 4.3 if…else…if 语句流程图

这种 if…else…if 语句在执行时,首先计算并测试表达式 1 的值,若为真,则执行语句 1;否则,再计算并测试表达式 2 的值,若为真,则执行语句 2;否则,接着计算并测试表达式 3 的值,若为真,则执行表达式 3;否则,当这 3 个表达式的值均不为真时,则执行语句 4。

例如:

```
if(a<0)
    m=-1;
else if(a==0)
    m=0;
else
```

```
m=1;
```

4.1.2 if 语句的嵌套

if 语句的嵌套指的是在一个 if 语句中又包含一个或多个 if 语句。一般形式如下：

```
if(表达式 1)
    if(表达式 2) 语句 1;
    else 语句 2;
else
    if(表达式 3) 语句 3;
    else 语句 4;
```

在 if 语句的嵌套结构中，要特别注意 if 和 else 的匹配关系。C 语言规定：每一个 else 都与在同一分程序中的尚未匹配的最近的 if 匹配。例如：

```
if(表达式 1)
    if(表达式 2)
        语句 1;
    else
        语句 2;
```

该 if 语句等价于：

```
if(表达式 1)
{
    if(表达式 2)
        语句 1;
    else
        语句 2;
}
```

如果要让 else 与 if(表达式 1)匹配，则程序应该调整为：

```
if (表达式 1)
{
    if (表达式 2)
        语句 1;
}
else
    语句 2;
```

【例 4.3】 输入一个年份值，判断这一年是否为闰年。

【分析】 首先给出闰年的判别条件，即能够被 4 整除并且不能被 100 整除的年份是闰年，或者，能够被 400 整除的也是闰年。此程序的关键就是要准确描述出判别是否为闰年的表达式。算法如下：

(1) 给变量 flag 赋值为 0。flag 的值(或称为状态)起着决定动作的标志作用。在程序中恰当地使用状态变量(或标志变量)是程序设计的技巧之一。

(2) 输入一个年份值给变量 year。

(3) 如果 year 能够被 4 整除并且不能被 100 整除或者 year 能够被 400 整除，则令 flag 等于 1。

(4) 如果 flag 等于 1，则输出该年为闰年，否则就输出该年不是闰年。

该算法的逻辑结构大致是正确的，但是却不完善。例如：当输入一个年份为−2000时，系统会输出"−2000 is a leap year"，这明显是错误的。因此，在程序中加入对 year 的值是否为正数的判断。

【程序】

```c
#include <stdio.h>
int main ()
{
    int year,flag=0;                              //flag 初始化为 0
    printf("请输入一个年份:");
    scanf("%d",&year);
    if(year>0)
    {
        if((year%4==0&&year%100!=0) ||year%400==0)    //判断是否是闰年
            flag=1;
        if (flag==1)
            printf("%d 年是闰年\n",year);
        else
            printf("%d 年不是闰年\n",year);
    }
    else
        printf("输入的年份不合理!\n");
    return 0;
}
```

【运行】

请输入一个年份：2020
2020 年是闰年

4.1.3 条件表达式

条件表达式是一种以条件运算符?:为运算符、以 3 个有不同类型要求的子表达式作为其运算分量的三目表达式(?:运算符也是 C 语言中唯一的三目运算符)。条件表达式的一般形式为：

表达式 1？表达式 2：表达式 3

条件表达式流程图如图 4.4 所示。

【说明】

(1) 条件表达式的执行顺序是，先计算并判断表达式 1 的值，若为真(非 0)，则求解表达式 2 并把表达式 2 的值作为整个条件表达式的值;若表达式 1 的值为假(等于 0),则求解表达式 3 并把表达式 3 的值作为整个条件表达式的值。

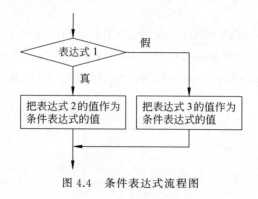

图 4.4 条件表达式流程图

(2) 注意条件运算符和其他运算符的优先级别高低的问题。比如:在 t=x<y? x:y 中,由于条件运算符的优先级高于赋值运算符,因此要先进行条件运算再进行赋值运算,即相当于 t=(x<y? x:y)。

(3) 条件运算符的结合方向为"自右至左"。比如 x>y? x:m>n? m:n 相当于 x>y? x:(m>n? m:n)。

(4) 条件表达式语句可以用来代替简单的 if…else 语句。例如,"t=x<y? x:y;"可以用来代替"if(x<y) t=x; else t=y;"。

4.2 switch 语句

switch 语句也叫开关语句,是一个多分支语句,用来实现多分支选择结构。switch 语句的一般形式为:

```
switch (表达式)
{
    case  E1:
          语句块 1;
          break;
    case  E2:
          语句块 2;
          break;
    [default:
          默认语句块;
          break;]
}
语句块 X;
```

switch 语句流程图如图 4.5 所示。

【说明】

(1) switch 后面括号内的"表达式"必须是整数类型的表达式。

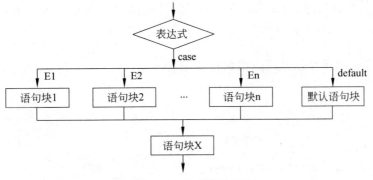

图 4.5 switch 语句流程图

(2) case 后面紧跟的 E1、E2 必须是整型常量或整型常量表达式,或是与整型兼容的表达式。C 语言要求每一个 case 后的常量表达式必须互不相同。

(3) switch 语句执行时,先计算"表达式"的值,如果该值与某个 case 后紧跟的常量表达式的值相等,那么就从该 case 分支的语句开始往后执行。例如要根据 x 值输出相应的分数段,其主要程序段如下。

```
switch(x)
{
    case  'A': printf("80~100\n");
    case  'B': printf("60~80\n");
    case  'C': printf("0~60\n");
    default: printf("error\n");
}
```

执行该 switch 语句时,若 x 的值等于'B',则将输出:

60~80
0~60
error

这个输出与我们想要得到的结果不相符,解决方法参见下面的(5)。

(4) 如果所有的 case 后的常量表达式都与"表达式"的值不相同,则接着查找后面有无带 default 标号的分支,若有,则从 default 标号后面的语句往后执行,直至 switch 结构的结束。若无,则执行 switch 语句后面的语句块 X。

(5) 如果在某个分支的执行过程中遇到 break 语句,则终止整个 switch 语句的执行。例如,如果把上例修改为:

```
switch(x)
{
    case  'A': printf("80~100\n");break;
    case  'B': printf("60~80\n"); break;
    case  'C': printf("0~60\n"); break;
    default: printf("error\n");
}
```

执行该 switch 语句时,若 x 的值等于'B',则将输出我们想要的正确结果:

60~80

(6) 多个 case 语句可以共用一组执行语句,如:

```
switch(x)
{
    case 'A':
    case 'B':
    case 'C': printf("OK\n");break;
}
```

此例中,无论 x 的值为'A','B'或是'C',都是执行同一个语句序列。

【例4.4】 使用 switch 语句编程实现下面的功能:给出一个百分制成绩,要求输出成绩等级'A'、'B'、'C'、'D'、'E'。90 分以上为'A',大于或等于 80 分并且小于 90 分为'B',大于或等于 70 分并且小于 80 分为'C',大于或等于 60 分并且小于 70 分为'D',60 分以下为'E'。

【分析】 用变量 x 表示成绩,为了把 x 所属的成绩段和某个整数对应起来,需要先执行 (int)x/10。

【程序】

```
#include <stdio.h>
int main ()
{
    float x;
    int rank;
    printf("请输入一个成绩:");
    scanf("%f",&x);
    switch ((int)x/10)
    {
        case 10:
        case 9: printf("成绩等级为 A\n");
                break;
        case 8: printf("成绩等级为 B\n");
                break;
        case 7: printf("成绩等级为 C\n");
                break;
        case 6: printf("成绩等级为 D\n");
                break;
        case 5:
        case 4:
        case 3:
        case 2:
        case 1:
        case 0: printf("成绩等级为 E\n");
                break;
```

```
        default: printf("输入的成绩不在 0 到 100 之间!\n");
                 break;
    }
    return 0;
}
```

【运行】

请输入一个成绩: 87
成绩等级为 B

【说明】

(1) 变量 x 是实型,必须用(int)x 强制转换为整型。

(2) (int)x/10 的目的是使 0~100 的成绩变到 0~10,以便 switch 判断处理。

习 题 4

4.1 C 语言中如何表示"真"和"假"？系统如何判断一个量的"真"和"假"？

4.2 用 switch 语句编写一程序,输入月份名称(1~12),要求输出该月份的英文名称及天数。

4.3 输入某学生的成绩,若成绩在 85 分以上,输出 very good,若成绩在 60~85 分,输出 good,若成绩低于 60 分,输出 no good。

4.4 从键盘输入 3 个整数,找出居中的数并输出。

4.5 编写一个程序,输入 3 个非 0 的整数,判断并打印出这些值能否构成三角形的三边。

4.6 编写一个程序,将用户输入的 24 小时记时法转换为 12 小时的记时法。例如,若输入 14 2 15(代表 14 点 2 分 15 秒),则输出 2 2 15 PM(代表 2 点 2 分 15 秒)。若输入 3 1 14,则输出 3 1 14 AM。

4.7 编一个程序,根据输入的 x 值,计算 y 与 z 的值并输出。

$$y = \begin{cases} x^2 + 1 & x \leq 2.5 \\ x^2 - 1 & x > 2.5 \end{cases}$$

$$z = \begin{cases} 3x + 5 & 1 \leq x < 2 \\ 2\sin x - 1 & 2 \leq x < 3 \\ \sqrt{1 + x^2} & 3 \leq x < 5 \\ x^2 - 2x + 5 & 5 \leq x < 8 \end{cases}$$

4.8 企业发放的奖金根据利润提成。利润低于或等于 10 万元时,奖金可提 10%;利润高于 10 万元,低于 20 万元时,低于 10 万元的部分按 10% 提成,高于 10 万元的部分,可提成 7.5%;20 万~40 万元时,高于 20 万元的部分,可提成 5%;40 万~60 万元时高于 40 万元的部分,可提成 3%;60 万~100 万元时,高于 60 万元的部分,可提成 1.5%,高于 100 万元时,超过 100 万元的部分按 1% 提成。编写一个程序,实现从键盘输入当月利润,输出应发放奖金总数。

第 5 章 循环结构程序设计

循环结构可以处理程序中需要被重复执行的操作。首先,通过一个例子说明在程序设计中使用循环结构的必要性。假设有如下程序:从键盘上输入 10 个整数,求它们的最大数。不难看出,如果只采用顺序结构和选择结构编写这个程序,将会出现冗长的代码,不仅执行效率低而且可读性差,使用循环结构则可以极大地提升程序的编写效率。

实现循环结构的语句称为循环语句,也叫重复语句。循环语句包括如下 4 类。

(1) while 语句。
(2) do…while 语句。
(3) for 语句。
(4) 用 goto 语句和 if 语句构成循环。

本章重点:

(1) while 语句、do…while 语句、for 语句的用法。
(2) 多重循环语句的用法及注意事项。
(3) break 与 continue 语句的区别。
(4) 循环结构程序设计的方法。

本章难点:

(1) do…while 语句中条件表达式的书写。
(2) 多重循环语句的执行流程。
(3) 循环结构算法的思维训练。

5.1 while 语句

while 语句也叫"当型循环语句",其一般形式如下:

```
while(表达式)
{
    循环体语句
}
```

while 语句流程图如图 5.1 所示。

当 while 语句执行时,首先计算"表达式"的值,若该值为假(即为 0),则终止执行 while 语句;否则,就执行"循环体语句",执行完毕后,再次计算"表达式"的值,并根据该值的真假,决定

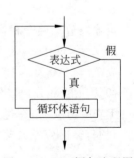

图 5.1 while 语句流程图

是否继续执行循环体语句,如此重复下去,直到"表达式"的值为假退出该循环结构。

【说明】

(1) while 语句括号中的"表达式"可以是任意类型表达式,必须用圆括号"()"括起来。

(2) "循环体语句"部分可以是单个语句,也可以是多个语句。如果是多个语句,必须用一对花括号"{}"将它们括起来构成复合语句。

(3) while 语句的特点是:先执行表达式,后执行循环体。

【例 5.1】 从键盘上输入 10 个整数,求它们的最大数。

【分析】 对于需要使用循环结构的程序,读者需要弄清楚两个基本问题。

(1) 需要被重复执行的操作是什么,换句话说,循环体是什么。

(2) 循环体的执行需要满足的判别条件是什么。

基于以上两个问题,对这道题目的要求做出以下分析。

(1) 要重复执行以下操作:输入一个数,把它与表示最大数的变量进行比较,如果它大于最大数,则将它的值赋值给最大数变量。

(2) 要确保上述的循环体能够执行 10 次。那么,怎样确保这一点呢?

注意:表示最大值的变量的初始值应该如何处理?可以在循环结构之前先输入一个数,并将该数赋值给表示最大值的变量。为了能够确保输入的数据刚好是 10 个,循环体的执行次数将会相应地变为 9 次。为了便于更加清晰地理解该程序的执行过程,读者可以参照本程序的流程图,如图 5.2 所示。

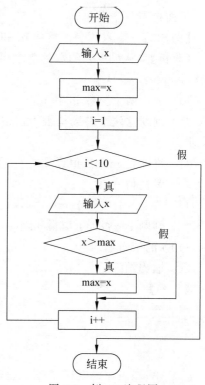

图 5.2 例 5.1 流程图

【程序】

```
#include <stdio.h>
int main()
{
    int x,max,i;
    scanf("%d",&x);
    max=x;
    i=1;
    while(i<10)
    {
        scanf("%d",&x);
        if(max<x)
            max=x;
        i++;
```

```
    }
    printf("%d",max);
    return 0;
}
```

【运行结果】

1 3 6 9 0 2 8 7 4 2
9

下面再看一个题目。

【例 5.2】 输入两个正整数 m 和 n,求它们的最大公约数。

【分析】 从最大公约数的概念出发,要找到能够既能整除 m 又能整除 n 的最大数。具体步骤如下:

(1) 输入两个整数 m 和 n。

(2) 判断这两个整数是否为正整数,如果不是,则给出错误提示信息;如果是,则转向第(3)步。

(3) 将变量 min 的值设置为 m 和 n 的较小数。

(4) 置初值 i=2。

(5) 若 i 小于或等于 min,则执行(6),否则转向(8)。

(6) 判断 i 是否能够整除 m 和 n,若能,则把 i 的值赋给变量 t。

(7) i 的值自增。

(8) 输出结果。

【程序】

```c
#include <stdio.h>
int main()
{
    int m,n,i,min,t;
    printf("请输入整数 m 和 n:\n");
    scanf("%d%d",&m,&n);
    if(m<=0||n<=0)
        printf("输入错误!");
    else
    {
        min=m<n?m:n;
        i=2;
        while(i<=min)
        {
            if(m%i==0&&n%i==0)
                t=i;
            i++;
        }
        printf("%d和%d的最大公约数是 %d\n",m,n,t);
    }
    return 0;
```

}

【运行】

请输入整数 m 和 n:
9 15
9 和 15 的最大公约数是 3

5.2 do⋯while 语句

do⋯while 语句也叫"直到型循环语句",其一般形式如下:

do
{
    循环体语句
}while(表达式)

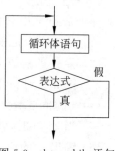

图 5.3 do⋯while 语句流程图

do⋯while 语句流程图如图 5.3 所示。

执行顺序如下:首先执行"循环体语句",待"循环体语句"执行完毕后,再计算作为控制条件的"表达式"的值。若该值为真(即不等于 0),就再次执行"循环体语句",否则就终止此循环。如此重复下去,直到"表达式"的值为假(即等于 0),则该循环语句执行完毕。

【说明】

(1) do⋯while 语句中的"表达式"可以是任意类型表达式,必须用圆括号"()"括起来。
(2) do⋯while 语句的特点是:先执行循环体,后判断表达式。

【例 5.3】 while 语句和 do⋯while 语句执行结果的比较。
(1) while 语句代码段。

```
#include <stdio.h>
int main()
{
    int sum=0,i;
    scanf("%d",&i);
    while(i<5)
        sum+=i++;
    printf("sum=%d",sum);
    return 0;
}
```

(2) do⋯while 语句代码段。

```
#include <stdio.h>
int main()
{
```

```
    int sum=0,i;
    scanf("%d",&i);
    do
    {
        sum+=i++;
    }while(i<5);
    printf("sum=%d",sum);
    return 0;
}
```

运行时,若两个程序都是输入 1,则运行结果均为 sum=10;如果都是输入 5,则第一个程序得到结果 sum=0,而第二个程序得到结果 sum=5。

【例 5.4】 输入一个正整数 n,求 n!。

【分析】 用变量 jc 表示阶乘计算的最终结果,并令其初值为 1,然后把从 2 到 n 的所有整数逐个乘到 jc 中去。

(1) 输入一个正整数 n。
(2) 置 jc 的初值为 1,循环变量 a 的初值为 1。
(3) 把 a 乘到 jc 中去,即执行 jc*=a。
(4) a 的值自增。
(5) 当 a≤n 时,转到(3),否则转到(6)。
(6) 输出 jc 的值。

【程序】

```
#include <stdio.h>
int main()
{
    int n,a;
    long jc;
    printf("请输入一个正整数 n:");
    scanf("%d",&n);
    a=1;
    jc=1;
    do
    {
        jc*=a;
        a++;
    }while(a<=n);
    printf("%d!=%ld\n",n,jc);
    return 0;
}
```

【运行】

请输入一个正整数 n:5
5!=120

5.3 for 语 句

for 语句是一种使用频率较高的循环语句,其一般形式为:

for(表达式 1;表达式 2;表达式 3)
    循环体语句

for 语句流程图如图 5.4 所示。

执行过程如下:

(1) 计算"表达式 1"。

(2) 计算并判断"表达式 2",若该值为真(非 0),则执行循环体语句;若为假(等于 0),则转到第(5)步。

(3) 计算"表达式 3"。

(4) 转到第(2)步继续执行。

(5) 结束循环。

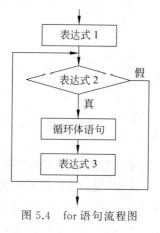

图 5.4 for 语句流程图

【说明】

(1) for 语句的圆括号内必须包含并且只能包含两个分号";"。

(2) for 语句的 3 个表达式(即"表达式 1""表达式 2""表达式 3")可以是任意类型表达式。"循环体语句"可以是一条语句,也可以是多条语句,如果是多条语句,必须用一对花括号"{ }"把它们括起来成为复合语句。

(3) "表达式 1"可以省略。比如:

```
for(;j<10;j++)
    x=x-j;
```

相当于

```
while(j<10)
{
    x=x-j;
    j++;
}
```

(4) "表达式 2"也可以省略。由于"表达式 2"起到判断并控制循环是否继续执行的作用,因此当它省略时,则不判断循环控制条件,也就是认为"表达式 2"始终为真,循环将无终止地执行下去。例如:

```
for(j=1; ;j++)
    x=x-j;
```

相当于

```
j=1;
while(1)
{
```

```
        x=x-j;
        j++;
}
```

(5) "表达式3"也可以省略。例如：

```
for(j=1;j<10;)
    x=x-j;
```

相当于

```
j=1;
while(j<10)
    x=x-j;
```

【例 5.5】 输入一个正整数，判断其是否为素数。

【分析】 素数除了能表示为它自己和1的乘积以外，不能表示为任何其他两个正整数的乘积。对于一个整数 m，判断算法如下：

(1) 设置一个标志变量 flag，令其初值为1。
(2) 将变量 i 的值置为2。
(3) 若 $i>\sqrt{m}$，则转到(6)；若 $i\leqslant\sqrt{m}$，则用 m 除以 i，如果不能整除，则转到(4)，否则转到(5)。
(4) 将 i 的值自增，再转到(3)。
(5) 将 flag 的值置为0，再转到(4)。
(6) 如果 flag 等于1，则 m 是素数，否则就不是素数。

【程序】

```
#include <stdio.h>
#include <math.h>
int main()
{
    int m,i,flag=1;
    printf("请输入一个正整数m:");
    scanf("%d",&m);
    for(i=2;i<=sqrt(m);i++)
        if(m%i==0)
            flag=0;
    if(flag)
        printf("%d是素数\n",m);
    else
        printf("%d不是素数\n",m);

    return 0;
}
```

【运行】

请输入一个正整数 m:7
7是素数

【说明】

(1) 在本例的程序中,使用库函数 sqrt() 计算 m 的平方根,所以在程序的开头要声明它的头文件 math.h。

(2) 请读者参照 5.7 节中"break 语句"的作用思考一下,此程序能否进行简化?

【例 5.6】 有一个分数序列 2/1,3/2,5/3,8/5,13/8,21/13,…,求出这个数列的前 10 项之和。

【分析】 首先分析这个数列的规律:从第 2 个数开始,该数项的分母是前一个数项的分子,该数项的分子是前一个数项的分子与分母之和。算法如下。

(1) 用 s 表示各个数项之和,令其初值等于 0;用 a 表示数项的分子,初值赋为 2;用 b 表示数项的分母,初值赋为 1。

(2) 用 i 表示加到 s 中的数项的个数,初值为 1。

(3) 若 i>10,则转到(8);否则转到(4)。

(4) 将 a/b 加到 s 中。

(5) 将前一个数项的分子与分母之和赋值给后一个数项的分子。

(6) 将前一个数项的分子赋值给后一个数项的分母。

(7) 将 i 的值自增,再转到(3)。

(8) 输出结果。

【程序】

```c
#include<stdio.h>
int main()
{
    int i;
    float a=2.0,b=1.0,s=0;
    for(i=1;i<=10;i++)
    {
        s+=a/b;
        a=a+b;
        b=a-b;
    }
    printf("该数列前10项之和为:%f\n",s);
    return 0;
}
```

【运行】

该数列前 10 项之和为 16.479906

5.4 用 goto 语句和 if 语句构成循环

5.4.1 goto 语句

goto 语句也叫转向语句,用于将程序的执行流程转移到由 goto 语句指定的位置(某个标号语句处)。它的一般形式为:

goto 语句标号;

其中,语句标号由标识符表示。

使用 if 语句和 goto 语句可以构成循环结构。但是,这样的循环形式不仅容易造成程序结构的混乱,而且容易降低程序的可读性,因此,在结构化程序设计中应当尽量避免使用 goto 语句。

5.4.2 带标号语句

带标号语句的一般形式为:

标号:语句;

带标号语句的作用是便于其他语句将程序的执行流程转移到标号所标记的位置。

【例 5.7】 用 if 语句和 goto 语句构成循环,求解 $\sum_{i=1}^{10} i$。

本题比较简单,在此直接给出参考程序:

```c
#include <stdio.h>
int main()
{
    int a=1,s=0;
    loop:
    if(a<=10)
    {
        s+=a;
        a++;
        goto loop;
    }
    printf("1 到 10 的和等于%d\n",s);
    return 0;
}
```

5.5 循环的嵌套

如果循环语句的循环体内包含另一个完整的循环结构,则称为循环的嵌套。如果一个循环体内只嵌套一层循环,这种结构就称作二重循环。对于二重循环而言,处于内部的循环叫作内循环,处于外部的循环叫作外循环。前几节介绍的几种循环语句均可以互相嵌套。对于嵌套的循环结构,应当特别注意内外循环的执行过程。下面举例说明嵌套循环的程序设计方法。

【例 5.8】 编程实现下面图形的输出。

```
    *
   ***
  *****
   ***
    *
```

【分析】 对于要输出的这个图形,应当考虑输出行数、每行星号的个数、每行星号的位置 3 个因素。经过分析发现,第 i(−2≤i≤2)行星号的个数等于 5−2*abs(i)。对于每行星号的位置,取决于它的前导空格个数,第 i 行的前导空格数等于 abs(i)。需要说明的是,abs(i)表示 i 的绝对值。算法如下。

(1) 将 i 的初值设置为−2。
(2) 当 i>2 时,转向(7),否则转向(3)。
(3) 输出 abs(i)个空格。
(4) 输出 5−2*abs(i)个星号。
(5) 输出换行符。
(6) i 的值自增,并转向第(2)步。
(7) 程序结束。

【程序】

```c
#include <stdio.h>
#include <math.h>
int main()
{
    int i,j;
    for(i=-2;i<=2;i++)
    {
        for(j=1;j<=abs(i);j++)
            printf(" ");
        for(j=1;j<=5-2*abs(i);j++)
            putchar('*');
        printf("\n");
    }
    return 0;
}
```

【运行】

```
    *
   ***
  *****
   ***
    *
```

5.6 关于循环语句的几点说明

(1) 前面讲过的几种循环语句通常可以互相替代。

(2) 编写带有循环结构的程序时,应当首先考虑以下几个问题:循环执行的初始条件是什么?循环控制条件是什么?循环体部分执行什么操作?此外,还应当注意是否具有使循环趋于结束的语句,如果没有,则会出现死循环。

(3) 当"表达式"中含有++或--运算符时,需要特别注意运算次序。下面举例说明这一问题。

【例5.9】 分析以下程序的运行情况。

```c
#include <stdio.h>
int main()
{
    int x=-1;
    do
    {;}while(x++);
    printf("x=%d",x);
    return 0;
}
```

此程序的执行过程如下。

(1) 执行 x=-1。

(2) 第1次进入循环,循环体语句是空语句。执行while后的循环控制表达式,因x值为-1,结果为真,将再次执行循环体。这时x执行自增操作变为0。

(3) 第2次进入循环,循环体语句是空语句。执行while后的循环控制表达式,因x的值为0,循环结束。这时x执行自增操作变为1。

(4) 执行输出语句,输出 x=1。

5.7 break 语句和 continue 语句

5.7.1 break 语句

break 语句只能在循环语句以及 switch 语句中使用,用于退出它所在的循环语句或 switch 语句。例如:

```c
b=2;
while(b<a)
{
    if(a%b==0)
        break;
    b++;
}
```

在本例中,如果 a 能够被 b 整除(即"a%b==0"成立),则整个 while 循环结束。

5.7.2　continue 语句

continue 语句只能用在 do…while、for 与 while 这 3 种循环语句中,用于终止(跳过)它所在的最内层循环语句的循环体中尚未执行的语句(但不终止整个循环的执行),接着进行下一轮循环。

需要注意的是,break 语句的功能是结束整个循环过程,而 continue 语句只结束本次循环。比较以下两个程序的不同。

【例 5.10】　程序示例 1。

```
#include <stdio.h>
int main()
{
    int   t,x=0,y=0;
    for(t=0;t<5;t++)
    {
        if(t%2>0)
        {
            x++;
            continue;
        }
        y++;
    }
    printf("x=%d,y=%d",x,y);
    return 0;
}
```

程序的执行情况如下。

(1) 循环变量 t 的值依次为 0、1、2、3、4、5,当 t 等于 5 时循环结束。

(2) for 循环体中包含了两条语句:if 语句和"y++;"。

(3) if 子句的执行与否,取决于表达式:t%2>0。当 t 的值为奇数时执行 if 子句中的复合语句;当 t 的值为偶数时,不执行 if 子句中的复合语句。

(4) 当 t 的值为奇数时,执行 if 子句中的"x++;",然后执行 continue 语句,使流程跳过 for 循环体中的"y++",继续下一轮循环。

(5) 当 t 的值为偶数时,不执行 if 子句,而执行 for 循环体中的"y++;",继续下一轮循环。

(6) 当 t 的值为 0、2、4 时,执行"y++;",y 的初值为 0,执行 3 次"y++;",使 y 的值为 3。当 t 的值为 1、3 时,执行"x++;",x 的初值为 0,执行 2 次"x++;",使 x 的值为 2。

(7) 当 t 的值为 5 时。退出循环,输出:x=2,y=3。

【例 5.11】　程序示例 2。

```
#include <stdio.h>
int main()
```

```c
{
    int t,x=0,y=0;
    for(t=0;t<5;t++)
    {
        if(t%2>0)
        {
            x++;
            break;
        }
        y++;
    }
    printf("x=%d,y=%d",x,y);
    return 0;
}
```

程序的执行情况如下。

(1) 循环变量 t 的值依次为 0,1,2,3,4,5,当 t 等于 5 时循环结束。

(2) for 循环体中包含了两条语句：if 语句和"y++;"。

(3) if 子句的执行与否,取决于表达式：t%2>0。当 t 的值为奇数时,执行 if 子句中的复合语句；当 t 的值为偶数时,不执行 if 子句中的复合语句。

(4) 当 t 的值为偶数时,不执行 if 子句,而执行 for 循环体中的"y++;"。

(5) 当 t 的值为奇数时,执行 if 子句中的"x++;",然后执行 break 语句,使流程跳出 for 循环。

(6) 当 t 的值为 0 时,执行"y++;",y 的初值为 0,执行 1 次"y++;",使 y 的值为 1。当 t 的值为 1 时,执行"x++;",x 的初值为 0,执行了 1 次"x++;",使 x 的值为 1,接着执行 break 语句,跳出 for 循环体。

(7) 当 t 的值为 1 时,退出循环,输出：x=1,y=1。

习 题 5

5.1 编一个程序,求斐波那契(Fibonacci)数列：1,1,2,3,5,8,…。请输出前 20 项。序列满足关系式：$F_1=1, F_2=1, F_n=F_{n-1}+F_{n-2}$(其中 n 为大于或等于 3 的整数)。

5.2 祖父年龄 70 岁,长孙 20 岁,次孙 15 岁,幼孙 5 岁。问要过多少年,3 个孙子的年龄之和同祖父的年龄相等？请编写程序实现。

5.3 求出 10 个"韩信点兵数",该数除以 3 余 2,除以 5 余 3,除以 7 余 4(例如 53,158,263,…)。

5.4 读入 10 个数,计算它们的和、积、平方和及和的平方。

5.5 计算并输出 1!,2!,3!,…,35!。

提示：阶乘结果定义为实型,以便表示较大的数。每个阶乘值乘以一个数就得到后一个阶乘值。

5.6 计算并输出 2^n, 2^{-n}。已知 $n=0,1,2,3,…,15$。

提示：结果定义为浮点型。不要用指数函数与对数函数计算,用乘以 2 递推计算。

5.7 利用下列公式计算并输出 π 的值。
$$\pi/4 = 1 - 1/3 + 1/5 - 1/7 + \cdots + 1/(4n-3) - 1/(4n-1) \quad (n=10000)$$

5.8 一个球从 100 米高度自由落下,每次落地后反跳回原高度的一半,再落下,以此类推。求它在第 10 次落地时,共经过多少米?第 10 次反弹多高?

5.9 鸡与兔同笼,其中共有 25 个头,有 80 只脚,问笼中鸡和兔各有多少只?

5.10 输出 1～999 中能被 3 整除,且至少有一位数字是 5 的所有整数。

5.11 求 2～1000 中的守形数(若某数平方的低位与该数本身相同,则称该数为守形数。例如 25,$25^2=625$,625 的低位 25 与原数相同,则称 25 为守形数)。

5.12 输入 20 个数,求出它们的最大值、最小值及平均值。

第 6 章　　数　　组

C 语言提供了 3 种构造数据类型：数组类型、结构体类型、共用体类型。本章将介绍数组类型，结构体和共用体类型将在第 10 章中介绍。

在许多应用中都需要处理一些具有共同性质的数据。例如：把 10 个数值进行排序；保存一个矩阵的数据；统计一篇文章中的单词个数等。在这种情况下，可以把这些具有相同性质的数据保存在数组中。

数组是一组类型相同的数据的有序集合。这里所说的有序是指数组中的各个数据（即数组元素）在内存中的存储位置是有序的，即它们是顺序相邻地存储在一片相连的内存区域中。数组中的每一个元素都属于同一个数据类型。

根据数组维数的不同，可以把数组分为一维数组和多维数组，多维数组包括二维数组、三维数组，甚至更多维数的数组。

本章重点：
(1) 理解数组元素在内存中的存放形式。
(2) 掌握一维数组和二维数组的定义以及数组元素的引用。
(3) 理解字符串和字符数组的区别。
(4) 掌握各种字符串库函数的用法。
(5) 理解并掌握常见的排序和查找算法。

本章难点：
(1) 排序和查找算法的理解及应用。
(2) 二维数组及多维数组的理解。
(3) 理解并掌握使用数组进行算法设计的思路。

6.1　一　维　数　组

6.1.1　一维数组的定义

一维数组的定义形式如下：

类型说明符　数组名[常量表达式];

例如：

int a[4];

表示定义了一个数组名为 a、包含 4 个 int 类型数组元素的数组。

【说明】

(1)"类型说明符"用来说明数组中各个数组元素的类型。

(2)"常量表达式"部分必须用方括号"[ ]"括起来,且定义的末尾必须加分号";"。

(3)"常量表达式"表示数组长度,即数组元素的个数。例如在"int a[4];"中,4 表示 a 数组中有 4 个数组元素。需要注意的是,这些数组元素的下标是从 0 开始的,它们分别是 a[0]、a[1]、a[2] 和 a[3]。

(4)"数组名"是说明数组时所用的标识符,其命名规则与标识符的命名规则相同。在 C 语言中,数组名用来表示该数组元素在内存中存储的首地址,即第一个元素的地址(因为数组一旦定义好之后,内存空间就确定了,其首地址就不会变了,所以数组名是一个常量,是一个地址常量)。例如在"int a[4];"中,a 的值表示元素 a[0] 的地址,是不变的,是一个地址常量。

(5)数组一旦定义后,系统就将为数组分配相应大小的存储空间。存储空间所占字节数由如下公式来计算。

数组所占存储空间的字节数 = 数组的长度 × sizeof(数组元素的类型)

对于上述定义的数组 a,系统将为数组 a 分配 8 字节的存储空间(一个 int 类型数据占用 2 字节的存储空间)。

根据数组的存储分配方法,数组中各个元素顺序相邻地存储在一段连续的内存区域中。例如"int a[4];"中 a 数组中各个元素的存储情况如图 6.1 所示(假设内存地址是 32 位的,数组的存放地址从 4000H 开始)。

内存地址	4000H	4001H	4002H	4003H	4004H	4005H	4006H	4007H
数组元素	a[0]		a[1]		a[2]		a[3]	

图 6.1 数组元素在内存中的存放顺序示意图

下面给出了几种不同数据类型的数组定义:

```
int a[10];              //定义了有 10 个元素的 int 型数组 a
float f[20];            //定义了有 20 个元素的 float 型数组 f
double d[10];           //定义了有 10 个元素的 double 型数组 d
char s1[10],s2[20];     //分别定义了有 10 个和 20 个元素的 char 型数组 s1 和 s2
```

6.1.2　一维数组的引用

C 语言中,数组是一种数据单元的序列,不能直接存取这个数组,只能引用数组中的各个数据单元。

数组元素的引用形式如下:

数组名[下标]

说明:

(1)必须先定义数组,才可以引用数组元素。

(2)C 语言规定只能一个一个地引用数组元素,而不能一次引用数组中的全部元素。

(3) "下标"可以是整型常量表达式,也可以是整型变量或表达式。下标值的最小值是 0,最大值则是数组的长度值减 1。

(4) 请注意数组的定义形式和数组元素的引用形式的区别。

数组一旦定义以后,数组中的每一个元素其实就相当于一个变量,所以有时也把数组元素称为下标变量。对变量的一切操作都适用于数组元素。例如:

```
a[0]=0;                //将数组 a 的第一个元素赋值为 0
a[1]=1;                //将数组 a 的第二个元素赋值为 1
a[2]=a[0]+a[1];        //将数组 a 的第三个元素赋值为数组 a 的前两个元素的和
printf("%d",a[i]);     //输出数组元素 a[i]的值
scanf("%d",&a[i]);     //从键盘输入一个整数赋值给数组元素 a[i]
```

6.1.3 一维数组的赋值

对一维数组的赋值通常有两种方法:一种是在数组定义时赋初值;另一种是先定义数组,然后在程序中再对数组元素逐一赋值。

1. 一维数组的初始化赋值

数组可以在定义时进行初始化。其初始化方式有以下 3 种。

(1) 在数组的初始化部分,各个元素的值之间用逗号隔开并把这些值用花括号"{ }"括起来。例如:

```
int  a[5]={12,4,5,6,32};
```

数组元素 a[0]、a[1]、a[2]、a[3]、a[4]的值分别初始化为 12、4、5、6、32。

(2) 如果元素值的个数和数组长度相等,可以不指定数组长度。例如:

```
int  a[]={12,4,5,6,27};
```

(3) 可以只给数组的部分元素赋初值(未赋值的元素默认值为 0)。例如:

```
int  a[5]={12,47,6};
```

其中,a[0]、a[1]、a[2]的值分别初始化为 12、47、6,而 a[3]和 a[4]的值都默认为 0。注意,在对数组元素部分赋初值时,只能对前一部分连续的元素赋初值,因此以下两种情况都是错误的:

```
int  a[5]={ , ,14,54,74};
int  a[5]={16, ,18};
```

2. 一维数组在程序中赋值

C 语言中,除了在定义数组时对数组进行初始化赋值外,后面再无法对数组进行整体赋值。因此下面的写法都是错误的。

```
int a[5];
a={1,2,3,4,5};            //错误
```

```
a[]={1,2,3,4,5};            //错误
a[5]={1,2,3,4,5};           //错误
```

那么，一旦定义数组之后，只能通过语句对数组中的数组元素逐一赋值。

(1) 使用赋值语句来逐一赋值。

这种方法适用于对长度较小的数组元素赋初值或者只是对数组的部分元素赋值。例如：

```
int a[4];
a[0]=1; a[1]=4; a[2]=45; a[3]=89;
char s[81];
s[0]='b'; s[1]='y'; s[2]='e'; s[3]='\0';
```

(2) 使用循环语句来逐一赋值。

这种方法适用于对数组元素进行有规律的赋值或接收用户通过键盘输入对数组元素的赋值。

例如，下面程序将数组 a 的各元素赋值成奇数序列。

```
for(i=0; i<10; i++)
    a[i]=2*i+1;
```

再例如，下面程序接收用户通过键盘输入赋值给数组各元素。

```
for(i=0; i<10; i++)
    scanf("%d",&a[i]);
```

(3) 使用 memset 函数来赋值。

标准库函数 memset 可实现对某内存块(一段连续内存空间)的各字节单元整体赋同样的值。前面讲过，数组在内存中是占用一片连续的存储块，所以在对数组各字节单元赋某个特定值的情况下，可以使用 memset 函数来赋值而不必使用循环语句来进行。

memset 函数原型如下：

```
void * memset(void * s, char ch, unsigned n);
```

其功能就是将 s 为首地址的一片连续的 n 字节内存单元都赋值为 ch。注意，它是对内存的每个字节单元都赋值为 ch。所以 memset 函数主要适合于字节型数组的整体赋值，当然对非字节型数组进行清 0 也是可行的。

例如，下面程序是将数组 s 的每个单元赋值为'a'。

```
char s[80];
memset(s, 'a', 80);
```

再例如，下面程序是将数组 a 的每个单元赋值为 0(清 0)。

```
char a[10];
memset(a, 0, 10*sizeof(int));
```

(4) 使用 memcpy 函数实现数组之间的赋值。

对于两个数据类型和大小相同的数组，如果将其中一个数组各单元的值要赋值给另一

个数组的各数据单元,可以使用库函数 memcpy 来实现。

memcpy 函数原型如下:

void * memcpy(void * d, void * s, unsigned n);

其功能就是将 s 为首地址的一片连续的 n 字节内存单元的值都复制到以 d 为首地址的一片连续的内存单元中。例如,对如下定义的数组 a 和 b,如果需要将数组 a 复制给数组 b,则采用 memcpy 函数来实现比较方便。

```
int a[5]={1,2,3,4,5}, b[5];
memcpy(b, a, 5 * sizeof(int));
```

注意:在使用 memset 函数和 memcpy 函数时,源程序中要包含头文件 string.h。

【例 6.1】 从键盘上输入 5 个整数,然后按相反顺序输出。

【分析】 此题用于练习对一维数组的定义以及数组元素的引用。首先输入 5 个整数存放到数组 a 中,然后按照相反顺序输出数组 a 中的每一个元素。

【程序】

```
#include <stdio.h>
int main()
{
    int a[5],i;
    printf("请输入 5 个整数:\n");
    for(i=0;i<5;i++)
        scanf("%d",&a[i]);
    printf("按照相反顺序的输出结果为:\n");
    for(i=4;i>=0;i--)
        printf("%d ",a[i]);
    printf("\n");
    return 0;
}
```

【运行】

请输入5个整数:
1 2 3 4 5
按照相反顺序的输出结果为:
5 4 3 2 1

6.1.4 一维数组的应用举例

【例 6.2】 输出斐波那契数列的前 20 项,每行输出 5 个数据。

【分析】 定义一维数组 fib 用来存放斐波那契数列的前 20 项数据。首先将数组的前 2 项都初始化为 1,然后利用数列通项公式循环计算数列后面的 18 个数据,最后输出数组的所有 20 项数据,每行输出 5 个。

【程序】

```
#include <stdio.h>
```

```
int main()                        //输出斐波那契数列的前 20 项,每行输出 5 个
{
    int i,fib[20]={1,1};          //数组初始化,前两项都为 1

    for(i=2;i<20;i++)             //计算数列剩余的 18 项数据
        fib[i]=fib[i-1]+fib[i-2];

    for(i=0;i<20;i++)             //输出数列
    {
        printf("%6d",fib[i]);
        if( (i+1)%5==0 )          //每行输出 5 个数据
            printf("\n");
    }
    return 0;
}
```

【运行】

```
     1     1     2     3     5
     8    13    21    34    55
    89   144   233   377   610
   987  1597  2584  4181  6765
```

【例 6.3】 输入一行字符,统计其中各个大写字母出现的次数。

【分析】 一共有 26 个大写字母,需要有 26 个计数器,这样可以定义一个数组 num 用来统计各大写字母出现的次数。数组单元 num[0]用来统计大写字母 A 的次数,数组单元 num[1]用来统计大写字母 B 的次数,数组单元 num[2]用来统计大写字母 C 的次数,以此类推。重点需要弄清楚数组下标与其对应的大写字母的对应关系。

首先需要对所有计数器清 0,然后循环接受字符串中的每个字符,对每个字符进行处理。最后顺序输出每个计数器的值。

【程序】

```
#include <stdio.h>
int main()
{
    char ch;
    int num[26],i;                         //定义计数器数组 num

    memset(num,0,26*sizeof(int));          //数组的每个单元清 0

    while((ch=getchar()) !='\n')           //输入字符串,\n 表示一行结束
    {
        if( ch>='A' && ch<='Z')            //如果是大写字母,则对应计数器+1
            num[ch-'A']++;
    }

    for(i=0; i<26; i++)                    //输出统计结果
```

```
        {
            if(i%5==0) printf("\n");        //每行输出 5 个
            printf("%c(%d) ",'A'+i, num[i]);
        }
        printf("\n");
        return 0;
}
```

【运行】

AABBCCxyYzEEE

A(2) B(2) C(2) D(0) E(3)
F(0) G(0) H(0) I(0) J(0)
K(0) L(0) M(0) N(0) O(0)
P(0) Q(0) R(0) S(0) T(0)
U(0) V(0) W(0) X(0) Y(1)
Z(0)

【例6.4】 从键盘输入 10 个整数,并用冒泡法将这 10 个数按从小到大的顺序排序。

【分析】 假设有 N 个数组元素,采用冒泡法对该数组元素进行排序。从下标为 0 的元素开始,循环比较相邻两个元素(a[j]和 a[j+1])的大小,每次比较如果前面的元素 a[j]都大于后面的元素 a[j+1],则交换这两个元素的值。

第一轮:从元素 a[0]到元素 a[N-1],依次比较相邻两个元素的大小。循环比较 N-1 次后,N 个数据中最大的数据就被交换到 a[N-1]的位置了。

第二轮:从元素 a[0]到元素 a[N-2],依次比较相邻两个元素的大小。循环比较 N-2 次后,N 个数据中第二大的数据就被交换到 a[N-2]的位置了。

以此类推,重复以上过程 N-1 轮,则 N 个数据就按照从小到大排好序了。

冒泡法排序的程序流程图如图 6.2 所示。

【程序】

```
#include<stdio.h>
#define N 10
int main()
{
    int a[N],i,j,t;
    printf("请输入 10 个整数:\n");
    for(i=0;i<N;i++)                       //输入 N 个整数存放到数组 a 中
        scanf("%d",&a[i]);
    for(i=0;i<N-1;i++)                     //共需进行 N-1 轮
```

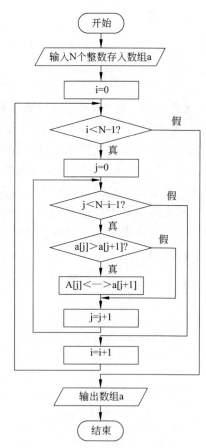

图 6.2 冒泡法排序的程序流程图

```
        for(j=0;j<N-i-1;j++)              //第 i 轮需要比较 N-i-1 次
            if (a[j]>a[j+1])              //如果前面的元素大于后面的元素,则交换
            {
                t=a[j];                   //相邻两个数交换
                a[j]=a[j+1];
                a[j+1]=t;
            }
    printf("排序后的结果为:\n");
    for(i=0;i<N;i++)                      //输出数组 a
        printf("%d ",a[i]);
    printf("\n");
    return 0;
}
```

【运行】

请输入10个整数:
3 6 9 8 5 2 0 1 4 7
排序后的结果为:
0 1 2 3 4 5 6 7 8 9

【例 6.5】 利用二分查找法在一个按升序排列的数组中查找一个数据,若找到,则输出该数在数组中的下标位置;若没有找到,则输出"查无此数!"。

【分析】 二分查找法也叫折半查找法,它的基本思想是,将 n 个数组元素(a[0]~a[N-1])从中间分成两半,取 a[(0+N-1)/2]与欲查找的 x 做比较,如果 x= a[(0+N-1)/2]则找到 x,算法终止。如果 x<a[(0+N-1)/2],则我们只需要在数组 a 的左半部(a[0]~a[(0+N-1)/2-1])继续搜索 x。如果 x> a[(0+N-1)/2],则我们只需要在数组 a 的右半部(a[(0+N-1)/2+1]~a[N-1])继续搜索 x。

【程序】

```
#include <stdio.h>
#define N 10
int main()
{
    int x,mid,top,bottom;
    int a[N]={2,3,5,7,8,11,14,35,68,70};
    printf("请输入要查找的数:");
    scanf("%d",&x);

    bottom=0;    top=N-1;                 //查找区域初始化(在 a[bottom]~a[top]查找)
    while(bottom<=top)                    //查找区间有效,若表达式等于 0 则循环结束
    {
        mid=(top+bottom)/2;               //计算查找范围内位于中间位置的数据下标
        if(x<a[mid])                      //如果比中间位置数据小,则在左半区间查找
            top=mid-1;
        else if(x>a[mid])                 //如果比中间位置数据大,则在右半区间查找
            bottom=mid+1;
```

```
        else  break;                          //如果等于中间位置的数据,则找到,结束查找
    }
    if(bottom<=top)                            //找到
        printf("%d在数组中的下标为%d\n",x,mid);
    else                                       //未找到
        printf("查无此数!\n");
    return 0;
}
```

【运行】

请输入要查找的数:35
35在数组中的下标为7

6.2 二维数组

前面介绍的一维数组只有一个下标变量,其数组元素被称为单下标变量。C语言中允许构造多维数组,多维数组元素用多个下标来标记它们在数组中的位置,所以被称为多下标变量。多维数组在定义的时候需要分别说明每一维的长度。

C语言中数组的维数上限仅受编译程序的限制,但一般以二维数组的使用最多,三维及三维以上的数组很少用到。下面以二维数组为例来说明多维数组的使用方法。

6.2.1 二维数组的定义

二维数组的定义格式是在一维数组的定义格式的基础上增加了一维,其定义形式如下:

类型说明符 数组名[常量表达式 1][常量表达式 2];

例如:

int a[2][3];

【说明】

(1) 根据 C 语言的规定,可以把二维数组看作一个特殊的一维数组:它的每一个元素又是一个一维数组。例如在上例中,可以认为 a 是一个一维数组,包含两个元素:a[0]和 a[1],而这两个元素又各是一个包含 3 个元素的一维数组,即 a[0]包括 a[0][0]、a[0][1]和 a[0][2],a[1]包括 a[1][0]、a[1][1]和 a[1][2]。

(2) "常量表达式 1"用来表示该数组的行数,"常量表达式 2"用来表示该数组的列数。两个常量表达式的乘积表示该数组的元素个数。两个常量表达式要用两对方括号分别括起来。

(3) 二维数组元素在内存中的存放顺序是按行存放的,即在内存中先顺序存放第一行的元素,在顺序存放第二行的元素,以此类推。例如,对上面定义的二维数组 a,类似于一维数组,系统同样会给二维数组 a 分配一段连续的存储空间。每个 int 型数据占用 2 字节,二维数组 a 中共有 6 个 int 型数组元素,系统将为二维数组 a 分配 12 字节的连续存储空间。

假定分配给二维数组 a 的存储空间首地址为 4000H，二维数组 a 的各个元素的存放位置如图 6.3 所示。

内存地址	4000H	4002H	4004H	4005H	4008H	400AH
数组元素	a[0][0]	a[0][1]	a[0][2]	a[1][0]	a[1][1]	a[1][2]

图 6.3 二维数组 a[2][3]在各元素存放位置示意图

6.2.2 二维数组元素的引用

二维数组的元素的表示形式为：

数组名[下标 1][下标 2]

其中，"下标 1"表示行下标，"下标 2"表示列下标，二者必须都是整型表达式。例如，a[0][1]表示数组 a 中的第一行第二列的元素。

同一维数组一样，二维数组一旦定义以后，数组中的每一个元素其实就相当于一个变量。与一维数组不一样的就是二维数组需要两个下标变量才能确定一个数组元素。对变量的一切操作都适用于数组元素。例如：

```
a[0][0]=0;
a[1][0]=1;
a[1][1]=a[0][1]+a[1][0];
printf("%d",a[i][j]);
scanf("%d",&a[i][j]);
```

6.2.3 二维数组的赋值

1. 二维数组的初始化

对二维数组的初始化方法如下所示。

(1) 分行对所有元素赋初值。例如：

```
int  a[2][3]={{1,7,6},{2,3,17}};
```

第一个花括号内的数据按顺序赋给第一行的元素，即 a[0][0]、a[0][1]、a[0][2]分别等于 1、7、6；第二个花括号内的数据按顺序赋给第二行的元素，即 a[1][0]、a[1][1]、a[1][2]分别等于 2、3、17。

(2) 可以将所有数据写在一个花括号内。例如：

```
int  a[2][3]={1,7,6,2,3,17};
```

根据数据元素存储的行优先原则，这些元素先赋值给第一行的元素，再赋值给第二行的元素，即 a[0][0]、a[0][1]、a[0][2]、a[1][0]、a[1][1]、a[1][2]的值分别等于 1、7、6、2、3、17。如果数据值的个数小于元素个数，例如：

```
int a[2][3]={1,7,6,2};
```

则按照行优先原则,只对 a[0][0]、a[0][1]、a[0][2]、a[1][0] 分别赋值为 1、7、6、2。

(3) 可以对每行的前一部分元素赋初值。例如：

```
int  a[2][3]={{1},{2,6}};
```

则 1、2、6 分别赋值给 a[0][0]、a[1][0]、a[1][1]。

(4) 如果对全部元素赋初值,则第一维的长度可以不指定,但第二维的长度不能省略。例如：

```
int  a[][3]={1,7,6,2,3,17};
```

也可以只对部分元素赋初值,但应分行赋初值。例如：

```
int  a[][3]={{1},{2,6}};
```

2. 二维数组在程序中赋值

与一维数组在程序中赋值一样,二维数组在程序中赋值,也可以通过赋值语句、循环逐一赋值以及使用 memset 函数、memcpy 函数等方法来进行。

例如,下面程序是通过键盘输入对二维数组 a 各元素赋值。

```
for(i=0; i<2; i++)
    for(j=0; j<3; j++)
        scanf("%d",&a[i][j]);
```

下面通过调用 memset 函数将二维数组 a 的各元素清 0。

```
memset( a, 0, 6 * sizeof(int) );
```

假设还定义了二维数组 int b[2][3],那么可通过 memcpy 函数将二维数组 a 的各元素值复制给数组 b。

```
memcpy( b, a, 6 * sizeof(int) );
```

6.2.4　二维数组的应用举例

【例 6.6】　按行优先次序输入一个矩阵,再按列优先次序输出。

例如,输入

```
1  2  3
4  5  6
```

输出

```
1  4
2  5
3  6
```

【分析】　此题用于帮助读者建立二维数组元素引用的直观概念。假设用 2 行 3 列的二维数组 a 来保存矩阵的值,即用 a 的第一行元素(a[0][0]、a[0][1]、a[0][2])保存矩阵的第一行的值,a 的第二行元素(a[1][0]、a[1][1]、a[1][2])保存矩阵的第二行的值。

【程序】

```
#include <stdio.h>
int main()
{
    int a[2][3],i,j;
    printf("请输入一个 2x3 矩阵:\n");
    for(i=0;i<2;i++)
        for(j=0;j<3;j++)
            scanf("%d",&a[i][j]);
    printf("该矩阵按列优先顺序输出的结果为:\n");
    for(j=0;j<3;j++)
    {
        for(i=0;i<2;i++)
            printf("%d ",a[i][j]);
        printf("\n");
    }
    return 0;
}
```

【运行】

请输入一个2x3矩阵:
1 2 3
4 5 6
该矩阵按列优先顺序输出的结果为:
1 4
2 5
3 6

【例6.7】 找出 4×4 的二维数组中的最小元素,把该元素所在行的各个元素(假设只有一个最小元素)与二维数组的末行元素互换。例如,二维数组为:

9 3 5 7
4 1 3 8
2 4 5 6
6 5 3 7

互换后换成:

9 3 5 7
6 5 3 7
2 4 5 6
4 1 3 8

【分析】 本题的要求可以分解为两项操作:
(1) 在整个数组中寻找最小元素并记录其行下标;
(2) 把找到的最小元素所在行与末行互换。

【程序】

```c
#include <stdio.h>
int main()
{
    int i,j,t,min,k,a[4][4]={{9,3,5,7},{4,1,3,8},{2,4,5,6},{6,5,3,7}};
    printf("最初的二维数组为:\n");
    for(i=0;i<4;i++)
    {
        for(j=0;j<4;j++)
            printf("%d ",a[i][j]);
        printf("\n");
    }
    min=a[0][0];                          //min 表示最小元素的值
    k=0;                                  //k 表示最小元素的行下标
    for(i=0;i<4;i++)
        for(j=0;j<4;j++)
            if(a[i][j]<min)
            {
                min=a[i][j];
                k=i;
            }
    for(j=0;j<4;j++)                      //将最小元素所在行与数组的末行互换
    {
        t=a[3][j];
        a[3][j]=a[k][j];
        a[k][j]=t;
    }
    printf("处理后的二维数组为:\n");
    for(i=0;i<4;i++)
    {
        for(j=0;j<4;j++)
            printf("%d ",a[i][j]);
        printf("\n");
    }
    return 0;
}
```

【运行】

最初的二维数组为:
9 3 5 7
4 1 3 8
2 4 5 6
6 5 3 7
处理后的二维数组为:
9 3 5 7
6 5 3 7
2 4 5 6
4 1 3 8

6.3 字符数组

字符数组是数组元素类型为字符型的数组。字符数组中的一个元素用来存放一个字符。字符数组具有数组的全部特性。

6.3.1 字符串常量

字符数组可以被视为是字符变量的集合,与之相对应的是字符串常量。所谓字符串常量就是用一对双引号括起来的字符常量的集合。例如,"abc","hello"都是字符串常量。

字符串在内存中存储时,系统会自动对它加一个'\0'作为结束符。例如,字符串"hello"表面上看只有 5 个字符,但在内存中需要占用 6 个字符的存储空间,空间中存储的最后一个字符就是由系统自动添加的字符串结束字符'\0'。

'\0'称为字符串结束标志,代表 ASCII 码为 0 的字符。它不是一个可以显示的字符,而是一个"空操作符"。在对字符串进行操作时,遇到'\0'就表示字符串结束,不会产生任何附加的操作或增加有效字符。

需要注意的是,字符常量和字符串常量的区别。例如:'a'是一个字符常量,它只包含一个字符;而"a"是一个字符串常量,它包含两个字符,除了字符'a',还包含一个字符串结束标志字符'\0'。

6.3.2 字符数组的定义

字符数组包括一维字符数组和多维字符数组(以二维字符数组为例)。其定义方式如下:

char 数组名[常量表达式];
char 数组名[常量表达式 1][常量表达式 2];

例如:

char a1[10];   //声明一个长度为 10 的字符数组
char a2[3][10];   //声明三个长度为 10 的字符数组

6.3.3 字符数组的引用

通常情况下,可以逐个引用字符数组中的元素。例如:

```
#include <stdio.h>
int main()
{
    char a[10];
    int i;
    printf("input ten numbers:\n");
    for(i=0;i<10;i++)
```

```
        scanf("%c",&a[i]);
    for(i=0;i<10;i++)
        printf("%c ",a[i]);
    return 0;
}
```

在对字符数组进行输入输出操作时,也可以将整个字符数组以字符串的形式进行整体输入或输出。例如:

```
#include "stdio.h"
int main()
{
    char a[10];
    scanf("%s",a);
    printf("%s\n",a);
    return 0;
}
```

6.3.4 字符数组的初始化

字符数组的初始化有以下几种方式。

(1) 对数组进行逐个元素初始化。例如:

```
char  c[5]={'h','e','l','l','o'};
```

在这个例子中,花括号里的 5 个字符分别赋值给了从 c[0] 到 c[4] 的 5 个数组元素。
(2) 若初始化时,数据的个数小于数组的长度,则多余的元素自动赋值为 '\0'。
(3) 若初始化时,数据的个数大于数组的长度,则系统会认为是初始化错误。
(4) 若初始化时,数据的个数等于数组的长度,则数组长度可以省略。例如:

```
char  c[]={'h','e','l','l','o'};
```

系统会自动认为该数组的长度为 5。
(5) 初始化时,也可以写成以下形式:

```
char  c[]="hello";
```

或

```
char  c[]={"hello"};
```

请注意,这种形式中系统会认为数组 c 的长度为 6。

6.3.5 字符串处理函数

在 C 语言的函数库中提供了一些用来处理字符串的函数,比如 strlen、strcpy、stcmp 等。需要注意的是,在使用这些函数前必须在文件开始处用 #include "string.h" 命令将相关的头文件包含到源程序中。下面介绍几种常用的字符串处理函数。

1. 字符串的输出函数

调用格式：

puts(字符数组)

该函数表示将一个以'\0'结束的字符序列(字符数组或字符串)输出到终端,并在最后添加一个换行符,并且'\0'不会被显示出来。例如：

char c[ ]="china";
puts(c);

输出结果为：

China

2. 字符串的输入函数

调用格式：

gets(字符数组)

该函数表示从终端输入一个字符串到字符数组,直到遇到换行符或字符串结束标志;换行符被丢弃,并且在字符数组的末尾加上一个'\0'。例如：

gets(a);

从键盘输入(↙表示回车键)：China↙
则将输入的字符串"China"(注意是 6 个字符)赋值给字符数组 a。

3. 字符串的复制函数

调用格式：

strcpy(字符数组 1,字符数组 2)

该函数表示将字符数组 2 的内容复制给字符数组 1。
说明：
(1)"字符数组 1"的长度不能小于"字符数组 2"的长度。
(2)"字符数组 1"必须是一个数组名的形式,"字符数组 2"可以是一个字符数组名,也可以是一个字符串常量。例如：

char a1[20],a2[]="hello";
strcpy(a1,a2);

或

char a1[20];
strcpy(a1,"hello");

二者作用是相同的。

(3) 复制时连同"字符数组 2"后面的字符串结束符'\0'一起复制到"字符数组 1"中。

4. 字符串的连接函数

调用格式：

strcat(字符数组 1,字符数组 2)

该函数表示连接两个字符数组中的字符串，把字符数组 2 连接到字符数组 1 的后面，结果放在字符数组 1 中，函数调用后返回字符数组 1 的地址。

说明：

(1) 字符数组 1 的长度必须足够长，以便容纳连接后的字符串。

(2) 连接前两个字符数组的末尾都有一个'\0'，连接时将字符数组 1 后面的'\0'去掉，只把字符数组 2(连同它的'\0')一起复制过来。例如

```
char   a1[]="hello ";
char   a2[]="world";
printf("%s",strcat(a1,a2));
```

连接后 a1 中的值为：

| h | e | l | l | o | | w | o | r | l | d | \0 |

输出结果为：

hello world

(3) 连接后字符数组 2 的内容保持不变。

5. 字符串的比较函数

调用格式：

strcmp(字符数组 1,字符数组 2)

该函数用来比较两个字符串的大小，比较时从左向右逐个比较两个字符串对应位置字符的 ASCII 码值大小，直到出现不同字符或遇到'\0'为止。如果全部字符都相同，则两个字符串相等。如果出现不相同的字符，则以第一个不相同的字符的比较结果作为判断两个字符串大小的标准。比较的结果由函数值返回。

(1) 如果字符串 1＝字符串 2，则返回函数值为 0。

(2) 如果字符串 1＞字符串 2，则返回函数值为正数，其值是 ASCII 码的差值。

(3) 如果字符串 1＜字符串 2，则返回函数值为负数，其值也是 ASCII 码的差值。

例如：

strcmp("abc","abc")的返回值为 0。

strcmp("abc","ac")的返回值为－1(两字符串第二个位置字符 ASCII 值的差)。

strcmp("abc","ab")的返回值为 99(字符'c'的 ASCII 值)。

6. 求字符串的长度函数

调用格式：

strlen(字符数组)

该函数用来计算字符串的长度,函数返回字符串中原有字符的个数,不包括'\0'。
例如：

```
char str[20]="hello";
printf("%d",strlen(str));
```

输出结果为：

5

6.3.6 字符数组的应用举例

【例 6.8】 读入一串字符,以！结束。分别统计其中数字 0,1,2,…,9 出现的次数。

【分析】 用一维数组 a 的元素 a[0]～a[9]分别表示数字 0～9 出现的次数。以 a[0]为例,它用来表示数字 0 出现的次数,数字 0 的 ASCII 值比 a[0]的下标 0 大 48。利用这一规律可以简化程序的代码。

【程序】

```
#include <stdio.h>
int main()
{
    int i,a[10];
    char c;
    printf("请输入一串字符,并以!结束:\n");
    for(i=0;i<10;i++)
        a[i]=0;
    while((c=getchar())!='!')      //循环输入一串字符,以！结束
        if(c>=48&&c<=57)           //判断 c 是否为 0~9 的数字字符
            a[c-48]++;             //结合题目分析中的提示理解该语句
    printf("统计结果为:\n");
    for(i=0;i<10;i++)
        printf("字符%c 共出现%d 次\n",i+48,a[i]);
    return 0;
}
```

【运行】

```
请输入一串字符,并以!结束:
1902d76k5910!
统计结果为:
字符0共出现2次
字符1共出现2次
字符2共出现1次
字符3共出现0次
字符4共出现0次
字符5共出现1次
字符6共出现1次
字符7共出现1次
字符8共出现0次
字符9共出现2次
```

【例 6.9】 编程实现将两个字符串连接起来,不要用 strcat 函数。

【分析】 把两个字符串分别用两个一维字符数组 a 和 b 表示,将 b 的内容连接到 a 的后面,注意连接后要在 a 的末尾加一个字符串结束标志。算法如下:

(1) 输入两个字符串,分别赋值给两个一维字符数组 a 和 b。
(2) 将数组 a 的下标移动到最后一个元素即字符串结束标志'\0'的位置。
(3) 将字符数组 b 的各个元素(除'\0'外)复制到 a 中。
(4) 在数组 a 的末尾加上字符串结束标志'\0'。
(5) 输出数组 a 的内容。

【程序】

```c
#include <stdio.h>
int main()
{
    char a[80],b[80];
    int i,j;
    printf("请输入第一个字符串:\n");
    scanf("%s",a);
    printf("请输入第二个字符串:\n");
    scanf("%s",b);
    for(i=0;a[i]!='\0';i++);
    for(j=0;b[j]!='\0';j++)
        a[i++]=b[j];
    a[i]='\0';
    printf("连接后的结果为:%s  \n",a);
    return 0;
}
```

【运行】

```
请输入第一个字符串:
hello
请输入第二个字符串:
world
连接后的结果为: helloworld
```

【例 6.10】 从键盘输入 3 个字符串,并输出其中最大者。

【分析】 使用 gets 函数输入 3 个字符串,并定义一个 3 行 80 列的二维数组,用二维数组的每一行存放一个字符串。使用 strcmp 函数分别比较这 3 个字符串,找到最大的存放到一维字符数组 string 中。算法如下:

(1) 输入 3 个字符串,存放到二维数组的 3 行即 str[0]、str[1]、str[2]中。
(2) 比较 str[0]和 str[1],把大的存入一维字符数组 string。
(3) 比较 string 和 str[2],把大的存入一维字符数组 string。
(4) 输出 string 的值。

【程序】

```c
#include <stdio.h>
```

```c
#include <string.h>
int main()
{
    char str[3][80],string[80];
    int i;
    printf("请输入 3 个字符串:\n");
    for(i=0;i<3;i++)
        gets(str[i]);
    if(strcmp(str[0],str[1])>0)
        strcpy(string,str[0]);
    else
        strcpy(string,str[1]);
    if(strcmp(str[2],string)>0)
        strcpy(string,str[2]);
    printf("最长的字符串是:\n%s\n",string);
    return 0;
}
```

【运行】

请输入 3 个字符串:
Monday
Tuesday
Sunday
最长的字符串是:
Tuesday

6.4 数组综合应用举例

【例 6.11】 进制转换。

输入一个以 # 为结束标志的字符串(少于 80 个字符),过滤掉所有的非十六进制字符(不区分大小写),组成一个新的表示十六进制数字的字符串,输出该字符串并将其转换为十进制后输出。

【分析】

解题步骤:

(1) 接收输入的字符串存入字符数组 str,过滤掉非十六进制字符。
(2) 输出合法的十六进制字符串 str。
(3) 将字符串 str 转换为十进制整数。
(4) 输出转换后的十进制整数。

【程序】

```c
#include <stdio.h>
int main()
{
    char ch,str[80];
```

```
        int i=0,number;
        //接收输入的字符串存入字符数组 str,过滤掉非十六进制字符
        while((ch=getchar())!='#')
        {
            if((ch>='0'&&ch<='9')
                ||(ch>='a'&&ch<='f')
                ||(ch>='A'&&ch<='F'))
                str[i++]=ch;
        }
        str[i]='\0';                                    //置字符串结束标志

        printf("String:%s\n",str);                      //输出合法的十六进制字符串

        //将十六进制字符串转换为十进制整数
        number=0;
        for(i=0; str[i]!='\0';i++)
        {
            if(str[i]>='0'&&str[i]<='9')                //0~9 的数字
                number =number * 16+str[i]-'0';
            else if(str[i]>='a'&&str[i]<='f')           //小写字母
                number =number * 16+str[i]-'a'+10;
            else                                         //大写字母
                number =number * 16+str[i]-'A'+10;
        }
        printf("number=%d\n",number);                   //输出转换后的十进制整数
        return 0;
}
```

【运行】
zy1+ak0bq? wq#
String:1a0b
number=6667

【例 6.12】 约瑟夫问题。

有 n 个人围坐一圈,每个人按顺时针方向从 1 到 n 顺序编号,从编号为 s 的那个人开始沿顺时针方向进行 1~m 的报数,报数 m 的那个人出圈。再从他的下一个人重新开始 1~m 的报数,如此进行下去直到所有人出圈为止。请编写程序给出这 n 个人的出圈顺序。

【分析】

(1) 可以用一个一维数组 a 来表示 n 个位置,编号为 1 的人在 a[0]位置,编号为 2 的人坐在 a[1]位置,……,编号为 n 的位置坐在 a[n-1]位置。

(2) 圆圈中下一个位置的计算:a[0]的下一个位置就是 a[1],a[1]的下一个位置就是 a[2],……,a[n-2]的下一个位置就是 a[n-1],a[n-1]的下一个位置就是 a[0]。

(3) 判断某位置上的人是否出圈的办法:开始将每个位置初始化为 0,表示该位置上的人没有出圈;如果某个位置上的人出圈了,将对应位置的值置成 1。这样只需要判断 a[i]的值是 0 还是 1 就可以判断该位置的人是否出圈了。

(4) 为了记住 n 个人的出圈顺序,可以再增加一个一维数组 b,第一个出圈人的编号存

放到 b[0] 中,第二个出圈人的编号存放到 b[1] 中,以此类推。

(5) 程序需要模拟循环报数的过程。如果某个位置上的人需要报数,只需要把上一个人的报数+1,就表示他报的数是多少了。

(6) 需要设计一个计数器表示有多少人出圈了。当计数器的值等于 n 的时候就表示所有人都出圈了,应该结束模拟过程。

(7) 约瑟夫问题的程序流程图如图 6.4 所示。

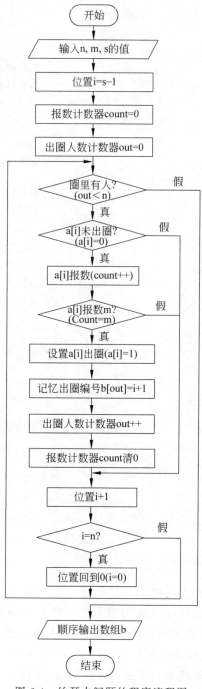

图 6.4 约瑟夫问题的程序流程图

【程序】

```c
#include <stdio.h>
#define MAX 100
int main()
{
    int n,m,s,i,count,out;
    int a[MAX]={0},b[MAX];               //数组 a 务必全部初始化为 0

    scanf("%d%d%d",&n,&m,&s);

    i=s-1;                               //当前报数位置
    count=0;                             //报数计数器清 0
    out=0;                               //出圈人数计数器清 0
    while(out<n)
    {
        if(a[i]==0)                      //当前位置的人没有出圈
        {
            count++;                     //报数
            if(count==m)                 //报数等于 m
            {
                a[i]=1;                  //当前位置的人出圈
                b[out]=i+1;              //记忆出圈编号
                out++;                   //出圈人数+1
                count=0;                 //报数计数器清 0
            }
        }
        i++;                             //更新当前报数位置
        if(i==n) i=0;
    }

    for(i=0;i<n;i++)                     //输出记忆的出圈顺序
        printf("%3d",b[i]);
    printf("\n");
    return 0;
}
```

【运行】

```
5 3 1
  3  1  5  2  4
```

【例 6.13】 求解奇数阶幻方问题。

幻方是一种古老的数字游戏，n 阶幻方就是把整数 $1 \sim n^2$ 排成 $n \times n$ 的方阵，使得每行的所有元素之和、每列的所有元素之和以及两条对角线上的元素之和都相同。在中世纪的欧洲，人们对幻方有某种神秘的概念，许多人佩戴幻方以求辟邪。

奇数阶幻方的构造方法很简单。下面以 3 阶幻方（见图 6.5）为例来说明各数在方阵中的位置。

首先把 1 放在第一行正中间的方格中,然后把下一个整数放置到右上方。如果右上方位置到达第一行上方,则放置到最后一行;如果右上方位置超过最后一列,则放置到第一列。如果右上方位置已经有数字了,则不放在右上方位置,直接放在正下方(下一行的同一列)。

8	1	6
3	5	7
4	9	2

图 6.5　3 阶幻方

【分析】

(1) 首先需要设计用一个二维数组(int a[N][N])来模拟幻方的结构。

(2) 需要理解清楚幻方的填放规则。

(3) 程序中需要用循环来模拟填放过程。每次循环先在当前位置填放一个数据 x,然后修改下一个数据的填放位置。

(4) 奇数阶幻方的程序流程图如图 6.6 所示。

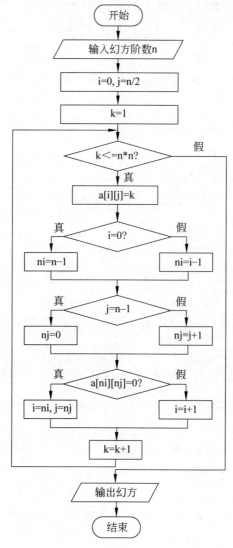

图 6.6　奇数阶幻方的程序流程图

【程序】

```c
#include <stdio.h>
int main()
{
    int n,i,j,k,ni,nj;
    int a[30][30]={0};                    //定义表示幻方的二维数组,并全部初始化为 0
    scanf("%d",&n);                       //输入幻方阶数

    i=0;   j=n/2;                         //当前位置初始化
    for(k=1;k<=n*n;k++)
    {
        a[i][j]=k;                        //当前位置填放整数 k
        //更新下一个整数的填放位置,以备下一次循环
        //如果是第一行,则新位置在最后一行,否则就在上一行
        if(i==0) ni=n-1;
        else ni=i-1;
        //如果在最右边一列,则新位置在第一列,否则在右边一列
        if(j==n-1) nj=0;
        else nj=j+1;

        //如果右上角没有数据,则所求新位置就是下一个位置
        //否则新位置就在下一行的同一列位置
        if(a[ni][nj]==0){   i=ni;   j=nj; }
        else i=i+1;
    }

    for(i=0;i<n;i++)                      //输出幻方
    {
        for(j=0;j<n;j++)
            printf("%4d",a[i][j]);
        printf("\n");
    }
    return 0;
}
```

【运行】

```
3
   8   1   6
   3   5   7
   4   9   2
```

【例 6.14】 假设有 5 位同学 4 门功课的成绩如下,编程计算每位同学的总分以及各门功课的平均分。

姓　　名	语文	数学	英语	综合
张大明	120	142	120	256
李小红	110	107	106	280
王志强	108	100	127	290
王慧颖	115	138	119	270
李丹丹	134	129	115	284

【分析】

(1) 数据的存取：5个姓名需要用一个二维字符数组name来存放；每个人有4门课程的成绩和1个总分，需要用一个整型二维数组score来存放，score[i][0]用来存放第i个人的总分，score[i][1]～score[i][4]分别用来存放语文、数学、英语和综合成绩；4门课程的平均分需要另外一个一维实型数组ave来存放。

(2) 解题步骤：首先读取所有数据存放到对应位置；接下来计算每个人的总分；然后计算每门课程的平均分；最后按照指定格式输出相应数据。

【程序】

```c
#include <stdio.h>
#define N 5
#define M 4
int main()
{
    int i,j,score[N][M+1];
    float ave[M+1];
    char name[N][10];
    for(i=0;i<N;i++)                      //读取N个学生的姓名和M门课程的成绩
    {
        scanf("%s",name[i]);
        for(j=1;j<=M;j++)
            scanf("%d",&score[i][j]);
    }
    
    for(i=0;i<N;i++)                      //计算每个人的总分
    {
        score[i][0]=0;
        for(j=1;j<=M;j++)
            score[i][0]+=score[i][j];
    }
    
    for(j=1;j<=M;j++)                     //计算每门课程的平均分
    {
        ave[j]=0;
        for(i=0;i<N;i++)
            ave[j]+=score[i][j];
        ave[j]/=N;
```

```c
    }
    //输出对应数据
    printf(" 姓  名   总分  语文  数学  英语  综合\n");
    for(i=0;i<N;i++)
    {
        printf(" %6s  ",name[i]);
        for(j=0;j<=M;j++)
            printf(" %4d ",score[i][j]);
        printf("\n");
    }
    printf("  课程平均分: ");
    for(i=1;i<=M;i++)
        printf(" %.1f",ave[i]);
    printf("\n");
    return 0;
}
```

【运行】

```
张大明 120 142 120 256
李小红 110 107 106 280
王志强 108 100 127 290
王慧颖 115 138 119 270
李丹丹 134 129 115 284
 姓  名    总分   语文   数学   英语   综合
 张大明    638    120    142    120    256
 李小红    603    110    107    106    280
 王志强    625    108    100    127    290
 王慧颖    642    115    138    119    270
 李丹丹    662    134    129    115    284
  课程平均分:    117.4 123.2 117.4 276.0
```

习 题 6

6.1 输入 10 个学生的分数,求出其中最高分、最低分以及超过平均分的人数。

6.2 用筛法输出 100 以内的所有素数。

6.3 从一个数列中找到最小的数,并将它插入最前面。

6.4 打印出以下的杨辉三角形(要求打印出 10 行)。

```
1
1   1
1   2   1
1   3   3   1
1   4   6   4   1
1   5  10  10   5   1
```

6.5 用选择法对 10 个整数排序。

6.6 将一整数数列按奇数在前、偶数在后的顺序重新排放,并要求奇偶两部分分别有序。

6.7 输入 5×5 阶的矩阵,编写程序实现:

(1) 求两条对角线上的各元素之和;

(2) 求两条对角线上行、列下标均为偶数的各元素之积。

6.8 输入一行字符串,将该字符串中所有的大写字母改为小写字母后输出。

6.9 编写程序实现将用户输入的字符串中所有的字符'c'删除,并输出结果。

6.10 围绕着山顶有 10 个洞,一只兔子和一只狐狸分别住在洞里,狐狸总想吃掉兔子。一天兔子对狐狸说:"你想吃掉我有一个条件,先把洞顺序编号,你从第一个洞出发,第一次先到第一个洞找我,第二次隔一个洞找我,第三次隔两个洞找我,第四次隔三个洞找我,……,以此类推,寻找次数不限。我躲在一个洞里不动,只要你能找到我,你就可以吃我饱餐一顿,在找到我之前你不能停。"狐狸一想,只有 10 个洞,次数又不限,哪有找不到的道理。狐狸马上就答应了兔子的条件,结果狐狸跑断了腿也没找到兔子。请问兔子躲哪个洞里?程序可以假设狐狸跑了 1000 圈。

6.11 将字符串 a 中下标值为偶数的元素由小到大排序,其他元素不变。

6.12 输入一个 4 行 4 列的矩阵,分别求出主对角元素之和以及上三角元素之和。

6.13 编写程序实现将用户输入的一个字符串以反向形式输出。比如,输入的字符串是 "abcdefg",输出为"gfedcba"。

6.14 编写程序,将字符串 s2 中的全部字符复制到字符数组 s1 中,不用 strcpy 函数。复制时,'\0'也要复制过去,'\0'后面的字符不复制。

6.15 编写程序实现字符串处理函数 strcmp 的功能。

第 7 章 函　　数

人们在求解某个复杂问题时,通常采用逐步分解、分而治之的方法,也就是将一个大问题分解成若干个比较容易求解的小问题,然后分别求解。程序员在设计一个复杂的应用程序时,往往也是把整个程序划分成若干个功能较为单一的程序模块,然后分别予以实现,最后再把所有的程序模块像搭积木一样装配起来,这种在程序设计中分而治之的策略,称为结构化程序设计方法。

在 C 语言中,函数是程序的基本组成单位,因此可以很方便地用函数作为程序模块来实现程序。利用函数不仅可以实现程序的模块化,程序设计得简单和直观,提高了程序的易读性和可维护性,而且还可以把程序中的一些普通计算或操作编成通用的函数,以供随时调用,这样可以大大减轻程序员编写代码的工作量。

所以,学习 C 语言,不仅要掌握函数的定义、调用和使用方法,更重要的是通过对函数的学习,掌握结构化程序设计的理念,为将来进行团队合作、协同完成大型应用软件的开发奠定一定的基础。

本章重点:
(1) 函数在 C 语言程序设计中的作用和地位。
(2) 各类函数的定义、调用和声明。
(3) 函数调用中数据的传递方法。
(4) 函数的嵌套调用和递归调用。
(5) 变量的作用域与生存期。
(6) 变量的存储属性。

本章难点:
(1) 函数的参数传递与返回值。
(2) 变量的作用域、生存期与存储类型。
(3) 函数的递归调用。
(4) 多文件编程中的外部变量的使用。

7.1　结构化程序设计与函数

7.1.1　结构化程序设计

1968 年在联邦德国召开的国际会议上正式提出并使用了"软件工程"的概念,即采用工程的概念、原理、技术和方法来开发与维护软件,以满足软件产业发展的需要。结构化程序(Structured Programming)设计是一种先进的程序设计技术,由著名计算机科学家 E.W. Dijkstra 于 1969 年提出,此后专家学者们又对此进行了更广泛深入的研究,设计了 Pascal、C 等结构化程序设计语言。

结构化程序设计强调程序设计的风格和程序结构的规范化,提倡清晰的结构,其基本思路是将一个复杂问题的求解过程划分为若干阶段,每个阶段要处理的问题都容易被理解和处理。结构化程序设计适合规模较大的程序设计,它包括按自顶向下的方法对问题进行分析、模块化设计和结构化编码 3 个步骤。

1. 自顶向下分析问题的方法

自顶向下分析问题的方法,就是把大的、复杂的问题分解成小问题后再解决。面对一个复杂的问题,首先进行上层(整体)的分析,按组织或功能将问题分解成子问题,如果子问题仍然十分复杂,再做进一步分解,直到处理对象相对简单、容易解决为止。当所有的子问题都得到了解决,整个问题也就解决了。在这个过程中,每一次分解都是对上一层问题进行的细化和逐步求精,最终形成一种类似树形的层次结构来描述分析的结果。

例如,开发一个学生成绩统计程序,输入一批学生的 5 门课程的成绩,要求输出每个学生的平均分和每门课程的平均分,找出平均分最高的学生。

按自顶向下、逐步细化的方法分析上述问题,按功能将其分解为 4 个子问题:成绩输入、数据计算、数据查找(查找最高分)和输出成绩,其中数据计算又分解为计算学生平均分和计算课程平均分 2 个子问题,其层次结构如图 7.1 所示。

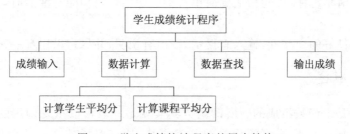

图 7.1 学生成绩统计程序的层次结构

按照自顶向下的方法分析问题,有助于后续的模块化设计与测试,以及系统的集成。

2. 模块化设计

经过问题分析,设计好层次结构图后,就进入模块化设计阶段了。在这个阶段,需要将模块组织成良好的层次系统,顶层模块调用下层模块以实现程序的完整功能,每个下层模块再调用更下层的模块,从而完成程序的一个子功能,最下层的模块完成最具体的功能。

模块化设计时要遵循模块独立性的原则,即模块之间的联系应尽量简单。体现在:
(1) 一个模块只完成一个指定的功能;
(2) 模块之间只通过参数进行调用;
(3) 一个模块只有一个入口和一个出口;
(4) 模块内慎用全局变量。

模块化设计使程序结构清晰,易于设计和理解。当程序出错时,只需改动相关的模块及连接。模块化设计有利于大型软件的开发,程序员可以分工编写不同的模块。

在 C 语言中,模块一般通过函数来实现,一个模块对应一个函数。在设计某一个具体的模块时,模块中包含的语句一般不要超过 50 行,既便于编程者思考与设计,也利于程序的阅读。如果模块功能太复杂,可以进一步分解到低一层的模块函数,以体现结构化程序设计思想。

根据图 7.1,对学生成绩统计程序进行以下模块化设计。

(1) 设计 7 个函数,每个函数完成一项功能,代表一个模块。7 个函数分别是 main 函数、成绩输入的 input 函数、数据计算的 calc 函数、计算学生平均分的 ave_stu 函数、计算课程平均分的 calc_course 函数、数据查找(查找最高分)的 search 函数和输出成绩的 output 函数。

(2) 模块间的调用关系为:main 函数依次调用 input 函数、calc 函数、search 函数和 output 函数,calc 函数分别调用 ave_stu 函数和 calc_course 函数。

3. 结构化编码主要原则

(1) 经模块化设计后,每一个模块都可以独立编码。

(2) 对变量、函数、常量等命名时,要见名知义,有助于对变量含义或函数功能的理解。如求和用 sum 做变量名等。

(3) 在程序中增加必要的注释,增加程序的可读性。

(4) 要有良好的程序视觉组织,利用缩进格式,一行写一条语句,呈现出程序语句的阶梯方式,使程序逻辑结构层次分明、结构清楚、错落有致、更加清晰。

(5) 程序要清晰易懂,语句构造要简单直接。在不影响功能与性能时,做到结构清晰第一、效率第二。

(6) 程序有良好的交互性,输入有提示,输出有说明,并尽量采用统一整齐的格式。

7.1.2 函数概述

C 语言程序是由函数组成的。所谓函数其实就是一段可以重复调用的、功能相对独立完整的程序段。函数是 C 语言源程序的基本模块,通过对函数模块的调用实现特定的功能。C 语言不仅提供了极为丰富的标准库函数,还允许用户自己定义函数。用户可以把自己的算法用 C 语言编成一个个相对独立的函数模块,然后用调用的方法来使用函数。

C 语言程序的全部工作都是由各式各样的函数完成的,所以也把 C 语言称为函数式语言。由于采用了函数模块式的结构,C 语言易于实现结构化程序设计,使程序的层次结构清晰,便于程序的编写、阅读和调试。

在 C 语言中,所有的函数定义,包括 main 函数在内,都是平行的。也就是说,在一个函数的函数体内,不能再定义另一个函数,即不能嵌套定义,但是允许函数相互调用,也允许嵌套调用。习惯上把调用者称为主调函数,被调用者称为被调函数。函数还可以自己调用自己,称为递归调用。main 函数是主函数,它可以调用其他函数,而不允许被其他函数调用。因此,C 语言程序的执行总是从 main 函数开始,完成对其他函数的调用后再返回到 main 函数,最后由 main 函数结束整个程序的执行。一个 C 语言程序有且只能有一个 main 函数。

在 C 语言中可以从不同的角度对函数进行分类。

从用户使用的角度看,函数可分为标准库函数和用户自定义函数两类。

(1) 标准库函数。

标准库函数由 C 语言提供,用户可以直接调用,无须定义,也不必在程序中做类型说明,只需要在程序前面包含有该函数原型的头文件即可(如#include<stdio.h>)。如前面例题中用到的 printf 函数、scanf 函数、strlen 函数等均属于此类。

(2) 用户自定义函数。

用户自定义函数是程序员在程序中定义的函数,用来完成特定功能,解决用户的专门需要。对于用户自定义函数,不仅要在程序中定义函数本身,而且还在主调函数模块中必须对该被调函数进行类型说明,然后才能使用。

从函数有没有返回值的角度看,函数可分为有返回值函数和无返回值函数两类。

(1) 有返回值函数。

这类函数被调用执行完后将向调用者返回一个执行结果(称为函数返回值)。如数学函数即属于这类函数。由用户自定义的并且要返回函数值的函数,必须在函数定义和函数说明中明确返回值的类型。

(2) 无返回值函数。

这类函数用于完成某项特定的处理任务,执行完成后不向调用者返回函数值。由于函数无返回值,用户在定义这类函数时可指定其返回值为"空类型",空类型说明符为 void。

从主调函数和被调函数之间数据传递的角度看,函数可分为无参函数和有参函数两类。

(1) 无参函数。

所谓无参函数就是指函数定义、函数说明及函数调用均不带参数。主调函数和被调函数之间不进行参数传递。这类函数通常用来完成一组指定的功能,可以返回函数值,也可以不返回函数值。

(2) 有参函数。

所谓有参函数就是指函数定义和函数说明时均带参数(称为形式参数,简称为形参),函数调用时也必须带参数(称为实际参数,简称为实参)。发生函数调用时,主调函数将把实参的值传递给形参,供被调函数使用。

组成一个 C 程序的各函数可以分别编辑成不同的 C 源文件。一个 C 源文件中可以包含 0 个或多个函数(源文件中可以没有函数,只有一些说明或编译预处理指令),因而一个 C 程序可以由一个或多个 C 源文件组成。每个源文件是一个编译单位(即每执行一次编译命令只能编译一个源文件)。源文件被编译之后生成二进制代码形式的目标文件。当组成一个 C 程序的所有源文件都被编译生成目标文件之后,就可以由连接程序将各目标文件中的函数和系统标准函数库的函数装配连接成一个可执行的 C 程序。

从函数的作用范围(是否允许被其他文件的函数调用)来看,函数可以分为内部函数和外部函数两类。

(1) 内部函数。

内部函数(也称为静态函数)只限于本文件的其他函数调用它,而不允许其他文件中的函数对它进行调用。

(2) 外部函数。

函数在本质上都具有外部性质,除了内部函数之外,其余的函数都可以被同一程序的其他源文件中的函数所调用。

7.2 函数定义与函数说明

程序中若要使用自定义函数实现所需的功能,需要做 3 件事:
(1) 按语法规则编写完成指定任务的函数,即函数定义;
(2) 有些情况下在调用函数之前要进行函数说明;
(3) 在需要执行函数功能时调用函数。

7.2.1 函数定义

函数定义的一般形式如下:

```
存储类型说明符 返回值类型说明符 函数名(参数表)        //函数头部
{
    函数的实现过程                                //{ }部分称为函数体
}
```

函数定义由函数头部和函数体两部分组成。函数名(参数表)称为函数说明符;函数头部由存储类型说明符、返回值类型说明符和函数说明符 3 部分组成;{ }部分称为函数体,在语法上是一个复合语句。

各部分说明如下。

(1) 存储类型说明符。

函数的存储类型说明符说明该函数是内部函数(静态函数)还是外部函数,决定函数的作用域,即函数可以被调用的范围。函数的存储类型说明符包括 static 和 extern 两种。

存储类型说明符为 static 的函数为内部函数(也称静态函数),其作用域为函数定义所在的文件中从定义位置之后到文件结束,即只能被和它在同一文件的定义的函数调用。

存储类型说明符为 extern 的函数为外部函数。extern 是存储类型说明符的默认值,即如果函数定义时没有指定存储类型说明符,则编译系统默认该函数为外部函数。外部函数的作用域是外部函数定义所在的文件中从定义之后到文件结束,但可以通过函数说明,其作用域可以扩展到整个 C 程序,即外部函数可以被不在同一个文件中的其他函数调用。

(2) 返回值类型说明符。

函数的返回值类型说明符是指函数被调用之后,执行函数体中的程序段并返回给主调函数一个确定的值,该返回值的数据类型就是函数的返回值类型说明符(简称为函数的类型或函数值的类型),例如前面章节中所有程序的 main 函数都是 int 类型的。

函数返回值的类型可以是除数组以外的任何类型,包括基本类型和后面章节将介绍的结构体、联合及指针类型。其中 int 是函数返回值类型说明符的默认值,即如果函数定义时没有指定函数返回值类型说明符,则编译系统默认该函数是具有 int 类型返回值的函数(提倡明确指出为 int 类型)。

如果函数只需要完成某些操作不需要返回一个确定的值,则应将该函数的返回值类型说明符定义为 void。void 不能省略,因为若省略了返回值类型说明符,则函数被看成其返回值为 int 类型。void 函数的函数体可以不包括任何 return 语句。

(3) 函数名。

函数名是一个标识符。一个程序中除主函数 main 外,其余函数的名字由用户定义,需要符合标识符的规定,最好便于记忆。外部函数的名字是作用于整个程序(包括不同文件)的全局标识符,因而外部函数相互之间不能同名;静态函数可以和其他文件中的外部函数同名,但不能与同一文件中的其他函数同名。

(4) 参数表。

函数定义中的参数表通常称为形式参数表(简称形参表)。形参表中列出的参数称为形参,形参是函数要处理的数据。形参表用来说明函数参数的名称、类型和数目。形参表由一个或多个参数说明组成,每个参数说明之间用逗号隔开。如果函数没有参数,则形参表应说明为 void(形参表中的 void 可以省略),表示形参表为空,例如:int main(void){ } 可以写成 int main(){ }。

形参表的形式为:

参数说明,…,参数说明　　(或 void)

参数说明的形式为:

类型说明符 标识符

每个参数说明中的类型说明符后面都只能跟一个标识符,除此限制外,参数说明的形式与第 2 章所述变量说明的形式相同。

(5) 函数体。

花括号({ })中的内容称为函数体,在语法上是一个复合语句。函数体包括两部分:变量说明部分和执行部分。变量说明部分是局部说明,通常用来定义在本函数中使用的变量、数组等,不能被其他函数存取访问。语句部分是函数功能的实现,通常由一系列可执行语句构成。

最小合法函数是形参表为空(void)且函数体也为空的函数,称为哑函数。例如:

void dummy (void){ }

函数 dummy 被调用时不执行任何操作,仅在调用程序的流程控制中占有一个位置。哑函数在程序的调试和功能扩充方面很有用。

(6) 函数返回值。

函数返回值通过 return 语句来完成。return 语句有如下 3 种表达形式:

return (表达式);
return 表达式;
return ;

前两种语句形式是等价的,一般用于非 void 类型函数中给主调函数返回指定函数值。第 3 种语句形式一般由 void 类型的函数中(也可以删除不写 return 语句),表示程序执行流程的转移。

void 函数可以不包含 return 语句或包含不带表达式的 return 语句;有返回值的函数必须至少包含一个带表达式的 return 语句,表达式的值就是函数的返回值。例如,前面章节中所有程序的 main 函数中都有"return 0;"语句,代表 main 函数的返回值为 0(main 函数由操作系统调用,其返回值是由操作系统检测和使用,在 C 程序内是检测不到的。main 函数需要返回什么值由用户自己定义,一般 0 表示程序正常终止,非 0 表示出错终止)。

return 语句中表达式值的类型应与函数定义的返回值类型一致。对于基本类型,表达式值的类型和函数的类型可以不相同,不相同时表达式值的类型自动转换为函数的类型(类似于赋值转换)。对于指针类型,表达式值的类型和函数值的类型不相同时,必须用函数返回值类型作为类型强制符对表达式值的类型实行显式类型转换;对于结构和联合类型,表达式值的类型与函数的类型必须相同。

例如,对于如下 power 函数定义,return 后面的 p 与函数定义时说明的返回值类型不一致,系统会将 p 自动转换为 double 类型的值之后由 return 返回给调用函数。

```
double power(int x,int n)
{
    int i;
    long p;
    ...
    return p;
}
```

【例 7.1】 定义函数 menu,其功能是输出如下信息。

```
     Menu
(1)--读取数据
(2)--数据计算
(3)--查找数据
(4)--输出数据
(0)--退出程序
```

【程序】

```
void menu( )                                    //无参数无返回值函数
{
    printf("     Menu\n");
    printf("   (1)--读取数据\n");
    printf("   (2)--数据计算\n");
    printf("   (3)--查找数据\n");
    printf("   (4)--输出数据\n");
    printf("   (0)--退出程序\n");
}
```

【例 7.2】 定义函数 print,其功能是输出 n 个 *。
【程序】

```
void print(int n)                               //有参数无返回值函数
{
    int i;
```

```
    for(i=0;i<n;i++)
        printf(" * ");
    return ;                    //void 函数也可以使用不带表达式的 return 语句返回主调函数
}
```

【例 7.3】 定义函数 max,其功能是求两个整数中的较大数。

【程序】

```
int max( int x, int y)          //有参数有返回值函数
{
    int z;
    if(x>y) z=x;
    else z=y;
    return z;
}
```

【例 7.4】 定义函数 prime,其功能是判定给定的整数 n 是否是素数。如果 n 是素数,则返回 1,否则返回 0。

【程序】

```
//判断正整数 n 是否是素数,如果是则返回 1,否则返回 0
int prime(int n)                //有参数有多个返回语句函数
{
    int i;
    for(i=2;i<=sqrt(n);i++)
        if(n%i==0) return 0;
    return 1;
}
```

7.2.2 函数说明

函数说明是对函数的返回值类型、参数的数目和类型的说明。C 语言允许函数先调用后定义,或调用在其他文件中定义的外部函数。对于先调用后定义的非 int 型函数或调用在其他文件中定义的非 int 型外部函数,必须在执行函数调用之前先做函数说明(int 函数可以不做说明);否则函数调用的效果不确定。对先调用后定义的函数,或调用在其他文件中定义的外部函数(包括 int 函数),一律做函数说明是一种良好的编程习惯。

1. 函数说明的形式

函数说明的一般形式为:

存储类型说明符 返回值类型说明符 函数名(参数类型表);

存储类型说明符和返回值类型说明符的含义及用法与 7.2.1 节函数定义中所述相同,函数名(参数类型表)是函数说明符。参数类型表的形式与函数定义的形参表相同,也可以只列出形参的类型名而不需要给出参数名,即参数名可省(函数定义的形参表中的参数名不能省),除此之外,函数说明的一般形式在语法上与函数定义的头部完全相同。下面两个函

数说明语句是等价的,都表示 power 是有两个整型参数、返回值为双精度浮点数的函数。

```
double power (int x, int n);
double power (int, int);
```

power (int, int)和 power (int x, int n)都是函数说明符,函数说明时给出的参数名(例如 x 和 n)被编译程序忽略,因为函数说明是为了说明参数的类型和数目,其目的是便于编译程序检查实参的类型与形参的类型是否相容。至于形参的定义(分配存储单元)则是在函数定义时进行的而不是在函数说明时进行的。

存储类型说明符和返回值类型说明符相同的说明符可以在一个说明语句中说明,说明符之间用逗号隔开。例如,下面的说明语句中有 x 和 power(inc x,int n)两个说明符,变量 x 和 power 函数都是 double 类型。

```
double x, power (int x, int n);
```

对于形参表为空的函数,函数定义时 void 可以省略,而函数说明时参数表应指定为 void。因为对于函数说明,参数表为空和指定为 void 在编译时对实参类型的处理方法是不相同的(见 7.3 节),这对函数调用的结果会有影响。

2. 函数说明的作用域

函数说明的作用域是指做函数说明后,在什么范围内能够有效地调用被说明过的函数。函数说明可位于函数体内(局部说明)或函数体外(外部说明),外部说明一般放在程序开头部分。函数说明的作用域与说明的位置有关,局部说明的作用域是说明所在的函数体内,外部说明的作用域是说明所在的文件中从说明之后直至该文件结束的任何函数。

【例 7.5】 计算 x^n,$x=2,-3$;$n=1,2,\cdots,9$。

【分析】 根据题意,x 有两个取值,每个 x 值对应于 9 个 n 值,程序总共要计算 18 次 x^n,每个 x^n 的计算方法是相同的,仅仅是 x 和 n 的具体取值不同。因此可以将计算 x^n 定义成函数,函数可命名为 power,函数的参数为 x 和 n(即被函数处理的数)。main 函数每次用不同的 x 和 n 值调用 power 函数则可计算出题目要求的所有 x^n 值。从流程控制上,程序可用二重循环或一重循环实现,下面程序是用一重循环实现的。

【程序】

```
#include<stdio.h>
double power(int x,int n);          //函数说明,作用域从这里到文件结束
int main()
{
    int i;
    for(i=1;i<10;i++)
    {
        printf("power(2,%d)=%6.2lf, ",i,power(2,i));
        printf("power(-3,%d)=%9.2lf\n",i,power(-3,i));
    }
    return 0;
}
```

```
//函数定义在函数定义之后且返回值非 int 型,必须在函数调用前做函数说明
double power(int x,int n)           //计算 xn 的函数
{
    int i;
    double p=1;
    for(i=1;i<=n;i++)
        p=p*x;
    return p;
}
```

【运行】

```
power(2,1)=    -2.00,power(-3,1)=     -3.00
power(2,2)=     4.00,power(-3,2)=      9.00
power(2,3)=     8.00,power(-3,3)=    -27.00
power(2,4)=    16.00,power(-3,4)=     81.00
power(2,5)=    32.00,power(-3,5)=   -243.00
power(2,6)=    64.00,power(-3,6)=    729.00
power(2,7)=   128.00,power(-3,7)=  -2187.00
power(2,8)=   256.00,power(-3,8)=   6561.00
power(2,9)=   512.00,power(-3,9)= -19683.00
```

【说明】 上面程序中的函数说明语句是放在函数外部的,从函数说明语句位置之后的所有函数都可以使用 power 函数。上面的函数说明语句也可以移动到 main 函数内,这样的话,power 函数的作用域就只是在 main 函数内了,main 函数外部的其他函数就不能调用 power 函数了。

7.3 函数调用和参数传递

7.3.1 函数调用

函数调用就是为使用函数的功能而执行函数。C 语言中,程序通过对函数的调用来执行函数体。

1. 函数调用的一般形式

函数调用的一般形式为:

函数名(实参表)

其中,实参表中实参的个数、出现的顺序和实参的类型,一般应与函数定义中形参表的设计相同。如果函数定义中没有形参,那么函数调用中也没有实参,即实参表为空。当实参表中有多个实参时,各个实参之间要以逗号分开。

如果被调函数是用户自定义函数,在调用前必须按 7.2 节讲述的规则对函数进行定义或说明。如果被调函数是标准库函数,则需要使用 #include 包含相应的头文件。

如果被调函数是无参函数,则实参表为空。当实参表中有多个实参时,各个实参之间要以逗号分开。每一个实参都是一个表达式。实参表达式的值就是要传递给形参的实际数据,即函数执行时要处理的数据。形参是变量,实参是表达式,实参是形参的值。实参和形参的关系好比赋值表达式的右操作数与左操作数的关系。实参和形参应在数目、次序和类型上一致,如果数目或类型不一致,则调用的效果不确定,即函数执行的结果不正确。对于基本类型的参数,如果实参的类型与形参的类型相同,则实参直接传递给形参;否则,实参将按形参的类型执行类型转换后再传递给形参。

函数调用在程序中起一个表达式或一个语句的作用。对于有返回值的函数,函数调用既可作为表达式使用也可作为语句(表达式语句)使用;函数调用可出现在表达式的任何地方。

例如:

(1) getchar();

getchar 函数的调用作为语句使用。getchar()是表达式,其后加分号成为一个表达式语句。

(2) c=getchar();

getchar 函数的调用作为表达式使用(做赋值运算符的右操作数)。由于函数调用运算符"()"具有最高优先级,故先计算 getchar()(即执行函数调用),再执行赋值运算。

(3) while(putchar(getchar())!='? ');

getchar 函数和 putchar 函数的调用均作为表达式使用;getchar()作为 putchar 调用的实参,putchar(getchar())作为关系运算符(!=)的左操作数。putchar 和 getchar 都是函数调用,具有相同的运算优先级,但由于 getchar()作为 putchar 调用的参数使用,按函数调用的执行过程规定,应先计算参数,后执行函数调用。因此,本例中 while 语句表达式部分的计算次序是:先计算 putchar()的参数 getchar(),然后计算 putchar(),最后完成比较运算。

(4) while((c=getchar())!='? ') putchar(c);

putchar 调用作为表达式语句使用,是 while 语句的循环体。(c=getchar())!='? '是 while 语句的循环条件表达式,getchar()具有最高优先级(函数调用的优先级最高),首先计算;然后计算由括号()提高了优先级的赋值运算,最后完成比较运算。

由于绝大多数标准函数都有返回值,因而标准函数既可以作为表达式使用,也可以作为语句使用。对于无返回值的函数,函数调用则只能作为表达式语句使用。

【例 7.6】 输入矩形的宽和高,计算并输出矩形的面积。

【程序】

```
#include <stdio.h>
void area(int a,int b)
{
    int s;
    s=a*b;
    printf("矩形的面积为:%d\n",s);
}
int main()
{
```

```
    int width,height;
    printf("请输入矩形的宽和高:");
    scanf("%d%d",&width,&height)
    area(width,height);              //无返回值函数的调用作为函数调用语句
    return 0;
}
```

【运行】

请输入矩形的宽和高:3 5
矩形的面积为:15

【说明】 在 area 函数中需要接收长方形长和宽两个数据,所以需要说明两个形式参数:int a 和 int b。当有多个形式参数时,每个参数都必须有自己的类型,即使同一类型的形参也必须分别声明,不能声明为 int a ,b 且参数之间需要使用逗号隔开。

【例 7.7】 输入精度 e,使用格雷戈里公式求 π 的近似值,精确到最后一项的绝对值小于 e。要求定义和调用 funpi(e)求 π 的近似值。

$$\frac{\pi}{4}=1-\frac{1}{3}+\frac{1}{5}-\frac{1}{7}+\frac{1}{9}-\frac{1}{11}+\cdots$$

【程序】

```
//格雷戈里公式求 π 的近似值,精度为 e
#include <stdio.h>
double funpi(double e)
{
    int flag,denominator;
    double sum;
    flag=1;                          //flag 表示第 i 项的符号,初值为正
    denominator=1;                   //denominator 表示第 i 项的分母,初值为 1
    sum=0;                           //累加和 sum 的初值为 0
    while(1.0/denominator>=e)        //当 1.0/denominator>=e 时执行循环
    {
        sum+=flag*1.0/denominator;   //累加第 i 项的值
        flag=-flag;                  //更新下一项的符号
        denominator+=2;              //更新下一项的分母
    }
    return sum;                      //返回累加和,即 π/4 的值
}
int main()
{
    double e,pi;
    printf("请输入精度 e:");
    scanf("%lf",&e);
    pi=4*funpi(e);                   //有返回值函数的调用可出现在表达式任意位置
    printf("π=%lf\n",pi);
    return 0;
```

}

【运行】

请输入精度 e:0.0001
π=3.141393

【例7.8】 输入三个整数,求三个整数的最大值并输出。

【程序】

```
#include <stdio.h>
int max(int a,int b)                    //求两个整数的最大值
{
    if(a>b) return a;
    return b;
}
int main()
{
    int a,b,c,d;
    printf("输入三个整数:");
    scanf("%d%d%d",&a,&b,&c);
    d=max(max(a,b),c);                  //函数调用作为函数实参
    printf("max(%d,%d,%d)=%d\n",a,b,c,d);
    return 0;
}
```

【运行】

输入三个整数:3 5 4
max(3,5,4)=5

2. 函数调用的执行过程

程序在执行过程中一旦遇到一个函数调用,其执行过程如下。

(1) 计算实参表达式的值,然后将实参表达式的值以及调用处地址保存(通常用栈来实现,保存采用入栈操作),常称为现场保护。

(2) 给每个形参分配存储单元,把实参值复制到(传送或存入)对应形参的存储单元(实参与形参从左到右按位置顺序对应)。

(3) 从被调用函数的第一个执行语句处开始执行被调函数,直到被调函数体末尾或遇到一个return语句为止。

(4) 控制返回到主调函数调用处,并将第一步现场保护的数据恢复(恢复采用出栈操作)。如果函数有返回值,则将控制返回到调用点同时返回一个值,这个返回值就是函数调用表达式的值;否则只返回控制。

(5) 控制返回到调用函数之后从函数调用点继续执行。

3. 参数的求值顺序

函数调用时,每个实参都是一个表达式。实参与实参之间的逗号是分隔符,不是顺序求

值运算符(逗号运算符),它不保证参数的求值顺序按从左至右进行,也就是说,标准C语言没有规定参数的求值顺序,参数的求值顺序由具体编译器来确定。目前,绝大多数的编译程序在对实参求值时都是按从右至左顺序进行的。

【例7.9】 理解实参的求值顺序。

【程序】

```c
#include <stdio.h>
void fun(int a,int b)
{
    printf("a=%d,b=%d\n",a,b);
}
int main()
{
    int a=10,b=20;
    fun(a+b,(a=100,b=200));           //注意实参的求值顺序
    return 0;
}
```

【运行】

a=300,b=200

【说明】 上述程序中主调函数 main 在调用 fun 时,给出了两个实参表达式:第一个实参表达式是 a+b;第二个实参表达式是(a=100,b=200)。根据程序运行结果可以看出,系统首先计算的是第二个实参表达式(它是一个逗号表达式,包含两个赋值表达式,先执行第一个赋值表达式使得 a 的值变为 100,而不再是 10 了;然后执行第二个赋值表达式使得 b 的值变为 200,而不再是 20 了,最终这个逗号表达式的值就是第二个赋值表达式的值,即 200),然后再计算第一个表达式(a+b 的值为 300),最后将两个实参表达式的值传递给形参,这样形参 a 和 b 的值就是 300 和 200。

鉴于因不同编译程序而产生程序运行结果的不确定性,因此要求程序中最好不要在实参表达式中进行赋值运算。

7.3.2 参数传递

函数的参数分为形参和实参两种。形参是指在函数定义时函数名后面括号内列出的参数。实参是指在函数调用时函数名后面括号内给出的参数。形参只能是变量,而实参可以是常量、变量或者表达式等。

函数调用时实参的值将传递给形参,称为参数传递。参数传递时,实参和形参之间按照从左到右一一对应的原则进行传递,要求实参和形参在类型和个数上一致,否则将出错。C语言中,参数传递的方式是"传值"(或称为值传递)。

所谓值传递,就是在发生函数调用时,系统为形参分配内存单元,并将实参的值复制给形参;调用结束时,形参所占用内存单元被释放,实参的内存单元仍保留并维持原值。函数调用时,被调用函数的形参所接收的是实参的值(实参的副本)而不是地址。形参和实参之间的值传递方式是一种单向传递。如果需要将实参变量的地址传递给形参,则须使用指针

参数(见 9.3 节)。

【例 7.10】 理解函数参数之间的值传递方式。

【程序】

```
#include <stdio.h>
void swap(int a,int b)                //实现形参 a,b 值的交换
{
    int temp;
    printf("(1)a=%d,b=%d\n",a,b);     //输出形参 a,b 交换前的值
    temp=a;                            //交换形参 a,b 的值
    a=b;
    b=temp;
    printf("(2)a=%d,b=%d\n",a,b);     //输出形参 a,b 交换后的值
}
int main()
{
    int a=7,b=11;
    printf("(0)a=%d,b=%d\n",a,b);     //输出实参 a,b 交换前的值
    swap(a,b);                         //调用 swap 函数,实参 a,b 的值传递给实参 a,b
    printf("(3)a=%d,b=%d\n",a,b);     //输出实参 a,b 交换后的值
    return 0;
}
```

【运行】

(0)a=7,b=11
(1)a=7,b=11
(2)a=11,b=7
(3)a=7,b=11

【说明】 程序执行过程的详细描述如下：

(1) 在 main 函数中定义了两个整型变量 a 和 b,其初始值分别是 7 和 11。

(2) 第一次输出 a 和 b 的值。当然这里输出的是实参 a 和 b 的值,就是 7 和 11(见输出结果的第一行)。

(3) 调用函数 swap,系统将为形参 a 和 b 分配内存空间,并将实参 a,b 的值分别对应传递给形参 a 和 b,这样形参 a 和 b 的值分别是 7 和 11。切记,形参 a 和实参 a 及形参 b 和实参 b 虽然同名,但它们是不同的变量,占用不同的内存单元。

(4) 输出 a 和 b 的值。这里输出的是形参 a 和 b 的值,就是 7 和 11(见输出结果的第二行)。

(5) 实现形参 a 和 b 的交换。这时形参 a,b 的值就分别变成了 11 和 7。注意,实参 a 和实参 b 的值没有交换。

(6) 输出 a 和 b 的值。这里输出的是形参 a 和 b 的值,就是 11 和 7(见输出结果的第三行)。

(7) swap 函数执行结束,系统将释放形参 a 和形参 b 的内存单元(当然也包括变量 temp 的内存单元)。

(8) 程序返回到 main 函数,最后一次输出 a 和 b 的值。当然这里输出的是实参 a 和 b

的值,它们的值没有改变,还是 7 和 11(见输出结果的第四行)。

(9) 程序执行结束。

7.4 函数的嵌套调用和递归调用

7.4.1 函数的嵌套调用

将孤立的函数堆砌在文件里并不能实现程序预期的功能。程序中的函数通过相互调用建立关系。C 语言规定,在一个函数内部不允许再定义函数,即函数不允许嵌套定义,但是允许一个函数调用另外一个函数,这个被调用的函数还可以再调用其他函数,以形成任意深度的调用层次,这就是函数的嵌套调用。图 7.2 给出了函数嵌套调用的示意图。

图 7.2 函数嵌套调用的示意图

图 7.2 表示了两层嵌套的情形。其执行过程是:执行 main 函数的开始部分,遇到函数调用语句调用函数 a,流程转去执行函数 a,在函数 a 执行过程中又遇到了调用函数 b 的函数调用语句,流程又转去执行函数 b,函数 b 执行完毕后返回函数 a 的断点处继续执行,函数 a 执行完毕返回 main 函数的断点处继续执行,直到程序执行结束。

【例 7.11】 计算三个数中最大值与最小值的差。

【程序】

```
#include <stdio.h>
int Max(int x,int y,int z)           //求三个整数的最大值
{
    int r;
    r=x>y? x:y;
    r=r>z? r:z;
    return r;
}
int Min(int x,int y,int z)           //求三个整数的最小值
{
    int r;
    r=x<y? x:y;
    r=r<z? r:z;
    return r;
}
```

```
int Dif(int x,int y,int z)              //求三个整数的最大值与最小值的差
{
    return Max(x,y,z)-Min(x,y,z);
}
int main()
{
    int a,b,c,d;
    printf("input 3 number:");
    scanf("%d%d%d",&a,&b,&c);
    d=Dif(a,b,c);
    printf("Max-Min=%d\n",d);
    return 0;
}
```

【运行】

```
input 3 number:8 17 5
Max-Min=12
```

【说明】 程序中，main 函数首先输入三个整数并分别存放到整型变量 a、b、c 中，接着通过调用 Dif 函数计算最大数与最小数的差。Dif 函数又分别调用了 Max 函数和 Min 函数以计算三个数的最大值和最小值。整个调用过程形成了深度为 2 的调用层次。当 Max 函数执行完后返回到 Dif 函数中，Min 函数执行完后也返回到函数 Dif 中，Dif 函数执行完后才返回到函数 main 函数中，main 函数执行完毕后，程序终止。

7.4.2 函数的递归调用

C 语言允许函数直接或间接地调用自己，这种函数调用方式称为递归调用，对应的函数就称作递归函数。函数直接调用自己称为直接递归；通过调用另一个函数，由被调用的另一个函数又调用函数自己称为间接递归。通常情况下，递归函数都是直接递归。

递归是一种很好的解题思维方法，它能将复杂问题简单化。合理使用递归思想能帮助我们简化程序的逻辑。

递归函数的算法是递推公式或递归定义。数学上有很多计算方法是递推公式。例如：

(1) 计算 n! 的递推公式：

$$n! = \begin{cases} 1 & n=0 \\ n(n-1)! & n>0 \end{cases}$$

(2) 计算 x^n 的递推公式：

$$x^n = \begin{cases} 1 & n=0 \\ xx^{n-1} & n>0 \end{cases}$$

(3) 计算 m 和 n 的最大公约数 gcd(m,n) 的递推公式：

$$gcd(m,n) = \begin{cases} m & n=0 \\ gcd(n,m\%n) & n>0 \end{cases}$$

(4) 计算组合 C_m^n 的递推公式：

$$C_m^n = \begin{cases} 1 & n=0 \\ C_m^{n-1} \dfrac{m-n+1}{n} & n>0 \end{cases}$$

上述计算问题都可以写成递归函数。从以上递推公式可见，递归算法都有一个计算的初始条件，这个初始条件是递归调用的结束条件。也就是说，递归函数必须有递归结束条件，否则递归过程将永不终止，即所谓的无穷递归。无穷递归的最后结果是使系统不能正常工作，甚至"死机"。

构造递归函数的关键在于寻找递归算法和终结条件。递归算法就是对问题一次解决过程的描述，一般来说，只要对问题的每一次求解过程都进行分析归纳，就可以找出问题的共性，获得递归算法；终结条件的设置可以通过分析问题的最后一步求解而得到。

下面以计算 n! 的递归函数为例来说明递归函数的定义及递归函数的执行过程。

【例 7.12】 计算 n!。n 由键盘输入，将计算 n! 定义成递归函数。

【分析】 用递归法计算 n! 可用下述公式表示：

$$fac(n) = n! = \begin{cases} 1 & n=0 \\ n*fac(n-1) & n>0 \end{cases}$$

【程序】

```c
#include <stdio.h>
int fac(int n)
{
    int f;
    if(n==0) f=1;
    else f=n*fac(n-1);
    return(f);
}
int main()
{
    int n,y;
    printf("input a integer number:");
    scanf("%d",&n);
    y=fac(n);
    printf("%d!=%d\n",n,y);
    return 0;
}
```

【运行】

```
input a integer number:5
5!=120
```

【说明】 在函数 fac 的定义中，函数调用表达式 fac(n-1)出现在该函数自身的函数体内，即函数自己调用了自己，因此函数 fac 是一个递归函数。如表 7.1 所示，以 3! 为例来说明 fac(3)调用的执行过程。

表 7.1　fac(3)递归调用的执行过程

步骤	参数 n	动作	备注
0	n=3	执行 fac(3),3 进栈	由主函数 main 调用
1	n=2	执行 fac(2),2 进栈	第一次递归调用
2	n=1	执行 fac(1),1 进栈	第二次递归调用
3	n=0	执行 fac(0)	第三次递归调用
4	n=0	执行 f=1,返回值 1	从 fac(0)返回到 fac(1)
5	1 出栈,n=1	执行 f=1*1,返回值 1	从 fac(1)返回到 fac(2)
6	2 出栈,n=2	执行 f=2*1,返回值 2	从 fac(2)返回到 fac(3)
7	3 出栈,n=3	执行 f=3*2,返回值 6	从 fac(3)返回到主函数 main

如表 7.1 所示,执行步骤 7 之后控制返回到 main 函数调用点,返回值 6。至此,fac(3)调用的执行过程结束,接着执行的是赋值运算 y=6。

概括地说,理解递归函数的执行过程必须注意以下两点。

(1) 记住每次递归调用的调用点,当从下一层递归调用返回时则从这个调用点接着往下执行。

(2) 每次进入递归函数时,形参的值是上次递归调用时形参值的副本,要注意每次递归调用时参数的值是不同的(包括函数体内、复合语句内说明的自动变量),而在同一层递归内参数的值是相同的。

递归函数的基本思想是将复杂问题逐步转化为稍微简单一点的类似问题,每一次转化后可能仍然是一个复杂问题,转化直至"由量变到质变",最终将复杂问题转化为可以直接得到结果的最简单的问题。因此,递归函数中必须有两条执行路径:一条用于递归调用(继续转化);另一条用于递归结束时(即到达最简问题后)从递归函数中逐步返回,以避免无穷递归。

本例中递归函数 fac 的递归结束条件为 n 等于 0,如果 n 不为 0,则继续递归,将 n! 转化为稍微简单一点的问题(n-1)!;如果 n 等于 0,则递归结束,将 1 赋给 f 后从递归函数返回到上一次递归调用。

【例 7.13】　定义计算 gcd(m,n)的递归函数。

【程序】

```
int gcd(int m,int n)
{
    if(n==0) return m;
    else return gcd(n,m%n);
}
```

【例 7.14】　定义计算 C_m^n 的递归函数。

【程序】

```
int fun(int m,int n)
{
    if(n==0) return 1;
```

```
    else return fun(m,n-1) * (m-n+1)/n;
}
```

【例 7.15】 定义计算斐波那契数列第 n 项值的递归函数。

【程序】

```
int fib(int n)
{
    if(n==0 || n==1) return 1;
    else return fib(n-1)+fib(n-2);
}
```

递归函数不仅用于递推公式的计算,也用于处理任何可用递推方式求解的问题。下面的例子是递归过程的一个典范。

【例 7.16】 模拟汉诺塔游戏的程序。

著名的汉诺塔游戏是递归函数的一个典型应用。19 世纪末,欧洲流行一种称为汉诺塔(Hanoi Tower)的游戏。传说游戏起源于布拉玛神庙(Bramach Temple)中的教士,游戏的装置是一块铜板上面有三根柱子,从左到右分别标为 A、B、C,左边 A 柱上放着从小到大的 64 个金盘,如图 7.3 所示。游戏的目标是将由盘子叠成的塔从左边 A 柱(源塔)上移到右边 C 柱(目的塔)上。游戏规则是每次只能移动一个盘子,且不允许大盘压在小盘上面,中间的那根 B 柱作为临时存放盘用的缓冲塔。由于为达到目的需要移动盘的次数太多(经计算,移动 64 个盘的塔需要移动 $2^{64}-1$ 次盘),用人工来完成移塔可能要移到世界末日,故该游戏被称为"世界末日"。

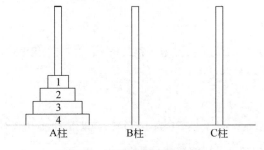

图 7.3 汉诺塔游戏示意图

【分析】 为了将 n 个盘子从 A 柱移到 C 柱,可以先将上面的 n−1 个盘子从 A 柱移到 B 柱(C 柱可以作为缓冲);然后将 A 柱余下的一个盘子移到 C 柱;再将 B 柱的 n−1 个盘子移到 C 柱(A 柱可以作为缓冲)。重复上述过程,盘子数目 n 每次减少 1,移动盘子的任务最后简化为每次移动一个盘子的任务。

根据上面的分析,汉诺塔移动盘子方法显然是一个递归过程。如果用循环实现则算法复杂,难于实现,而用递归函数实现则算法简单。

可以将移动 n 个盘子的任务定义为递归函数,表示为:

```
move(n,from,buf,to);
```

上面函数的功能是将 from 位置的 n 个盘子移到 to 位置(可以用 buf 位置缓冲)。

按照上述思路,总任务可以分解为三个子任务。

(1) 将 n-1 个盘子从 from 位置移到 buf 位置,可以把 to 位置作为缓冲。C 语言实现的方法是递归调用:

```
move(n-1,from,to,buf);
```

(2) 将 from 位置最下面的一个盘子从 from 位置移到 to 位置。C 语言实现的方法是输出一个信息以模拟移动一个盘子的动作:

```
printf("%c-->%c\n",from,to);
```

(3) 将 n-1 个盘子从 buf 位置移到 to 位置,可以把 from 位置作为缓冲。C 语言实现的方法是递归调用:

```
move(n-1,buf,from,to);
```

显然,move 函数包含了两次递归调用,递归的结束条件是整个塔上只剩下一个盘子需要移动。

【程序】

```c
#include <stdio.h>
//将 from 位置的 n 个盘子移到 to 位置(可以用 buf 位置缓冲)
void move(int n,char from,char buf,char to)
{
    if(n==1)                        //递归结束
        printf("%c-->%c\n",from,to);
    else
    {
        //将 from 位置上面的 n-1 个盘子移到 buf 位置(可以用 to 位置缓冲)
        move(n-1,from,to,buf);
        //将 from 位置最下面的第 n 个盘子移到 to 位置
        printf("%c-->%c\n",from,to);
        //将 buf 位置的 n-1 个盘子移到 to 位置(可以用 from 位置缓冲)
        move(n-1,buf,from,to);
    }
}
int main()
{
    int n;
    printf("input number:");
    scanf("%d", &n);
    printf("the step to moving %2d diskes:\n",n);
    move(n,'a','b','c');
    return 0;
}
```

【程序】

```
the step to moving   3 diskes:
a-->c
a-->b
c-->b
a-->c
b-->a
b-->c
a-->c
```

递推方法一般既能用递归函数实现也能用循环实现。递归函数使算法简化,程序结构紧凑、程序代码简洁,但递归函数在存储空间上和运行速度上都不如循环效率高。因为执行递归调用时,每次调用都需要进行现场保护,即把本次调用的参数和局部变量的值保存到栈顶(称为进栈);当从下一层调用返回到上一层调用时,又要进行现场恢复,即从栈顶恢复本层调用原来的参数和局部变量的值(称为出栈)。进栈和出栈既需要开销存储空间,也需要开销处理时间;此外,函数调用要执行控制转移,这也需要开销时间。因此,对于递推方法,能用循环实现时最好不用递归函数,例如计算 n! 和 x^n 等。但对于复杂问题或涉及复杂数据结构的问题,递归函数的应用就非常必要。

7.5 数组作为函数参数

数组可以作为函数的参数使用,进行数据传递。数组用作函数参数有两种形式:一种是把数组元素(下标变量)作为实参使用;另一种是把数组名作为函数的参数使用。

7.5.1 数组元素作为函数实参

数组元素就是下标变量,它与普通变量并无区别。因此,它作为函数实参使用与普通变量是完全相同的,在发生函数调用时,把作为实参的数组元素的值传递给形参,实现单向的值传递。

【例 7.17】 判别一个整数数组中各元素的值,若大于 0 则输出该值,若小于或等于 0 则输出 0 值。

【分析】 首先将键盘输入的 5 个整数存入数组中,然后对数组中的每个元素进行循环处理。

【程序】

```c
#include <stdio.h>
void nzp(int n)
{
    if(n>0)   printf("%d ",n);
    else   printf("0 ");
}
int main()
```

```
    {
        int a[5],i;
        printf("input 5 numbers:");
        for(i=0;i<5;i++)
            scanf("%d",&a[i]);
        for(i=0;i<5;i++)
            nzp(a[i]);
        printf("\n");
        return 0;
    }
```

【运行】

```
input 5 numbers:3 -3 0 5 -6
3 0 0 5 0
```

【说明】 本程序中首先定义一个无返回值函数 nzp，并说明其形参 n 为整型变量。在函数体中根据 n 值输出相应的结果。在 main 函数中用一个 for 语句循环，以数组的每个元素做实参调用 nzp 函数，即把 a[i] 的值传递给形参 n，供 nzp 函数使用。

7.5.2 数组名作为函数参数

数组可以做函数的参数。数组做函数形式参数时一般至少需要定义两个形参：一个形参是数组名；另一个形参是数组元素的数目。对应地，调用该类函数时给出的实参也应该是数组（即数组名）。

在第 6 章讲过，C 语言中，数组名代表的是整个数组存储空间的首地址，因此数组名作为函数实参，传递的是数组的首地址，是一种地址传递方式。执行函数调用时，实参数组传递给被调用函数形参数组的是实参数组的首地址，而不是将整个实参数组元素复制给形参数组。在被调用函数中，通过形参数组名及下标可以引用的数组元素不是实参数组元素的副本，而是实参数组元素本身。

用数组名作为函数参数需要注意如下几点。

(1) 在用数组名作为函数参数时，不是把实参数组的每一个元素的值都赋值给形参数组的各个元素。编译系统不会为形参数组分配内存，只是把实参数组的首地址赋值给了形参数组名，形参数组名取得首地址之后，也就等于获得了实际的内存空间，变成了实参数组。这样形参数组和实参数组实为同一数组，拥有同一段内存空间。

如图 7.4 所示，假设 a 为实参数组，类型为整型。a 占用以 2000 为首地址的一块内存空间。b 为形参数组名。当发生函数调用时，通过地址传递，把实参数组 a 的首地址 2000 传递给形参数组 b，于是 b 就取得了地址 2000。这样 a、b 两数组共同占用以 2000 为首地址的一段连续内存单元。从图 7.4 中还可以看出，a 和 b 下标相同的元素实际上也占用相同的内存单元。

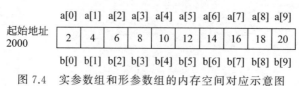

图 7.4 实参数组和形参数组的内存空间对应示意图

【例 7.18】 数组 a 中存放了 10 个学生的成绩,求平均成绩。

【程序】

```c
#include <stdio.h>
double average(int a[],int n)          //形参:数组名 a 以及数组元素个数 n
{
    int i, sum=0;
    double ave;
    for(i=0;i<n;i++)
        sum=sum+a[i];
    ave=sum/10.0;
    return ave;
}
int main()
{
    double ave;
    int i, score[10];
    printf("input 10 scores:");
    for(i=0;i<10;i++)
        scanf("%d",&score[i]);
    ave=average(score,10);             //实参:数组名 salary 和数组元素个数 10
    printf("average score is %.2lf\n",ave);
    return 0;
}
```

【运行】

```
input 10 scores:85 90 75 84 87 98 86 85 92 94
average score is 87.60
```

【说明】 本程序首先定义了一个函数 average,有两个形参:一个是数组 a;另一个是数组长度 n。在函数 average 中,把数组各元素的值相加求出平均值,返回给主函数 main。主函数 main 首先完成数组 score 的输入,然后以数组名 score 和表示数组长度的整数 10 作为实参调用 average 函数,函数返回值赋值给 ave,最后输出 ave 的值。

(2) 在普通变量或下标变量作为函数参数时,参数之间的值传递是单向的,即只能从实参传向形参,不能从形参传回实参。形参从实参得到初值,而形参的值发生改变后,并不影响实参的值。当用数组名作为函数参数时,由于形参和实参实为同一数组,因此当形参数组发生变化时,实参数组也会随之变化。当然这种情况不能理解为发生了"双向"的值传递,但从实际情况来看,调用函数之后,实参数组的值将因形参数组值的变化而发生变化。

【例 7.19】 输入 n 个整数,将它们从小到大排序后顺序输出。

【程序】

```c
#include <stdio.h>
#define N 10
//用冒泡排序算法对形参数组 a 中的 n 个数据元素从小到大进行排序
```

```c
void sort(int a[],int n)
{
    int i,j,t;
    for(i=0;i<n-1;i++)
        for(j=0;j<n-i-1;j++)
            if(a[j]>a[j+1])
            {  t=a[j]; a[j]=a[j+1];  a[j+1]=t;  }
}
void print(int a[],int n)              //顺序输出形参数组 a 的 n 个元素
{
    int i;
    for(i=0;i<n;i++)
        printf("%d ",a[i]);
    printf("\n");
}
int main()
{
    int a[N],i;
    printf("Input %d numbers:",N);
    for(i=0;i<N;i++)                   //输入 N 个整数存放到数组 a
        scanf("%d",&a[i]);
    printf("Before sort:\n");
    print(a,N);                        //顺序输出排序前的数组元素
    sort(a,N);                         //排序,实参为数组名 a 和数组长度 N
    printf("After sort:\n");
    print(a,N);                        //顺序输出排序后的数组元素
    return 0;
}
```

【运行】

```
Input 10 numbers:3 2 8 5 9 7 4 1 0 6
Before sort:
3 2 8 5 9 7 4 1 0 6
After sort:
0 1 2 3 4 5 6 7 8 9
```

【说明】 本程序中 sort 函数的形参为数组 a 和元素个数 n。在主函数 main 中首先输入待排序的 N 个数据存放到数组 a 中,接着调用 print 函数输出排序前数组 a 的值,然后以数组名 a 和元素个数 N 为实参调用 sort 函数进行排序。在 sort 函数中,采用冒泡排序算法对形参数组 a 中 n 个元素按照从小到大的顺序排序。返回主函数 main 后,再次调用 print 函数输出排序后数组 a 的值。从运行结果可以看出,排序前后数组 a 的值发生了变化,这说明实参与形参为同一数组,它们占用相同的内存单元。

【例 7.20】 编程调用函数，实现二维数组转置。

【程序】

```c
#include <stdio.h>
#define N 3
#define M 2
//计算矩阵 a 的转置矩阵 b
//2 个二维数组分别表示矩阵 a 和矩阵 b
//n 和 m 表示矩阵 a 的行数和列数
void convert(int a[][M],int b[][N],int n,int m)
{
    int i,j;
    for (i=0;i<n;i++)
        for (j=0;j<m;j++)
            b[j][i]=a[i][j];
}
int main()
{
    int i,j,a[N][M],b[M][N];
    for(i=0;i<N;i++)                        //输入矩阵
        for (j=0;j<M;j++)
            scanf("%d", &a[i][j]);

    printf("数组 a:\n");                    //输出矩阵 a
    for (i=0;i<N;i++)
    {
        for (j=0;j<M;j++)
            printf("%3d",a[i][j]);
        printf("\n");
    }

    convert(a,b,N,M);                       //求矩阵 a(N 行 M 列)的转置矩阵 b(M 行 N 列)

    printf("数组 b:\n");                    //输出矩阵 b
    for (i=0;i<M;i++)
    {
        for (j=0;j<N;j++)
            printf("%3d",b[i][j]);
        printf("\n");
    }
    return 0;
}
```

【运行】

```
1 2 3 4 5 6
```

数组 a:
　1　2
　3　4
　5　6
数组 b:
　1　3　5
　2　4　6

【说明】 用二维数组名或多维数组名作为函数参数,在被调用函数中对形参数组说明时可以指定每一维的长度,也可以省略第一维的长度(除了第一维长度可以省略外,其他维的长度不能省略)。

(3) 用数组名作为函数参数时,则要求形参和相对应的实参都必须是类型相同的数组,都必须有明确的数组说明。当形参和实参数组二者类型不一致时,就会发生错误。形参数组和实参数组的长度可以不相同,因为在调用时,只传递首地址而不检查形参数组的长度。

【例 7.21】 采用二分查找算法在 n(n<100)个从小到大排好序的整数数组中查找某数 x。若在,则输出 x 在数组中的位置;若不在,则输出没有找到。

【程序】

```c
#include <stdio.h>
//采用二分查找法在数组 a 中查找 x
//数组 a 中有 n 个元素,已按从小到大顺序排序
int BinSearch(int a[],int n,int x)
{
    int bottom,top,mid;
    bottom=0;
    top=n-1;
    while(bottom<=top)
    {
        mid=(bottom+top)/2;
        if(x<a[mid]) top=mid-1;              //左半区间
        else if(x>a[mid])   bottom=mid+1;    //在右半区间
        else return mid;                     //找到
    }
    return -1;                               //没有找到
}
int main()
{
    int a[100],n,i,x,index;
    printf("输入有序的整数个数:");
    scanf ("%d", &n);                        //输入已排好序的整数个数 n(不超过 100)
    printf("输入%d个从小到大有序的整数\n",n);
    for(i=0;i<n;i++)                         //输入已排好序的 n 个整数
        scanf("%d",&a[i]);
    printf("输入待查找的整数:");
    scanf("%d",&x);
```

```
        index=BinSearch(a,n,x);              //在数组 a(n 个数组元素)中查找 x
        if(index<0) printf("%d 没有找到\n",x);
        else    printf("找到,%d 是第%d 个数\n",x,index+1);
        return 0;
    }
```

【运行】

输入有序的整数个数:10
输入 10 个从小到大有序的整数
10 20 35 45 60 65 70 75 80 90
输入待查找的整数:45
找到,45 是第 4 个数

【说明】 一般地,形参数组的长度小于实参数组的长度,这样就可以保证程序运行结果正确。

7.6 局部变量和全局变量

在讨论函数的形参变量时曾经提到,形参变量只在被调用期间才分配内存单元,调用结束立即释放。这一点表明形参变量只有在函数内才是有效的,离开该函数就不能再使用了。这种变量有效性的范围称为变量的作用域。不仅对于形参变量,C 语言中所有的变量都有自己的作用域。变量说明的方式不同,其作用域也不同。C 语言中的变量,按作用域范围可分为两种,即局部变量和全局变量。

7.6.1 局部变量

局部变量也称为内部变量。局部变量是在函数内进行定义说明的。其作用域仅限于函数内,离开该函数后再使用这种变量是非法的。形参也是局部变量。

例如:

```
int f1(int a)                    //函数 f1
{
    int b, c;
    ...
}
int f2(int x)                    //函数 f2
{
    int y, z;
    ...
}
int main()                       //main 函数
{
    int m, n;
```

```
    ...
}
```

在函数 f1 内定义了 3 个局部变量(a,b,c)。变量 a、b、c 的作用域限于 f1 函数内。同理,变量 x、y、z 的作用域限于函数 f2 内。变量 m、n 的作用域限于 main 函数内。

关于局部变量的作用域还要说明以下几点。

(1) 主函数中定义的变量只能在主函数中使用,不能在其他函数中使用。同时,主函数中也不能使用其他函数中定义的变量。

(2) 形参变量属于被调函数的局部变量。

(3) 允许在不同的函数中使用相同的变量名,它们代表不同的变量,分配不同的存储空间,互不干扰,也不会发生混淆。

(4) 在复合语句中也可定义变量,其作用域只在复合语句范围内。

【例 7.22】 理解局部变量的作用域。

【程序】

```
#include <stdio.h>
int main()
{
    int i=2,j=3,k;
    k=i+j;
    {
        int k=8;
        i=3;
        printf("%d\n",k);
    }
    printf("%d %d\n",i,k);
    return 0;
}
```

【运行】

8
3 5

【说明】 本程序在 main 中定义了 i、j、k 共 3 个局部变量,其中 k 未赋初值。而在复合语句内又定义了一个局部变量 k,并赋初值为 8。注意,这两个 k 不是同一个变量。在复合语句外由 main 定义的 k 起作用,而在复合语句内则由在复合语句内定义的 k 起作用。

程序第 5 行的 k 为 main 所定义,其值应为 5。

程序第 9 行输出 k 值。该行在复合语句内,由复合语句内定义的 k 起作用,其初值为 8,故输出值为 8。

程序第 11 行输出 i、k 的值。因为第 4 行定义的变量 i 是在整个程序中有效的,第 8 行对 i 赋值为 3,所以输出的 i 值为 3。而第 11 行已在复合语句之外,输出的 k 应为 main 所定义的 k,此 k 值由第 5 行已获得为 5,所以输出的 k 值为 5。

7.6.2 全局变量

全局变量也称为外部变量,它是在函数外部定义的变量。它不属于哪一个函数,它属于整个源程序文件。其作用域是整个源程序。在函数中使用全局变量,一般应进行全局变量说明。只有在函数内经过说明的全局变量才能使用,全局变量的说明符为 extern。但在一个函数之前定义的全局变量,在该函数内使用可不再加以说明。

例如:

```
int a,b;                    //a,b 为全局变量
void f1()                   //函数 f1
{
    ...
}
float x,y;                  //x,y 为全局变量
int f2(void)                //函数 f2
{
    ...
}
int main()                  //主函数
{
    ...
}
```

从上例可以看出,a、b、x、y 都是在函数外部定义的外部变量,都是全局变量。但 x、y 定义在函数 f1 之后,而在 f1 内又无对 x、y 的说明,所以它们在 f1 内无效。a、b 定义在源程序最前面,因此在 f1、f2 及 main 内不加说明也可使用。

【例 7.23】 输入正方体的长宽高。求体积及三个面的面积。
【程序】

```
#include <stdio.h>
int s1,s2,s3;                       //全局变量 s1,s2,s3
int vs(int a,int b,int c)
{
    int v;
    v=a*b*c;
    s1=a*b;
    s2=b*c;
    s3=a*c;
    return v;
}
int main()
{
    int v,l,w,h;
    printf("input length,width and height:");
```

```
        scanf("%d%d%d",&l,&w,&h);
        v=vs(l,w,h);
        printf("v=%d,s1=%d,s2=%d,s3=%d\n",v,s1,s2,s3);
        return 0;
}
```

【运行】

```
input length,width and height:4 6 8
v=192,s1=24,s2=48,s3=32
```

【例 7.24】 外部变量名与局部变量同名的情况。

【程序】

```
#include <stdio.h>
int a=3,b=5;                              //a,b 为全局变量
int max(int a,int b)                      //形参 a,b 为局部变量
{
    return a>b? a:b;
}
int main()
{
    int a=8;                              //a 为全局变量
    printf("%d\n",max(a,b));
    return 0;
}
```

【运行】

8

【说明】 如果同一个源文件中,外部变量与局部变量同名,则在局部变量的作用范围内,外部变量被"屏蔽",即全局变量不起作用。

注意:

(1) 全局变量增加了函数间的数据联系。

(2) 尽量少使用全局变量(除非在必要时)。

全局变量的使用,从表面上看,增加了函数之间的数据联系,给程序员提供了较大方便,但对于规模较大的程序,过多使用全局变量会带来副作用,导致各函数间相互干扰,会降低程序的清晰性,也降低了模块的独立性。如果这个程序是由多人合作开发的,各人都按照自己的想法使用全局变量,相互的干扰可能更严重。如果我们把变量比喻成抗菌药的话,不管病情轻重,一律吃最高档的抗菌药,效果虽好,但给身体带来的副作用也是不言而喻的,只有对症下药才是最科学的。因此,在变量使用中,应尽量使用局部变量,从某个角度看似乎受到了限制,但从另一个角度看,它避免了不同函数间的相互干扰,提高了程序质量。

(3) 若全局变量与局部变量同名,则在局部变量的作用范围内,全局变量不起作用。

(4) 若全局变量在文件开头定义,则在整个程序中都可以使用;若不在开头定义,其作用域只限于说明处到文件结束。如果想在定义之前的函数中引用该全局变量,则在函数中

应用关键字 extern 进行外部变量声明，那么在函数内部，从声明之处起，可以使用它们。

7.7 变量的存储类型

7.7.1 动态存储方式与静态存储方式

1. 存储类型的概念

C 语言中每个变量和函数都具有两个属性：数据类型和存储类型。数据类型规定了它们的取值范围和可参与的运算，而存储类型则规定了它们所占用内存空间的分配方式、生命周期、作用域和初始化方式。

（1）变量的存储分配方式是指变量在何时、何处分配存储空间。

（2）变量的生命周期是指变量的存储单元存在的时期，它是变量的时间有效性。

（3）变量的作用域是指变量的有效使用范围，又称可见性，它是变量的空间有效性。

（4）变量的初始化方式是指变量在分配存储空间时（即变量声明时），如果无显式初始化，则根据变量的存储类型决定其是否有默认值；如果有显式初始化，则给变量赋初值，并根据变量的存储类型决定赋初值的操作如何执行（仅执行一次还是多次）。

由以上可见，变量的存储类型在 C 语言程序设计中具有非常重要的作用。

变量的存储类型分为静态存储类型和动态存储类型两种。

（1）静态存储类型

静态存储类型的变量是指在程序运行期间在执行第一条语句之前由系统分配固定的内存空间，并一直保持空间位置不变，直至整个程序结束，内存空间才被释放的变量。7.6 节讲的全局变量就属于此类存储方式。

（2）动态存储类型

动态存储类型的变量是在程序运行期间根据需要进行动态的分配存储空间，使用完毕立即释放的变量。函数的形参就属于此类存储方式。

2. 系统内存结构

为了理解变量的存储类型，下面再来了解一下一个 C 语言程序在执行时内存的分配状态。当计算机系统开机后，内存被分为两大块：一块是系统区，用于存放操作系统等系统软件的内容；另一块是用户区，用来存放被执行的应用软件的用户程序和数据。用户区可以分为程序区、静态存储区和动态存储区 3 部分，如图 7.5 所示。

图 7.5 用户区的构成

（1）程序区：用于存放 C 语言程序编译后形成的可执行代码（执行时装入内存）。

（2）静态存储区：用于存放变量，在这个区域存储的变量称作静态变量。全局变量全部存放在静态存储区，在程序开始执行时给全局变量分配存储区，程序执行完毕就释放。在程序执行过程中它们占用固定的存储单元，而不是动态地进行分配和释放。

（3）动态存储区：用于存放变量以及进行函数调用时的现场信息和函数返回地址等，

在这个区域存储的变量称作动态变量,如函数形参、函数体内部定义的动态局部变量。对于存放于动态存储区的变量,在发生函数调用开始时才分配动态存储空间,函数运行结束时释放该存储空间。在程序执行过程中,这种分配和释放是动态的。如果在一个程序中两次调用同一个函数,分配给此函数中局部变量的存储空间有可能是不同的。

3. C 语言的存储类型

在 C 语言中,变量的存储类型有如下 4 种:
(1) 自动型 auto。
(2) 静态型 static。
(3) 外部型 extern。
(4) 寄存器型 register。
自动型和寄存器型变量属于动态存储类型,外部型和静态型变量属于静态存储类型。

4. 变量说明的完整形式

对一个变量的说明不仅应说明其数据类型,还应说明其存储类型。
变量说明的完整形式为:

存储类型说明符　数据类型说明符　变量名表;

存储类型说明符可以是 auto、extern、static 或 register,也可以省略。数据类型说明符表明变量的数据类型,包括前面已讲述过的各种基本数据类型和数组类型以及后面章节将要讲述的指针、结构和联合类型。变量名表包括一个或多个变量名,如果是多个变量名,则变量名之间用逗号隔开。

例如:

```
auto char c1, c2;                //c1、c2 为自动字符型变量
register int i;                  //i 为寄存器整型变量
static int a,b;                  //a、b 为静态整型变量
extern int x, y;                 //x、y 为外部整型变量
```

可用于局部变量说明的存储类型有 auto、static 和 register。如果局部变量说明省略了存储类型说明符,则被编译程序默认为 auto,存储类型说明符省略或用 auto 说明的局部变量称为自动变量。在函数体内、复合语句内说明的变量以及函数形参都可以说明为自动变量。

在函数之外的任何说明都称为外部说明。可用于外部说明的存储类型有 extern 和 static,如果省略了存储类型说明符则被编译程序默认为 extern。对于外部说明,存储类型说明符省略或用 extern 说明的变量称为外部变量。外部变量说明有定义性说明和引用性说明之分。二者的区别是:定义性说明要分配存储单元且可以初始化,引用性说明不分配存储单元也不可以初始化。外部变量通过在程序的不同源文件中做说明,则可供所有文件中的函数共同使用;由于整个程序范围内同一个变量只允许定义一次,因此编译程序将第一次遇到的外部变量说明看成定义,而将其后遇到的相同变量的说明看成引用说明。局部变量说明都是定义性说明,即对于局部变量,说明和定义是相同的概念。

用 static 说明的变量称为静态变量。static 既可用于说明外部变量也可用于说明局部变量。用 static 说明的外部变量称为外部静态变量,用 static 说明的局部变量称为局部静态变量。

用 register 说明的变量称为寄存器变量。register 只能用于局部变量(包括形参),通常用于说明使用频繁的整型、字符型或指针类型的局部变量;其作用是通知编译程序在可能的情况下用硬件寄存器给说明为 register 的变量分配存储空间,以加速程序的运行。除此以外,寄存器变量与自动变量的特性完全相同。

7.7.2 自动变量

自动变量用关键字 auto 进行存储类别的声明。对于函数中的形参和在函数中定义的变量(包括在复合语句中定义的变量),如果存储类型声明为 auto 或者存储类型省略,则都是自动变量。自动变量属于动态存储方式,动态地分配存储空间,数据存储在动态存储区中。

在调用自动变量所属函数时,系统会给自动变量分配存储空间,在函数调用结束时就自动释放这些存储空间。

自动变量只在说明它的块内有效,其作用域从块内定义开始直到该块结束。

自动变量没有默认的初值,如果变量说明时没有显式初始化,则其初值是不确定的;如果有显式初始化,则每次进入块时都要执行一次给变量赋初值的操作。

自动变量的存储分配方式及初始化方式决定了自动变量的值在程序运行过程中没有连续性。

【例 7.25】 理解自动变量的初始化和作用域。

【程序】

```c
#include <stdio.h>
void fac(int n)
{
    auto int i=10;
    n++;
    i++;
    printf("In fac: n=%d  i=%d\n",n,i);
}
int main()
{
    auto int i,n=1;
    for(i=0;i<3;i++)
        fac(n);
    printf("after running fac: n=%d\n",n);
    return 0;
}
```

【运行】

```
In fac: n=2   i=11
```

```
In fac: n=2  i=11
In fac: n=2  i=11
after running fac: n=1
```

7.7.3 外部变量

外部变量和全局变量是对同一类变量的两种不同角度的说法。全局变量是从变量的作用域提出的,而外部变量是从变量的存储方式提出的,表示了变量的生存期。

外部变量是在函数的外部定义的,它的作用域为从外部变量定义处开始,到本程序文件结束。通过做引用说明,外部变量的作用域可以扩大到整个程序的所有文件(只有外部变量有定义性说明和引用性说明之分)。如果在定义点之前的函数想引用该外部变量,则应该在引用之前用关键字 extern 对该变量做"外部变量引用性说明",表示该变量是一个已经定义的外部变量。有了此声明,就可以从"声明"处起,合法地使用该外部变量。同理,如果一个源程序包含多个源文件,在一个文件中有外部变量说明,那么另外一个文件的函数需要引用这个外部变量时必须对该变量做"引用性说明"。

外部变量的初始化在外部变量定义性说明时进行,赋初值的操作在整个程序运行期间仅执行一次,显式初始化值必须是常量表达式;若无显式初始化,则由系统自动初始化为与变量类型相同的 0 初值。

外部变量属于静态存储类型,存放在静态存储区。外部变量在程序运行之前分配存储空间,整个程序运行结束后所占用的存储单元才被释放回收。

外部变量的存储分配方式及初始化方式决定了外部变量的值在程序运行过程中具有连续性。

【例 7.26】 理解外部变量的无显式初始化及其作用域。

【程序】

```c
#include <stdio.h>
int hour,minute,second;                    //外部说明,无显式初始化,默认为 0
void convert(int n)
{
    hour=n/3600;
    minute=n%3600/60;
    second=n%60;
}
int main()
{
    printf("before: %d:%d:%d\n",hour,minute,second);
    convert(41574);
    printf("after : %d:%d:%d\n",hour,minute,second);
    return 0;
}
```

【运行】

```
before: 0:0:0
```

after : 11:32:54

【例 7.27】 理解外部变量的显式初始化及其作用域。

【程序】

```
#include <stdio.h>
int n=100;                              //外部说明,显式初始化值
void fun( void )
{
    n=n-20;
}
int main()
{
    printf("n=%d\n",n);
    while(n>=60)
    {
        fun();
        printf("n=%d\n",n);
    }
    return 0;
}
```

【运行】

n=100
n=80
n=60
n=40

【例 7.28】 理解外部变量的定义性说明和引用性说明,本程序通过"外部变量引用性说明"来扩展外部变量的作用域。

【程序】

```
#include <stdio.h>
int max(int x,int y)
{
    return x>y? x:y;
}
extern int A,B;                         //外部变量的引用性说明,extern 可以省略
int main()
{
    printf("%d\n",max(A,B));
    return 0;
}
int A=13,B=-8;                          //外部变量的定义性说明
```

【运行】

13

【说明】 在本程序文件的最后一行定义了外部变量 A 和 B,由于外部变量定义的位置在函数 main 之后,因此在 main 函数中不能引用外部变量 A 和 B。因为在 main 函数中用语句"extern int A,B;"对 A 和 B 进行了"外部变量声明",这样就将外部变量 A 和 B 的作用域扩展到了 main 函数,main 函数就可以从"外部变量声明"处起,合法地使用该外部变量 A 和 B。

编译程序对外部变量的定义性说明和引用性说明的判断:编译程序处理时将第一次遇到的外部变量说明看成定义性说明(分配存储空间并初始化),将以后遇到的同名的外部变量说明看成引用性说明(不分配存储空间不初始化)。如果前面遇到的外部变量说明均无显式初始化,则将以后遇到的第一次有显式初始化的同名外部变量说明看成定义性说明。

引用性说明可以放在引用外部变量的函数内部,也可以放在引用外部变量的函数的前面。在函数体内部做引用性说明的外部变量只能在该函数内引用,在函数之外做引用性说明的外部变量可以在从说明之后至整个文件结束范围内引用。例如,对上例中的外部变量引用性说明语句"extern int A,B;"也可以放在 main 函数内部最前面进行声明。

7.7.4 静态变量

静态局部变量用关键字 static 进行声明。

静态变量(静态局部变量和静态外部变量)的存储分配方式和生命周期与外部变量相同,都是在程序被编译时分配存储空间,在程序运行结束后释放所占用的存储空间,生命周期是程序的整个执行过程。

静态局部变量的作用域是变量所在的块内从定义之后直至该块结束。静态外部变量的作用域是变量所在的文件内从变量定义之后直至文件结束。

静态局部变量和自动变量一样只有定义性说明,没有引用性说明,因此必须先定义后引用。静态局部变量在第一次进入该块时执行一次且仅执行一次初始化;在有显式初始化的情况下,初值由说明符中的初值确定,在无显式初始化的情况下,初值与外部变量无显式初始化时的情况相同。静态外部变量的初始化同外部变量。

【例 7.29】 理解静态局部变量与自动变量的区别。

【程序】

```c
#include <stdio.h>
void f(int c)
{
    int a=0;
    static  int  b=0;
    a++;   b++;
    printf("%d: a=%d, b=%d\n", c, a, b);
}
int main()
{
```

```
    int  i;
    for (i=1; i<=3; i++)
        f(i);
    return 0;
}
```

【运行】

1: a=1, b=1
2: a=1, b=2
3: a=1, b=3

对静态局部变量与自动变量的区别的说明如下。

(1) 静态局部变量属于静态存储类别,在静态存储区内分配存储单元,在程序整个运行期间都不释放。而自动变量(即动态局部变量)属于动态存储类别,占动态存储空间,函数调用结束后即释放。

(2) 静态局部变量在编译时赋初值,即只赋初值一次;而对自动变量赋初值是在函数调用时进行,每调用一次函数重新给一次初值,相当于执行一次赋值语句。

(3) 如果在定义局部变量时不赋初值的话,则对静态局部变量来说,编译时自动赋初值0(对数值型变量)或空字符(对字符型变量)。而对自动变量来说,如果不赋初值则只分配存储单元,它的值是一个不确定的值。

(4) 静态局部变量在函数调用结束后仍占用存储单元,但由于是局部变量,其他函数不能引用它。而自动变量在函数调用结束后其存储空间就被释放,不能被其他函数引用。

【例 7.30】 理解静态外部变量与外部变量的区别。

【程序】

```
//file1.c 的内容
#include <stdio.h>
static float x;
float y,f2(float,float);
float f1(float a,float b)
{
    return a*b-x;
}
int main()
{
    x=500;
    y=100;
    printf("f1=%.2f f2=%.2f\n",f1(x,y),f2(x,y));
    return 0;
}
//file2.c 的内容
extern float y;
float f2(float a,float b)
{
```

```
        return a/b+y;
    }
```

【运行】

f1=49500.00 f2=105.00

【说明】 上面程序由两个文件(file1.c 和 file2.c)中的三个函数(main、f1 和 f2)组成,f1 和 f2 都是外部函数(省略了存储类型说明符 extern)。位于 file1.c 中的 main 调用 f1 和 f2,由于 f2 在文件 file2.c 中定义,所以在 file1.c 中要对外部函数 f2 做函数说明。

x 是在文件 file1.c 中定义的 float 型静态外部变量,它只能在该文件中的 main 和 f1 函数中使用。在 file2.c 中不能对 x 做引用性说明,也不能在 f2 函数中使用 x。

y 是在文件 file1.c 中定义的外部变量,所以在 file1.c 和 file2.c 中的三个函数都可以使用 y。由于 y 的定义位于 file1.c 文件的开头,因此后面的 main 函数和 f1 函数可以直接使用它;对于另一文件中的函数 f2,通过对 y 做引用性说明,在 f2 中也可以使用 file1.c 中定义的外部变量 y。

7.7.5 寄存器变量

上述各类变量都存放在内存中,因此当对一个变量频繁读写时,必须要反复访问内存,从而花费大量的存取时间。为了提高效率,C 语言提供了一种将局部变量的值存放在 CPU 寄存器中的变量,使用时不需要访问内存,而直接从寄存器中读写,这种变量叫作寄存器变量。寄存器变量用关键字 register 做声明。对于循环次数较多的循环控制变量及循环体内反复使用的变量均可以定义为寄存器变量。

【例 7.31】 使用寄存器变量。

【程序】

```
#include <stdio.h>
int fac(int n)
{
    register int i,f=1;
    for(i=1;i<=n;i++)
        f=f*i;
    return(f);
}
int main()
{   int i;
    for(i=0;i<=5;i++)
        printf("%d!=%d\n",i,fac(i));
    return 0;
}
```

【运行】

0!=1

```
1!=1
2!=2
3!=6
4!=24
5!=120
```

注意：

(1) 只有局部自动变量和形式参数才可以定义为寄存器变量，因为寄存器变量属于动态存储类型。凡需要采用静态存储类型的变量都不能定义为寄存器变量。

(2) 一个计算机系统中的寄存器数目有限，不能定义任意多个寄存器变量。

(3) 寄存器变量不能做取地址运算。

(4) 目前大多数编译器都可以做到程序优化，对声明为寄存器类型的变量首先在寄存器中分配内存，如果无可用的寄存器，则将视作自动变量来处理。程序根据优化的结果来决定哪些变量是 register 型变量，而程序员指定的 register 型变量可能是无效的。

7.8　内部函数和外部函数

函数本质上都是外部的，因为在同一个文件中函数是可以相互调用的（主函数例外）。但是，当一个源程序由多个源文件组成时，一个源文件中定义的函数也可以设计成不能被其他源文件中的函数调用。根据函数能否被其他源文件中的函数调用，C 语言将函数区分为内部函数和外部函数。

1. 内部函数

如果一个函数只能被本文件中的其他函数所调用，而不能被同一源程序中的其他文件中定义的函数所调用，称为内部函数。定义时在函数类型前加 static。

定义内部函数的首部的一般形式是：

static 函数返回数据类型说明符　函数名（形参表）

例如，下面是内部函数 fac 的定义。

```
static  int  fac(int  x)
{
    ...
}
```

内部函数也称为静态函数。但此处的静态 static 的含义不是指存储类型，而是指函数的作用域只局限于本文件。因此在一个源程序的多个源文件中定义同名的内部函数（静态函数）不会引起混淆。

2. 外部函数

外部函数就是一个源文件中定义的函数允许被同一源程序的其他源文件中的函数所调用。外部函数定义时在函数类型前加关键字 extern。

定义外部函数的首部的一般形式是：

extern 函数返回数据类型说明符　函数名（形参表）

C 语言规定，如果在定义函数时省略 extern，则隐含为外部函数。

例如，下面是外部函数 fac 的定义。

```
extern  int  fac(int  x)
    {
        …
    }
```

【说明】　在需要调用此函数的文件中，要用 extern 声明所调用函数的原型。

【例 7.32】　某源程序由源文件 file1.c、file2.c 和 file3.c 组成。

【程序】

文件 file1.c 中的内容为：

```
int main()
{
    extern void input_str(char str[]);
    extern void print_str(char str[]);       //说明所用的函数为外部函数
    char str[80];
    input_str(str);
    print_str(str);
    return 0;
}
```

文件 file2.c 中的内容为：

```
#include <stdio.h>
extern void input_str(char str[])            //定义为外部函数，可被其他文件调用
{
    gets(str);
}
```

文件 file3.c 中的内容为：

```
#include <stdio.h>
extern void print_str(char str[])            //定义为外部函数，可被其他文件调用
{
    puts(str);
}
```

对以上三个文件分别进行编译，然后连接成为一个可执行文件就可以运行了。

【运行】

```
wuhankejidaxue          (输入字符串)
wuhankejidaxue          (输出字符串)
```

习 题 7

7.1 设计 fun 函数,其功能是计算两个整数差的绝对值并返回。
7.2 设计函数,其功能是判断三位整数 x 是否水仙花数,若是则返回 1,否则返回 0。
7.3 设计 sum 函数,其功能是计算 1～n 的和。
7.4 设计一个函数,其功能是找出一行字符中最长的单词并输出。
7.5 设计一个函数,其功能是将输入的一个十六进制数转换为对应的十进制数并输出。
7.6 设计一个函数,其功能是计算给定的某年某月每日是该年的第几天。
7.7 设计函数 digit(n,k),其功能是返回整数 n 从右边开始数第 k 个数字的值。例如:

digit(15327,4)=5　　//15327 的倒数第 4 个数字就是 5
digit(289,5)=-1　　//289 的倒数第 5 个数字不存在,则返回-1

7.8 计算 s=10!+7!*8!,将 n!定义成函数。
7.9 定义一个函数,将给定的二维数组(3×3)转置(即行列转换)。
7.10 设计如下函数:
(1) 输入函数:输入 10 个职工的姓名和职工号;
(2) 排序函数:按职工号由小到大的顺序排序,姓名顺序也随之调整;
(3) 查找函数:用折半查找法找出职工号 x 对应的职工的姓名,职工号的输入和查询结果的输出均在主函数中完成。
7.11 定义一个函数,使输入的一个字符串按反序存放,在 main 函数中输入和输出字符串。
7.12 用递归法将一个整数 N 转换为字符串。例如,输入 483,应输出"483"。N 的位数不确定,可以是任意位数的整数。
7.13 编写 mypow 函数,用来计算 x^y。
7.14 以下程序的功能是用牛顿迭代法求解方程 f(x)=cosx-x。
已有初始值 x0=3.1415/4,要求绝对误差不超过 0.001。
函数 f 用来计算迭代公式中 X_n 的值。牛顿迭代公式是:$X_{n+1}=X_n-f(X_n)$。

```
#include <stdio.h>
#include <math.h>
#define PI 3.1415
float f(float x0)
{   ...   }
int main()
{
    int t=0,k=100,n=0;
    float x0=PI/4,x1;
    while(n<k)
    {
        x1=f(x0);
        if(fabs(x0-x1)<0.001) {  t=1;    break;   }
        else   {  x0=x1;   n=n+1;    }
```

```
        }
        if(t==1)printf("fangcheng geng is %10.5f\n",x1);
        else    printf("Sorry,not found!\n");
        return 0;
}
```

7.15 设计递归函数,打印如下所示的数字三角形(行数在主函数中确定)。
1
2 2
3 3 3
4 4 4 4

7.16 以下程序的功能是采用弦截法求方程 $x^3-5x^2+16x-80=0$ 的根,其中 f 函数可根据指定 x 的值求出方程的值。其中,xpoint 函数用来计算两点 $((x1,f(x1))$ 和 $(x2,f(x2)))$ 的连线与 x 轴交点的 x 坐标;函数 f 用来计算给定 x 的函数值;root 函数用来求区间 $(x1,x2)$ 的实根。请完成下面程序。

```
#include <stdio.h>
#include <math.h>
float f(float x)
{   ...   }
float xpoint(float x1,float x2)
{   ...   }
float root(float x1,float x2)
{   ...   }
int main()
{
    float x1,x2,f1,f2,x;
    do
    {
        printf("input x1,x2:\n");
        scanf("%f%f",&x1,&x2);
        printf("x1=%5.2f,x2=%5.2f\n",x1,x2);
        f1=f(x1);
        f2=f(x2);
    }while(f1 * f2>=0);
    x=root(x1,x2);
    printf("A root of equation is %8.4f",x);
    return 0;
}
```

7.17 用递归方法计算 n 阶勒让德多项式的值。递归公式如下:

$$P_n(x)=\begin{cases}1 & (n=0)\\ x & (n=1)\\ ((2n-1)\cdot x\cdot P_{n-1}(x)-(n-1)\cdot P_{n-2}(x))/n & (n>1)\end{cases}$$

7.18 程序的功能是应用下面的近似公式计算 e 的 n 次方。函数 f1 用来计算每项分子的值，函数 f2 用来计算每项分母的值。编写 f1 和 f2 函数。

$$e^x = 1 + x + \frac{x^2}{2!} + \frac{x^3}{3!} + \cdots + \frac{x^{19}}{19!}$$

```
#include <stdio.h>
double f2(int n)
{   ...   }
double f1(int x,int n)
{   ...   }
int main()
{
    double exp=1.0;
    int n,x;
    printf("Input a number:");
    scanf("%d",&x);
    exp=exp+x;
    for(n=2;n<=19;n++)
        exp=exp+f1(x,n)/f2(n);
    printf("exp(%d)=%8.4lf\n",x,exp);
    return 0;
}
```

运行结果：

```
Input a number:3
exp(3)=20.0855
```

7.19 arr 是一个 2×4 的整型数组，且各元素均已赋值。函数 max_value 可求出其中的最大元素值 max，并将此值返回主调函数。现有函数调用语句"max=max_value(a);"，请编写 max_value 函数。

7.20 输入若干整数，其值均在 1～4 内，用 −1 作为输入结束标志，请编写函数 f，用于统计每个整数的个数。

例如，若输入的整数为 1 2 3 4 1 2 −1，则统计的结果为：

　　1: 2
　　2: 2
　　3: 1
　　4: 1

```
#include <stdio.h>
#define M 50
void f(int a[],int c[],int n)
{
    ...
}
int main()
{
```

```c
       int a[M],c[5]={0},i,n=0,x;
       printf("Enter 1 or 2 or 3 or 4,to end with-1\n");
       scanf("%d",&x);
       while(x!=-1)
       {
           if(x>=1&&x<=4) {   a[n]=x;   n++;   };
           scanf("%d",&x);
       }
       f(a,c,n);
       printf("Output the result:\n");
       for(i=1;i<=4;i++)
           printf("%d:%d\n",i,c[i]);
       return 0;
   }
```

7.21 用递归方法计算下列函数的值：
$$fx(x,n) = x - x^2 + x^3 - x^4 + \cdots (-1)^{n-1} x^n \quad (n > 0)$$

7.22 下面是 5×5 的螺旋方阵，编程生成 n×n 的螺旋方阵(将生成螺旋方阵和打印螺旋方阵分别设计成一个函数)。

```
1    2    3    4    5
16   17   18   19   6
15   24   25   20   7
14   23   22   21   8
13   12   11   10   9
```

7.23 回文是从前向后和从后向前读起来都一样的句子。写一个函数，判断一个字符串是否为回文。

7.24 设计函数，将字符串 str 中的所有字符'k'都删除。

第 8 章　编译预处理

在 C 语言源程序中,除了为实现程序功能而使用的声明语句和执行语句之外,还可以使用编译预处理命令。所谓编译预处理是指在对源程序进行编译之前,先对源程序中的编译预处理命令进行处理,然后再将处理的结果和源程序一起进行编译,得到目标代码。例如,程序中用 #define 命令定义了一个符号常量 PI,则在预处理时将程序中所有的 PI 都置换成指定的字符串,使程序更加简洁明了。

C 语言提供的编译预处理命令主要有宏定义、条件编译和文件包含 3 种。为了能够和其他的 C 语言语句区别开来,编译预处理命令以"#"号开头。需要注意的是,它占用一个单独的书写行,命令行末尾没有分号。编译预处理是 C 语言的一个重要功能,合理地使用编译预处理功能编写的程序便于阅读、修改、调试和移植,也有利于模块化程序设计。

本章重点:
(1) 宏定义命令。
(2) 条件编译命令。
(3) 文件包含命令。

本章难点:
(1) 带参数的宏定义。
(2) 条件编译。

8.1　宏　定　义

宏定义是指将一个标识符(又称宏名)定义为一个字符串(或称替换文本)。在编译预处理时,对程序中出现的所有宏名都用相应的替换文本去替换,这称为"宏替换"或"宏展开"。

在 C 语言中,"宏定义"可分为宏名后不带参数的宏定义(简称无参宏定义)和带参数的宏定义(简称带参宏定义)两种。

8.1.1　无参宏定义

无参宏定义即定义没有参数的宏,一般形式为:

　　#define　标识符　替换文本

其中,#define 表示该语句行是宏定义命令,"标识符"为所定义的宏名,习惯上宏名用大写字母表示;"替换文本"可以是常量、关键字、表达式、语句等任意字符串。在 define、宏名和替换文本之间分别用空格隔开。

♯define命令可以不包含"替换文本",此时仅说明宏名已被定义,以后可以使用。第2章介绍的符号常量的定义就是一种无参宏定义。

【例8.1】 用无参宏定义计算 s=3*(y*y+3*y)+4*(y*y+3*y)+5*(y*y+3*y)。

【分析】 在计算式子中出现了3个(y*y+3*y),为减少书写量,可使用宏定义。

【程序】

```
#include <stdio.h>
#define  M  (y*y+3*y)
int main()
{
    int  s,y;
    printf("Please  input  a  number:   ");
    scanf("%d",&y);
    s=3*M+4*M+5*M;
    printf("s=%d\n",s);
    return 0;
}
```

【运行】

```
Please  input  a  number:     4↙
s=336
```

【说明】 在上面程序的语句"s=3*M+4*M+5*M;"中,宏M被引用了3次。经"宏展开"后该语句变为"s=3*(y*y+3*y)+4*(y*y+3*y)+5*(y*y+3*y);",符合题目要求。

注意:在宏定义中替换文本(y*y+3*y)两边的括号不能少,否则会产生错误。如改为以下定义:

```
#define  M  y*y+3*y
```

则在宏展开时,将得到下述语句:

```
s=3*y*y+3*y+4*y*y+3*y+5*y*y+3*y;
```

显然与原题意要求不符,计算结果当然是错误的。因此在进行宏定义时必须注意,应保证在宏代换之后不发生错误。

对于无参宏定义还要说明以下几点。

(1) 习惯上宏名用大写字母表示,以便与变量名区别开。

(2) 用替换文本替换宏名只是一种简单的直接替换,替换文本中可以包含任意字符,系统在进行编译预处理时对它不做任何检查。

例如:

```
#define  PI  3.1415926
```

即使不小心将替换文本中的第一个数字"1"错写成了小写字母"l",系统在预处理时仍然把

PI 替换成 3.1415926，而在编译时才发现错误并报错。

(3) 宏定义不是声明或执行语句，在行末不要加分号，如果加上分号则连分号也一起替换。

(4) 一个#define 只能定义一个宏，且一行只能定义一个宏。若需要定义多个宏就要使用多个#define，并写在多行上。

(5) 宏定义时如果一行写不下，可用"\"续行。例如：

```
#define  PI    3.1415926           //正确
#define  PI    3.1415\             //正确
926
```

(6) 宏定义原则上可以出现在源程序的任何地方，但通常写在函数之外，其作用域为从宏定义命令起到源程序文件结束。如要终止其作用域可使用#undef 命令，其用法为：

```
#undef    标识符
```

例如：

```
#undef  PI
```

(7) 宏名在源程序中若用双引号括起来，则在编译预处理时不对其做宏替换。也就是说，宏名被双引号括起来时，仅作为一般字符串使用。

【例 8.2】 宏替换的选择性。

【程序】

```
#include <stdio.h>
#define  PI 3.1415926
int main()
{
    printf("PI is %9.7f.\n",PI);
    return 0;
}
```

【运行】

```
PI is  3.1415926.
```

(8) 宏定义允许嵌套，在宏定义的替换文本中可以使用已经定义过的宏名。在宏展开时层层替换。

例如：

```
#define  PI  3.1415926
#define  S   PI*r*r              //PI 是已定义的宏名
```

对语句：

```
printf("%f",S);
```

在宏替换后变为：

```
printf("%f",3.1415926*r*r);
```

使用无参宏定义还可以实现程序的个性化(如用自己所习惯的符号表示数据类型或输出格式等),使程序的书写、阅读更加方便。

【例8.3】 用无参宏定义表示常用的数据类型和输出格式。

【程序】

```
#include <stdio.h>
#define  INTEGER  int
#define  REAL  float
#define  P  printf
#define  D  "%d\n"
#define  F  "%f\n"
int main()
{
    INTEGER  a=5,  c=8,  e=11;
    REAL  b=3.8,  d=9.7,  f=21.08;
    P(D  F,a,b);
    P(D  F,c,d);
    P(D  F,e,f);
    return 0;
}
```

【运行】

```
5
3.800000
8
9.700000
11
21.080000
```

8.1.2 带参宏定义

C语言允许宏带有参数。在宏定义中的参数称为形式参数,以下简称为形参。在引用带参数的宏时给出的参数称为实际参数,以下简称为实参。

带参宏定义的一般形式为:

#define   宏名(形参表)   替换文本

其中,形参表由一个或多个形参组成,各形参之间用逗号隔开,替换文本中通常应包括有形参。

引用带参宏的一般形式为:

宏名(实参表)

带参宏定义展开时先把宏引用替换为替换文本,再将替换文本中出现的形参用实参代替。例如下面的宏定义和引用：

```
#define  M(y)   y*y+3*y           //宏定义
    …
k=M(5);                           //宏引用
    …
```

宏展开时，先用 y*y+3*y 替换 M(5)，再将替换文本中的形参 y 用实参 5 代替，最终得到"k＝5*5＋3*5;"。

【例 8.4】 用带参宏定义求两数中的大者。

【程序】

```
#include <stdio.h>
#define  MAX(a,b)   (a>b)?a:b
int main()
{
    int  x,y,max;
    printf("input two numbers(x,y): ");
    scanf("%d,%d",&x,&y);
    max=MAX(x,y);
    printf("max=%d\n",max);
    return 0;
}
```

【运行】

```
input two numbers(x,y): 5,6↙
max=6
```

【说明】 这里的宏 MAX(a,b) 既可以比较 int 型数据，也可以比较 float 型、char 型等类型的数据。若要比较 float 型数据，只需将程序第 5 行改为"float x,y,max;"并在输入输出格式控制处将"%d"改为"%f"即可，宏定义无须改动。

如果用函数实现上述功能，则需要写相应的两个函数才可以。

对于带参宏定义，需要遵守一些与无参宏定义一样的规则，如一个 #define 命令只能定义一个带参宏，通常在函数体外定义，允许嵌套、续行、使用 #undef 命令终止宏定义等。另外还应注意以下几点：

（1）在带参宏定义中，宏名与其后的左括弧"("之间不得有空格，否则将变为无参宏定义。例如把

```
#define  MAX(a,b)   (a>b)?a:b
```

写为

```
#define  MAX (a,b)   (a>b)?a:b
```

将被认为是无参宏定义，宏名是 MAX，替换文本为(a,b) (a＞b)？a：b。

（2）在带参宏定义中，替换文本中的形参通常要用括号括起来以避免出错。

【例8.5】 分别引用以下宏定义,求 3*F(3+2) 的值。

① #define F(x)   x*x+x
② #define F(x)   (x)*(x)+(x)
③ #define F(x)   (x*x+x)
④ #define F(x)   ((x)*(x)+(x))

解:表达式 3*F(3+2) 在分别引用以上 4 个宏定义后,其值为

① 22。因为宏定义只作为一种简单的字符替换,所以在引用①中的宏定义后,表达式 3*F(3+2) 被替换为 3*3+2*3+2+3+2。

② 80。表达式 3*F(3+2) 被替换为 3*(3+2)*(3+2)+(3+2)。

③ 48。表达式 3*F(3+2) 被替换为 3*(3+2*3+2+3+2)。

④ 90。表达式 3*F(3+2) 被替换为 3*((3+2)*(3+2)+(3+2))。

由此可见,使用带参数的宏定义,由于替换文本中的括号位置不同,可以得出不同的结果。

(3) 宏定义也可用来定义多个语句,在宏替换时,把这些语句都替换到源程序中。

【例8.6】 一个宏定义代表多个语句。

【程序】

```
#include <stdio.h>
#define  SSSV(s1,s2,s3,v)   s1=l*w; s2=l*h; s3=w*h; v=w*l*h;
int main()
{
    int  l=3,w=4,h=5,sa,sb,sc,vv;
    SSSV(sa,sb,sc,vv);
    printf("sa=%d\nsb=%d\nsc=%d\nvv=%d\n",sa,sb,sc,vv);
    return 0;
}
```

【运行】

sa=12
sb=15
sc=20
vv=60

【说明】 程序第 2 行为宏定义,用宏名 SSSV 表示 4 个赋值语句,4 个形参分别为 4 个赋值符左边的变量。在宏替换时,把 4 个语句展开并用实参代替形参,得到计算结果。

应该注意的是,带参宏定义和函数有一定的相似之处。如表示形式都是由一个名字加上参数表组成,都要求实参与形参的数目相同等。因此,很多读者容易将它们混淆。下面将带参宏定义与函数的主要区别列出,以帮助读者更快地掌握带参宏定义。

带参宏定义与函数的主要区别如下。

(1) 定义方式不同。带参宏使用预处理命令#define 定义;而函数使用函数定义。

(2) 参数性质不同。带参宏的参数表中的参数不必说明其类型,也不分配存储空间;而函数参数表中的参数需说明其类型并为其分配存储空间。

(3) 实现方式不同。宏展开是在编译时由预处理程序完成的,不占用运行时间;而函数调用是在程序运行时进行,需占用一定的运行时间。

(4) 参数传递不同。若实参为表达式,则引用带参宏时只进行简单的字符替换,不计算实参表达式的值;而函数调用时,则先计算表达式的值,然后代入形参。

(5) 返回值不同。带参宏定义无返回值;而函数有返回值。

【例 8.7】 带参宏定义的实参是表达式的情况。

【程序】

```
#include <stdio.h>
#define  SQ(y) (y)*(y)
int main()
{
    int  a,sq;
    printf("input  a  number:  ");
    scanf("%d",&a);
    sq=SQ(a+1);
    printf("sq=%d\n",sq);
    return 0;
}
```

【运行】

```
input  a  number:  3↙
sq=16
```

【说明】 程序中定义了带参宏 SQ(y),在引用时实参为表达式 a+1。在宏展开时,先用(y)*(y)替换 SQ(a+1),再用实参表达式 a+1 替换形参 y,最后得到如下语句:

sq=(a+1)*(a+1);

这与函数的调用是不同的,函数调用时要先把实参表达式的值求出来,再赋予形参。而宏引用时对实参表达式不做计算,直接照原样替换。可简单总结为"完全展开,直接代替"。

【例 8.8】 函数与带参宏定义的进一步比较。

【程序】

```
#include <stdio.h>
#define  SQ_MACRO(y)  ((y)*(y))
int SQ_fun(int);
int main()
{
    int  i=1;
    printf("SQ_fun:\n");
    while(i<=5)
        printf("%d\n",SQ_fun(i++));
    i=1;
```

```
        printf("SQ_MACRO:\n");
        while(i<=5)
            printf("%d\n",SQ_MACRO(i++));
        return 0;
}

int SQ_fun(int  y)
{   return((y) * (y));
}
```

【运行】

```
SQ_fun:
1
4
9
16
25
SQ_MACRO:
1
9
25
```

【说明】 此题本意是用函数调用和宏引用来分别实现输出 1～5 的平方值。在程序中，函数调用是把实参 i 的值传给形参 y 后自增 1，因而要循环 5 次，输出 1～5 的平方值。

而在宏引用时，SQ_MACRO(i++)被替换为((i++)*(i++))。在第一次循环时，i 等于 1，其计算过程为：先计算表达式 i*i 的值为 1，然后 i 值再两次自增 1 变为 3。在第二次循环时，i 已经为 3，按照第一次循环的计算过程进行计算。

8.2 条件编译

条件编译是在编译源文件之前，根据给定的条件决定编译的范围。一般情况下，源程序中所有语句都要参加编译。但有时希望在满足一定条件时，编译其中的一部分语句，在不满足条件时编译另一部分语句，这就是所谓的"条件编译"。条件编译对于程序的移植和调试是很有用的。在一套程序要产生不同的版本（如演示版本和实际版本）、避免重复定义时往往使用条件编译。

条件编译有以下 3 种形式。

(1) 第 1 种形式：

```
#ifdef   标识符
    程序段 1
#else
    程序段 2
#endif
```

它的功能是,如果标识符是已被#define命令定义过的宏名,就对程序段1进行编译;否则对程序段2进行编译。如果没有程序段2(为空),则本格式中的#else可以省略,即可以写为:

```
#ifdef  标识符
    程序段
#endif
```

【例 8.9】 根据需要设置条件编译,使程序能控制有关提示信息的输出。

【程序】

```
#include <stdio.h>
#define  DEBUG
int main()
{
    int  a=4;
    #ifdef  DEBUG
        printf("Now the programmer is debugging the program.");
    #else
        printf("a=%d.",a);
    #endif
    return 0;
}
```

【运行】

Now the programmer is debugging the program.

若没有第2行的宏定义命令,程序运行后会输出:

a=4.

(2) 第2种形式:

```
#ifndef  标识符
    程序段1
#else
    程序段2
#endif
```

它与第1种形式的区别是将ifdef改为ifndef。它的功能是,如果标识符未被#define命令定义过,则对程序段1进行编译,否则对程序段2进行编译。这与第1种形式的功能刚好相反。

(3) 第3种形式:

```
#if  常量表达式
    程序段1
#else
    程序段2
```

```
#endif
```

它的功能是,如果常量表达式的值为真(非0),则对程序段1进行编译,否则对程序段2进行编译。因此可以使程序在不同条件下,完成不同的功能。

【例8.10】 设置一个起到开关作用的宏定义,判断输入值是半径还是边长,实现求圆或正方形的面积。

【程序】

```
#include <stdio.h>
#define  R  1
int main()
{
    float  c,r,s;
    printf("input  a  number:");
    scanf("%f",&c);
    #if R
        r=3.14159*c*c;
        printf("area  of  round  is:  %f\n",r);
    #else
        s=c*c;
        printf("area  of  square  is:  %f\n",s);
    #endif
    return 0;
}
```

【运行】

```
input  a  number:3✓
area  of  round  is:  28.274309
```

若程序的第2行改为:#define R 0

则程序运行情况如下:

```
input  a  number:3✓
area  of  square  is:  9.000000
```

程序中采用了第3种形式的条件编译。根据常量表达式(常量R)为真或为假(修改宏定义),进行条件编译,可输出圆面积或正方形面积。

从上述3种命令形式可以发现,条件编译的逻辑结构与程序设计中的选择结构很相似。实质上,条件编译也是一种选择结构。它根据给定的条件,从源程序段1和源程序段2中选择其中之一进行编译。

C语言规定,条件编译中#if后面的条件必须是常量表达式,即表达式中参加运算的量必须是常量,在大多数情况下使用由#define定义的符号常量。

当然,上面介绍的条件编译也可以用条件语句来实现。但是使用条件语句将会对整个源程序进行编译,生成的目标代码较长。而采用条件编译,则根据条件只编译其中的程序段1或程序段2,生成的目标代码较短。如果可选择编译的程序段很长,或者存在多个条件编译命令时,将大大缩短目标代码的长度。

在程序调试时,经常需要查看某些变量的中间结果。这时也可以使用条件编译,在程序中设置若干调试用的语句。例如：

```
#define  FLAG  1
#if  FLAG
    printf("a=%d",a);
#endif
```

用于在调试时查看变量 a 的中间结果值。在调试完成时，只需把符号常量 FLAG 的宏定义改为♯define FLAG 0 即可。

当再次编译该源程序时，这些调试用的语句就不再参加编译了。可以看出，使用条件编译省去了在源程序中增删调试语句的麻烦。并且，在程序正式投入运行后的维护期间，当需要再次调试程序时，这些调试语句还可以再次得到利用。

使用条件编译，还可以使源程序适应不同的运行环境，从而增强了程序在不同机器间的可移植性。

8.3 文 件 包 含

所谓文件包含是指在一个文件中包含另一个文件的全部内容，使之成为该文件的一部分。这相当于两个文件的合并。

文件包含由文件包含命令♯include 来实现，其一般格式为：

```
#include  <文件名>              //格式 1
#include  "文件名"              //格式 2
```

其中，"文件名"是指被包含的文件，称为头文件。头文件必须是文本文件，如 C 语言源程序文件等。头文件通常以".h"为扩展名，但也可以是".c"或其他，甚至没有扩展名也是可以的。

在编译预处理时，文件包含命令的功能是将指定头文件的内容包含到该命令出现的位置处并替换此命令行。

格式 1 和格式 2 的主要区别是在存放头文件的路径上。使用格式 1 时，预处理程序只在系统规定的目录(include 子目录，由用户在设置编译环境时设置)中去查找指定的头文件，若找不到，则显示出错，这称为标准方式。使用格式 2 时，预处理程序先在当前工作目录中寻找指定的头文件，若找不到，再按标准方式去查找。

一般来说，如果调用系统提供的标准库函数时使用格式 1(库函数相关的头文件一般放在系统规定的目录)，以节省查找时间。如果要包含的是用户自己编写的头文件(这种头文件往往放在当前工作目录)，则一般使用格式 2。

在进行结构化程序设计时，文件包含是很有用的。一个大的程序可以分为多个源程序文件，由多个程序员分别编写。使用文件包含的手段，可以减少重复性的劳动，有利于程序的维护和修改，同时也是"模块化"设计思想所要求的。将那些公用的或常用的宏定义、函数原型、数据类型定义及全局变量的定义和声明等组织在一些头文件中，在程序需要使用到这些信息时，就用♯include 命令把它们包含到所需的位置上去，从而免去每次使用它们时都要重新定义或声明的麻烦。

C语言为用户提供了许多头文件,这些头文件称为"标准头文件"。其中,stdio.h 中有 EOF 和 NULL 宏定义及输入输出函数的原型等;math.h 中有各个数学函数的原型;io.h 中有数据类型 struct ftime 的定义。

【例 8.11】 用户头文件的编写和使用。

【程序】

```
#ifndef  _L8_11_H_
#define  _L8_11_H_              //定义宏,以防止重复包含此头文件
#include  <stdio.h>
#define  ADD(a,b)  ((a)+(b))    //定义宏,实现两数的加法
#define  SUB(a,b)  ((a)-(b))
int  MUL(int  a,int  b)         //定义函数,实现两数的乘法
{
    return  a*b;
}
float  DIV(float  a,float  b)
{
    if(b!=0)    return  a/b;
    else    printf("Error! The deno cannot be zero!");
}
#endif
```

L8_11.c 文件源代码如下:

```
#include  "L8_11.h"             //包含自定义头文件
int main()
{
    int  a,b;
    int  sum,product;
    float  difference,quotient;
    printf("Please input two numbers:");
    scanf("%d,%d",&a,&b);
    sum=ADD(a,b);
    difference=SUB(a,b);
    product=MUL(a,b);
    quotient=DIV(a,b);
    printf("sum=%d,difference=%f\n",sum,difference);
    printf("product=%d,quotient=%f\n",product,quotient);
    return 0;
}
```

【运行】

```
Please input two numbers:34,12✓
sum=46,difference=22.000000
product=408,quotient=2.833333
```

【说明】

(1) 一个#include命令只能包含一个头文件,若有多个文件要包含,则需用多个#include命令。

例如,如果file1.c中包含file2.c,而file2.c中要用到file3.c的内容,则可在file1.c中用两个#include命令进行包含。包含顺序如下:

```
#include "file3.c"
#include "file2.c"
```

即在包含file2.c之前先包含file3.c,所以file2.c中可以直接使用file3.c的内容,而不必再在file2.c中用#include "file3.c"了(以上是假设file2.c在本程序中只被file1.c包含,而不出现在其他场合)。

(2) 文件包含允许嵌套,即在一个被包含的文件中又可以包含另一个文件。上面的问题也可以这样处理,即在file1.c中定义:

```
#include "file2.c"
```

再在file2.c中定义:

```
#include "file3.c"
```

(3) 当某个头文件的内容发生变化时,意味着包含该头文件的源程序也发生变化,所以需要重新编译。

习 题 8

8.1 以下程序的输出结果是(   )。
A. 5   B. 6   C. 8   D. 9

```
#include <stdio.h>
#define  N  2
#define  M  N+1
#define  NUM  (M+1)*M/2
int main()
{
    int  i;
    for(i=1;i<=NUM;i++);
    printf("%d\n",i);
    return 0;
}
```

8.2 以下程序的输出结果是(   )。
A. 15   B. 100   C. 10   D. 150

```
#include <stdio.h>
#define  MIN(x,y)  (x)<(y)?(x):(y)
```

```
int main()
{
    int  i,j,k;
    i=10;
    j=15;
    k=10*MIN(i,j);
    printf("%d\n",k);
    return 0;
}
```

8.3 以下程序的输出结果是(   )。

A. 11   B. 12   C. 13   D. 15

```
#include <stdio.h>
#define  FUDGF(y)  2.84+y
#define  PR(a)   printf("%d",(int)(a))
#define  PRINT1(a)  PR(a); putchar('\n')
int main()
{
    int  x=2;
    PRINT1(FUDGF(5) * x);
    return 0;
}
```

8.4 以下程序的输出结果是(   )。

A. 320   B. 900   C. 9000   D. 300

```
#include <stdio.h>
#define  S(r)   10*r*r
int main()
{
    int  a=10,b=20,s;
    s=S(a+b);
    printf("%d\n",s);
    return 0;
}
```

8.5 以下叙述中正确的是(   )。

A. 用#include 包含的头文件的扩展名不可以是".a"

B. 若一些源程序中包含某个头文件，当该头文件有错时，只需对该头文件进行修改，包含此头文件的所有源程序不必重新进行编译

C. 宏定义可以看成是一行 C 语句

D. C 程序中的预处理是在编译之前进行的

8.6 写出一个宏定义 ISALPHA(C)，用以判断 C 是否是字母字符，若是则得 1，否则得 0。

8.7 写出一个宏定义 SWAP(t,x,y)，用以交换 t 类型的两个参数 x、y。提示：用复合语句

的形式。

8.8 用条件编译实现：输入一行字符，可以用两种方式输出，一种为原文输出，另一种将字母变成其后续字母，即按密码输出。

8.9 对年份 year，定义一个宏，以判别该年份是否是闰年。

8.10 求 3 个整数的平均值，要求用带参宏实现且把带参宏定义存放在头文件中。

第 9 章　指　针

指针是 C 语言的一个重要特色,也是 C 语言的精华所在。正确而灵活地运用指针,可以有效地表示复杂数据结构;可以在函数间进行数据传递;可以直接处理内存地址、动态分配内存;可以使程序简洁、紧凑、高效。

本章重点:

(1) 指针变量的使用。

(2) 指针与数组。

(3) 指针与字符串。

(4) 指针作为函数的参数。

(5) 函数指针。

(6) 指针函数。

(7) 指针数组。

本章难点:

(1) 指针函数与函数指针的区别。

(2) 指针数组的使用。

9.1　地址和指针的基本概念

指针既是 C 语言的重点,也是 C 语言的难点。简单地说,指针其实就是内存单元的地址。要理解指针的概念,必须首先弄清内存的概念以及数据在内存中如何存储的,数据使用时又是如何从内存中读取的。

内存是以字节为单位的一系列连续的存储单元,为了便于访问,给每个字节单元一个唯一的编号,各字节单元按顺序连续编号,这些字节单元被称为内存单元。字节单元的编号被称为内存单元的地址,即内存地址。系统根据这个地址来识别各内存单元,就像在一个酒店中用房间编号来标识各个房间一样。系统按内存地址来管理各字节,根据内存地址就可准确地找到该内存单元,找到该单元就能找到单元中存储的数据了。

访问存储单元有以下两种方式。

1. 直接访问方式

按变量名存取变量值的方式被称为直接访问方式。声明变量时,编译系统就会给每个变量名按其类型分配相应的存储单元并自动将变量名与其对应单元的地址建立联系,具体分配哪些单元给变量(或者说该变量的地址是什么),不需要编程者去考虑,由 C 编译系统去完成,当执行程序给变量名赋值时,系统会将数据保存到该变量对应的地址单元中。例如:

```
int a;
a=20;
```

该声明表示,确定变量名及其类型,然后系统给变量名分配存储单元,该存储单元的大小由变量的类型决定,所以 a 对应的存储单元被分配 4 字节(每字节都有一个地址编号),并规定首字节的地址编号作为该变量的地址,系统自动将存储单元的地址与变量名 a 建立联系,在程序中使用变量 a,就是使用变量 a 所代表的存储单元,变量 a 的值就是存储单元的内容。由于每个变量都对应一个内存地址,使用变量时,系统通过变量名所对应的地址找到存储单元,就可访问该单元了。例如:

```
short x; char c; float y;
scanf("%hd%c%f",&x,&c,&y);
```

计算机将按以下步骤处理上述语句。

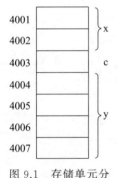

图 9.1 存储单元分配示意图

(1) 共有 3 个变量,给它们分别分配存储单元,其中,x 为 2 字节,假设地址编号为 4001 和 4002,系统将 x 与地址 4001 建立联系;c 为 1 字节并与地址 4003 建立联系;y 为 4 字节并与地址 4004 建立联系,如图 9.1 所示。

3 个变量之间被分配的地址不一定是连续的,但每个变量的各字节地址肯定是连续的。

(2) C 系统通过 x 找到其对应存储单元的起始地址 4001,将从键盘上输入的值存入地址 4001 和 4002 对应的存储单元中。

只要找到了地址,就能找到对应的存储单元。可见,地址就像是存储单元的指示标识,在 C 语言中形象地称地址为指针。

2. 间接访问方式

间接访问方式是通过声明一种特殊的变量专门存放内存或变量的地址,然后根据该地址值再去访问相应的存储单元。例如:

```
int x, *p;
x=50; p=&x;
```

计算机将按以下步骤处理上述语句。

(1) 声明了一个整型变量 x,假如地址为 5001,准备用来存放一个整数;声明了一个整型指针变量 p,假如地址为 7001,准备用来存放一个整型单元的地址(编译器分配给指针变量的存储空间大小取决于 CPU 的寻址长度)。

(2) 给 x 变量赋值整数 50,给 p 指针变量赋值 x 变量的地址,& 为取地址运算符,如图 9.2 所示。

由图 9.2 可见,p 这个特殊变量中存放的是 x 变量的地址 5001,如果要访问 50 这个数,先通过指针变量 p 找到 x 的地址

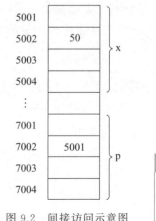

图 9.2 间接访问示意图

5001,再找到 5001 地址单元(即 x 存储单元),就可找到整数 50。

这种间接地通过指针 p 得到变量 x 的地址,然后再访问 x 值的方式称为间接存取。

9.2 指针变量

变量的指针就是这个变量的地址。如果一个地址用另一个变量来保存,这个变量就称为指针变量,用来指向另一变量。例如 i 的地址就是 i 的指针,这个指针用 i_pointer 来保存,则 i_pointer 就是一个指针变量,它存储的内容是指针。

为了表示指针变量和它所指向的变量之间的联系,用 * 表示指向的关系。例如,i_pointer 代表指针变量,而 * i_pointer 是 i_pointer 所指向的变量,如图 9.3 所示。

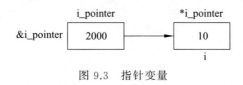

图 9.3 指针变量

则下面两个语句作用相同:

i=5;
* i_pointer=5;

第 2 个语句的含义是将 5 赋给指针变量 i_pointer 所指向的变量。

9.2.1 指针变量的定义

指针变量是专门用于存放地址的变量,C 语言将它定义为"指针类型"。指针变量也是变量,但该变量中存放的不是普通的数据而是地址。如果一个指针变量中存放的是某一个变量的地址,那么则称指针变量指向该变量。C 语言规定所有变量在使用前必须先定义,指针变量也不例外,定义指针变量的格式为:

类型说明符 *变量名;

其中,* 表示这是一个指针变量,"变量名"即为定义的指针变量名,"类型说明符"表示本指针变量所指向的变量的数据类型。定义完成后系统会为该指针变量分配存储空间。例如:

int * p1;

其中,p1 是一个指针变量,它的值是某个整型变量的地址。或者说,p1 指向一个整型变量。至于 p1 究竟指向哪一个整型变量,应由向 p1 赋予的地址来决定。

再例如:

int * p2;
float * p3;
char * p4;

其中,p2 为 int 型变量指针,该变量存储的地址为 int 型变量的地址;p3 为 float 型变量指针,该变量存储的地址为 float 型变量的地址;p4 为 char 型变量指针,该变量存储的地址为 char 型变量的地址。

9.2.2 指针变量的类型

在定义指针变量时必须指定其类型,该类型表明的是指针变量所指向的变量的类型。

一个指针变量被定义之后,它所指向对象的类型就确定了。所以,在一般情况下,一个指针变量只能指向由定义限定的同一类型的变量。例如:

```
int x,*p1;
double y,*p2;
p1=&x;
p2=&y;
```

p1 为指向 int 型变量的指针,p2 为指向 dauble 型变量的指针,p1 和 p2 占用的空间是一样的,但是 p1 和 p2 所指向的变量所占用的空间不同。

不能把 x 的地址赋给 p2,即不能有 p2=&x。

从语法上讲,指针变量可以指向任何类型的对象,包括指向数组、指向别的指针变量、指向函数等,从而可以表示复杂的数据类型。例如,可以有下列变量说明。

```
char (*ptr)[5];
int **ip;
int (*pti)();
```

9.2.3 指针变量的初始化

指针变量的定义只是创建了指针变量,获得了指针变量的存储单元,此时指针处于"无所指"的状态。例如,用"int *p;"语句来说明 p 是一个整型指针变量时,在没有对其进行赋值操作,使它指向特定变量时就使用它,将会产生一些不可预计的后果,致使程序不能正常运行。

C 语言中与指针变量有关的两个运算符为:

&:取地址运算符;

*:指针运算符(间接访问符),在程序中用 * 表示指向。

其中,地址运算符 & 是用来表示变量地址的。其一般形式为:

&变量名

如 &a 表示变量 a 的地址,&b 表示变量 b 的地址。

在 C 语言中,变量的地址是由编译系统分配的。程序中必须使用取地址运算符(&)将地址存储到指针变量中。

可以在声明指针变量时,对其进行初始化,即在声明的同时,给其赋初值,格式如下:

类型说明符 *指针变量名=地址表达式;

其中,"地址表达式"通常是"& 普通变量名""& 数组元素"或"数组名",这个普通变量名或数组名必须在前面已定义过了。

地址表达式为"& 普通变量名",则表示该指针变量指向对应的普通变量；初值为"& 数组元素",则表示该指针变量指向对应的数组元素；若为"数组名",表示该指针变量存储的是数组的首地址。

假设有指向整型变量的指针变量 p,如要把整型变量 a 的地址赋予 p,则可以用以下两种方式。

(1) 用指针变量初始化的方法,即：

```
int a;
int * p=&a;
```

以上语句首先定义了 int 型变量 a,然后定义 int 型指针变量 p,并用 a 的地址对其进行了初始化。

(2) 用赋值语句的方法,即：

```
int a;
int * p;
p=&a;
```

以上语句首先定义了 int 型变量 a,再定义 int 型指针变量 p,然后通过赋值语句对指针变量 p 进行了初始化。

注意：

(1) 指针变量定义后,若不赋值,则其值是不确定的。

(2) 可以给指针变量赋空值(NULL),使指针变量不指向任何变量,例如：

```
int * ip=NULL;
```

(3) 指针变量的值是它所指变量在内存中的地址,利用运算符"&"可得到一个变量的地址。

(4) 不能将一个整型量(或任何其他非地址类型的数据)赋给一个指针变量,例如：

```
int * p;
p=1000;
```

是错误的。

9.2.4 指针变量的引用

C 语言规定,程序中引用指针变量有多种方式,常见的有下列 3 种。

(1) 给指针变量赋值。使用格式为：

指针变量=地址表达式;

例如：

```
int i, * p1;
p1=&i;
```

(2) 通过指针变量来引用它所指向的变量。使用格式为：

* 指针变量名;

在程序中"*指针变量名"代表它所指向的变量。例如：

```
int a=5,b,*p=&a;
b=*p;
```

又例如：

```
int i=200,x;
int *ip;
```

定义了两个整型变量i和x,还定义了一个指向整型数的指针变量ip。i、x中可存放整数,而ip中只能存放整型变量的地址。如果把i的地址赋给ip,即：

```
ip=&i;
```

于是,指针变量ip指向整型变量i。假设变量i的地址为1800,这个赋值可形象理解为如图9.4所示的联系。

以后便可以通过指针变量ip间接访问变量i,例如：

```
x=*ip;
```

图9.4　ip指向i的示意图

运算符"*"可以访问以ip为地址的存储区域,而ip中存放的是变量i的地址。因此,*ip访问的是地址为1800的存储区域,就是i所占用的存储区域。所以,上面的赋值表达式等价于：

```
x=i;
```

指针变量和一般变量一样,存放在它们之中的值是可以改变的。也就是说,可以改变它们的指向。例如,假设：

```
char i,j,*p1,*p2;
i='a';
j='b';
p1=&i;
p2=&j;
```

则可建立如图9.5所示的联系。

这时赋值语句

```
p2=p1;
```

就使p2与p1指向同一对象i,*p2就等价于i,而不是j,如图9.6所示。

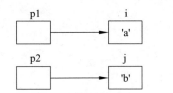

图9.5　两个不同指针指向不同变量的示意图

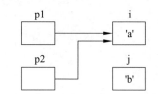

图9.6　两个不同指针指向同一变量的示意图

如果执行如下表达式语句,即：

```
  * p2= * p1;
```

则表示把 p1 指向的内容赋给 p2 所指的区域。

【例 9.1】 输出两个数据中比较大的数据。

【程序】

```
#include <stdio.h>
int main( )
{
  int a,b;
  int * p1, * p2, * p;
  p1=&a;
  p2=&b;
  scanf("%d%d",p1,p2);
  if (a<b)
  {
    p=p1; p1=p2; p2=p;
  }
  printf("the max is %d.\n", * p1);
  return 0;
}
```

【说明】 这个算法的解决思路是利用指针变量 p1 指向两个数据中大数的地址，程序开始的部分，利用 p1 保存变量 a 的地址，p2 保存变量 b 的地址。如果数据 a 小于数据 b，那么交换两个指针变量的指向。

当然也可以用下面的程序来解决这一问题。

```
#include <stdio.h>
int main( )
{
  int a,b,t;
  int * p1, * p2;
  p1=&a;
  p2=&b;
  scanf("%d%d",&a,&b);
  if (a<b)
  {
    t= * p1; * p1= * p2; * p2=t;
  }
  printf("the max is %d.\n", * p1);
  return 0;
}
```

【说明】 这个算法的思路是不改变 p1 和 p2 的指向，利用交换两个指针指向数据的值实现交换。程序开始的部分，利用 p1 保存变量 a 的地址，利用 p2 保存变量 b 的地址。如果数据 a 小于数据 b，那么交换两个指针变量指向的数据。

这两种方案都可以实现问题的要求。在利用指针访问变量的时候,一定要弄清是需要改变指针变量的值,还是需要改变指针变量所指向的变量的值。

9.2.5 指针变量的运算

1. 赋值运算

指针变量的赋值运算有以下几种形式。
(1) 指针变量初始化赋值,前面已做介绍。
(2) 把一个变量的地址赋予指向相同数据类型的指针变量。例如:

int a, * pa;
pa=&a;

(3) 把一个指针变量的值赋予指向相同类型变量的另一个指针变量。例如:

int a, * pa=&a, * pb;
pb=pa;

由于 pa、pb 均为指向整型变量的指针变量,因此可以相互赋值。
(4) 把数组的首地址赋予指针变量。例如:

int a[5], * pa;
pa=a;

也可写为:

pa= &a[0];

当然也可采取初始化赋值的方法。例如:

int a[5], * pa=a;

(5) 把字符串的首地址赋予指向字符类型的指针变量。例如:

char * pc;
pc="C Language";

或用初始化赋值的方法写为:

char * pc="C Language";

这里应说明的是,并不是把整个字符串装入指针变量,而是把存放该字符串的字符数组的首地址装入指针变量。

2. 算术运算

同类型指针变量之间可以进行相减运算,得到的结果为两个变量所指向的对象之间间隔的同类型变量的个数。例如:

int a[10];
int * px=&a[0];

```
int * py=&a[3];
int x=py-px;
```

上例中 px 和 py 分别指向了数组 a 的第 0 个元素和第 3 个元素，py－px 的结果为 3，表示它们之间相差 3 个元素。

指针变量和整型变量之间也可以进行加减运算，一个指针加上或减去一个整数 n 表示将该指针向后或向前移动 n 个所指类型长度的值。例如：

```
int a [4]={0,1,2,3};
int * p=&a[0];
p=p+2;
printf("%d", * p);
p=p-1;
printf("%d", * p);
```

上例中指针 p 被初始化为数组第 0 个元素的地址，加 2 后 p 指向数组的第 2 个元素，输出 * p 的值就相当于输出 a[2]的值，p 减 1 后指针向前移动了一个整型数据的地址，指向了 a[1]，输出结果为 a[1]的值。

指针变量同样可以使用＋＋、－－运算符，使用时需注意其前置和后置的区别，若 p 为一个指向 A 类型的指针变量，则 p＋＋表示先得到 p 的值，然后 p 值加 1；＋＋p 表示 p 值先加 1（就是指针 p 向后移动了一个类型长度），再得到其值。

3. 关系运算

指针变量也可以进行关系运算，可以使用的运算符有＝＝、！＝、＜、＜＝，＞和＞＝。例如，判断一个指针 p 是否为空可以使用 p＝＝0，也可以直接使用变量 p 作为一个逻辑使用。

9.2.6 指针变量作为函数参数

调用函数时，指针变量可以作为实参和形参。尽管调用函数不能改变实参指针变量的值，但可以改变实参指针变量所指变量的值。接下来，通过两个例子的比较来说明这个问题。

【例 9.2】 阅读下面的程序，看看能否实现两个数的互换。

【程序】

```
#include <stdio.h>
void swap(int x,int y)
{
  int temp;
  temp=x;
  x=y;
  y=temp;
}
int main( )
{
```

```
    int a,b;
    printf("Input a,b:");
    a=5;
    b=9;
    swap(a,b);
    printf("%d,%d\n",a,b);
    return 0;
}
```

【说明】 程序运行后发现 a 和 b 并没有交换。仔细分析,程序执行的过程如下。

(1) 在主函数 main 中 a 的值为 5,b 的值为 9,如图 9.7(a)所示。

(2) 当调用函数 swap 时,将参数 a 和 b 的值分别传递给形参 x 和 y,这相当于执行赋值语句"x=a;y=b;",如图 9.7(b)所示。

(3) x 和 y 接收到数值后,执行 swap 函数,x 和 y 的值互换,如图 9.7(c)所示。

(4) 调用结束后,回到主函数中。形参单元被释放,实参单元仍保留并维持原值,如图 9.7(d) 所示。

这里仅仅将实参 a 和 b 的值传递给形参 x 和 y;swap 函数中对 x 和 y 的操作对实参变量 a 和 b 没有任何影响。所以,仅仅通过值传递,不能达到将 a 和 b 互换的目的。

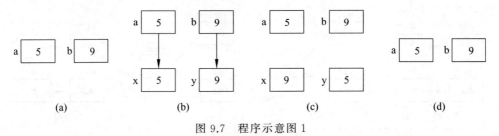

图 9.7 程序示意图 1

【例 9.3】 下面用指针作为参数,看看能否实现两个数的互换。

【程序】

```
#include <stdio.h>
void swap(int * p1,int * p2)
{
    int temp;
    temp= * p1;
    * p1= * p2;
    * p2=temp;
}
int main( )
{
    int a,b;
    int * ptr1, * ptr2;
    printf("Input a,b:");
    scanf("%d%d",&a,&b);
    ptr1=&a;ptr2=&b;
```

```
    swap(ptr1,ptr2);
    printf("\n%d,%d\n",a,b);
    return 0;
}
```

【说明】 本例执行情况如下。

(1) 在主函数中,先将指针变量 ptr1 指向 a,ptr2 指向 b,如图 9.8(a)所示。

(2) 调用 swap 函数,将实参 ptr1 和 ptr2 的值分别传递给形参 p1 和 p2,因此 p1 也指向 a,p2 也指向 b,如图 9.8(b)所示。

(3) 在 swap 函数中,交换 * p1 和 * p2 的值,也就是交换 a 和 b 的值,此时 p1 和 p2 仍然指向 a 和 b,如图 9.8(c)所示。

(4) 函数调用结束后,回到主函数中。形参 p1 和 p2 被释放,如图 9.8(d)所示。

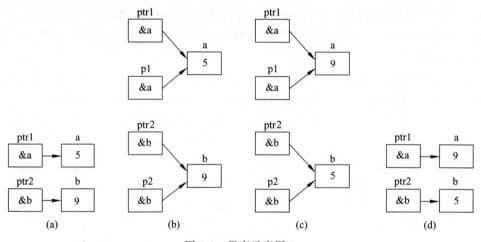

图 9.8 程序示意图 2

需要注意,如果改变的不是指针形参指向的变量的值,而是改变指针形参本身的指向,则效果是不一样的。例如,将以上程序中的 swap 函数改成下面语句:

```
void swap(int * p1,int * p2)
{
    int * p;
    p=p1;
    p1=p2;
    p2=p;
}
```

则 a 和 b 的值将保持初始值,不发生变化。因为在函数中改变的只是指针的指向,而没有改变指针所指向的内容。

综上所述,指针变量作为函数参数时,指针类型的实参值传递给指针类型的形参,则实参指针和形参指针指向同一对象。那么,在被调用函数中用指针类型的形参进行间接访问操作,实际上就是对主调函数中指针类型的实参所指变量的操作。

9.3 通过指针引用数组

数组包含若干元素,每个数组元素都在内存中占用存储单元,它们都有相应的地址。所谓数组的指针是指数组的起始地址,数组元素的指针是数组元素的地址。

9.3.1 一维数组的指针

使用指针访问数组元素时,先定义一个指针变量,然后就可通过该指针变量来访问数组及其元素。例如:

```
int t[4]={2,6,3,8},*p=t;
*p=t[3];
```

将数组的首地址或元素地址存入指针 p,就可借助于指针 p 间接访问数组元素,如图 9.9 所示。

因为数组名 t 是地址常量,其值在数组定义时已确定,不能改变,不能进行 a++、a=a+1 等类似的操作,但可以将数组的地址存入指针,对指针值改变,如 p++、p=p-2 达到快速访问数组元素的目的。

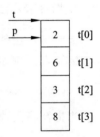

图 9.9 指针指向一维数组元素

要想快速访问数据,必须要快速找到数据单元的地址。数组类型是用来处理大批量数据的,就要了解数组及其元素地址的表示。在 C 语言中数组元素的表示一般有以下 3 种方法。

1. 下标表示法

(1) 对任意一个元素(下标变量),可以表示为 a[i],其中,下标 i=0,1,…,n-1,n 是元素个数;i≥0,即 i 为正整数,i 也代表元素在数组中的位置。

例如,数组 a 的 5 个元素分别表示为:

a[0],a[1],a[2],a[3],a[4]

其元素的地址为:

&a[0],&a[1],&a[2],&a[3],&a[4]

(2) []为变址运算符。变址运算符的一般说明形式为:

(地址表达式)[整数表达式]

【说明】 []为单目运算符,左结合性,[]之前只能是地址。

利用下标法访问数组元素 a[i] 的方法如下。

(1) 先计算出 a[i] 的地址 a+i。
(2) 访问地址为 a+i 的内存单元。

注意:将 a+i 看作元素 a[i] 的地址,是为了便于编程书写。但实际上在内存中,系统按如下公式计算 a[i] 的地址:

a+i * sizeof(类型符)

例如：float a[5]，编译分配 a 的首地址为 3010，则元素 a[3] 的地址 ＝ 3010＋3×4＝3022，求出 a[3] 的地址后，就可到以 3022 为首地址的 float 型单元中访问 a[3]。

2. 地址表示法

对任意一个元素可用地址法表示为 *(a+i)。其中，i＝0,1,…,n−1,n 是元素个数。例如，int a[5] 的 5 个元素分别表示为：

(a+0),(a+1),*(a+2),*(a+3),*(a+4)

其元素的地址分别为：

(a+0),a+1,a+2,a+3,a+4

3. 指针表示法

指针表示法基本同地址表示法。由于它将指针与数组建立了联系，也可利用指针来访问数组元素。例如：

int a[5],*p=a;

当指针指向数组后，数组 a 的 5 个元素还可用指针分别表示为：

(p+0),(p+1),*(p+2),*(p+3),*(p+4)

或

p[0],p[1],p[2],p[3],p[4]

其元素的地址为：

p,p+1,p+2,p+3,p+4

9.3.2 通过指针访问一维数组

通过指针运算可以使指针指向数组的元素，从而实现对数组元素的访问。这种访问方法的优点是占用内存少，运行速度快。

【例 9.4】 借助指针实现数组中的元素的输入和输出。

【程序】

```c
#include <stdio.h>
int main()
{
    int arr[10], *pa=arr, i;
    printf("Input 10 numbers: ");
    for(i=0; i<10; i++)
        scanf("%d", pa+i);           //使用指针变量输入数组元素的值
    printf("array[10]: ");
```

```
    for(i=0; i<10; i++)
      printf("%d ", *(pa+i));      //使用指针变量输出数组
    printf("\n");
    return 0;
}
```

不论是下标法还是地址法,引用数组元素时,都必须先计算元素地址,然后再用计算出来的地址寻找相应的元素。这种利用指针得到数组元素地址然后访问数组元素的方法和利用数组名得到数组元素地址来访问元素的方法生成的程序代码相同。也就是语句:

```
for(i=0; i<10; i++)
  printf("%d ", *(pa+i));
```

和下面的语句:

```
for(i=0; i<10; i++)
  printf("%d ", *(arr+i));
```

这两种访问方式以及 arr[i]、pq[i] 的访问方式完全一致,都要先计算地址,然后从中访问相应的元素。

另外,由于指针是变量,在元素的处理过程中,可以通过地址的运算,直接得到元素的地址,然后访问数据元素。上面的代码也可以写成下面的形式:

```
#include <stdio.h>
int main()
{
  int arr [10], *pa=arr, i;
  printf("Input 10 numbers: ");
  for(; pa<arr+10;pa++)
    scanf("%d", pa);
  printf("array[10]: ");
  pa=arr;
  for(; pa<arr+10;pa++)
    printf("%d ", *pa);
  printf("\n");
  return 0;
}
```

设指针 pa 指向数组 arr,也就是 pa=arr,则以下各条语句的作用分别为:

pa++(或 pa+=1):pa 指向下一个元素。

*pa++:相当于 *(pa++),因为 * 和 ++ 同优先级,++ 是右结合运算符。

*(pa++) 与 *(++pa) 的作用不同:*(pa++) 的作用是先取 *pa,再使 pa 加 1;*(++pa) 的作用是先使 pa 加 1,再取 *pa。

(*pa)++:表示 pa 指向的元素值加 1。

【例 9.5】 将八进制数转换为十进制数。

【分析】

(1) 定义字符数组 s 用来存放八进制数的字符串。

(2) 定义指针变量 p,并让 p 指向 s。
(3) 定义数字变量 n 用来存放十进制数。
(4) 输入八进制数存放到数组 s 中。
(5) 将八进制数转换为十进制数。
(6) 输出 n。

【程序】

```
#include <stdio.h>
int main()
{
  char * p,s[6];int n;
  p=s;
  gets(p);
  n=0;
  while(*(p)!='\0')
  {
    n=n*8+*p-'0';
    p++;
  }
  printf("%d",n);
  return 0;
}
```

【运行】

543
355

【例 9.6】 输入 10 个数据,统计其中正数的个数,同时输出这些数据。

【分析】 解决这个问题需要对输入的数据进行比较统计。对数组中元素的访问是通过指针变量的运算,直接得到数组元素的地址,然后用 * 运算来访问数据。

【程序】

```
#include <stdio.h>
int main( )
{
  int a[10];
  int i, * p,count=0;
  for(i=0;i<10;i++)
    scanf("%d",a+i);
  printf("\n");
  for(p=a;p<a+10;p++)
  {
    if (* p>0)
    {
      count ++;
```

```
            printf("%d", * p);
            if (count %4==0) printf("\n");
        }
    }
    return 0;
}
```

【说明】 程序中利用地址法访问数组元素的下标,第 2 条循环语句利用指针变量的变化得到数组的地址,可以看出,利用地址法可以直接知道处理的是数组中的第几个元素,但是每次访问元素都要从内存中读入 a 以及 i;而利用指针变量的运算只需要从内存中读入 p,经过运算可以直接得到数据的地址,然后访问数据。

9.3.3 通过指针在函数间传递一维数组

1. 数组名作为函数参数

如下面的例子所示,在定义函数和调用函数时可以使用数组作为函数参数:

```
void f(int x[ ], int n);          f(a, 10);
```

其用数组名作为实参,调用函数时是把数组首地址传递给形参,而不是把数组的值传给形参。

实际上,能够接收并存放地址值的只能是指针变量,编译系统都是将形参数组名作为指针变量来处理的。例如:

```
void f(int * x, int n);
x[i]
```

等效于

```
 * (x+i)
```

【例 9.7】 编写函数,将数组各元素值取反。

【程序】

```
#include <stdio.h>
void invert(int x[],int n);
int main()
{
    int a[10], i;
    for (i=0;i<10; i++)
    scanf( "%d", &a[i]);
    invert(a, 10);
    for (i=0; i<10; i++)
        printf("a[%d]=%d,",i, a[i]);
    return 0;
}
void invert(int x[ ], int n)
```

```
{
    int i;
    for (i=0; i<n; i++)
        x[i]=-x[i];
}
```

【运行】

1 2 3 4 5 6 7 8 9 10
a[0]=-1,a[1]=-2,a[2]=-3,a[3]=-4,a[4]=-5,a[5]=-6,a[6]=-7,a[7]=-8,a[8]=-9,
a[9]=-10,

下面分析参数传递情况,即:x、a 共享同一段内存单元(参见图 9.10)。

前面已分析,可用指针表示数组,即指针运算引用数组元素。于是,可用指针变量作为形参接收实参数组首地址。

图 9.10　实参和形参数组共享同一段内存空间示意图

因此,可将上述函数改为:

```
void invert (int * x,int n)
{ int * i;
  for (i=x; i<(x+n) ;i++)
      * i=-(* i);
}
```

2. 用指针变量替代数组名作为函数的参数

用指针变量替代数组名作为函数的参数时,一般有以下两种情况。
(1) 指针变量可以作为函数的形参。
(2) 指针变量可以作为函数的实参。
其中,实参与形参使用的对应关系如下所示。

① 形参和实参都用数组名。例如:

```
void f(int x[ ], int n)
{…}
int main()
{
  int a[10];
  …
  f(a,10);
  …
}
```

其中,a 和 x 为数组,传递的是 a 数组的首地址,即把实参数组首地址传递给形参作为形参数组首地址。a 和 x 数组共用一段内存单元,即在调用期间,a 和 x 指的是同一数组。

② 实参用数组名,形参用指针变量。例如:

```
void f(int *p, int n)
{…}
int main()
{
    int a[10];
    …
    f(a,10);
    …
}
```

其中,实参 a 为数组名,形参 p 为指向整形变量的指针变量,即把实参数组首地址传递给形参(指针变量),函数中用指针访问实参数组。函数开始执行时,p 指向 a[0],即 p=&a[0]。通过 p 值的改变,可以指向 a 数组中的任一元素。

③ 形参和实参都用指针变量。例如:

```
void f(int *pa, int n)
{…}
int main()
{
    int a[10], *p=a;
    …
    f(p,10);
    …
}
```

其中,实参 p 和形参 pa 都是指针变量。先使实参指针变量 p 指向数组 a,p 的值是&a[0]。然后将 p 的值传递给形参指针变量 pa,pa 的初值也是 &a[0],通过 pa 值的改变可以使 pa 指向数组 a 的任一元素。

④ 实参为指针变量,形参为数组名。例如:

```
void f(int x[], int n)
{…}
int main()
{
    int a[10], *p=a;
    …
    f(p,10);
    …
}
```

其中,实参 p 为指针变量,它使指针变量 p 指向 a[0],即 p=a 或 p=&a[0]。形参为数组名 x,实际上是将 x 作为指针变量处理,将 a[0]的地址传递给形参 x 取得 a 数组的首地址,x 数组和 a 数组共用一段内存单元。在函数执行过程中可以使 x[i]值变化,实质上就是使 a[i]的值发生变化。

以上 4 种参数格式都可以实现实参共享地址的空间,在函数中利用形参更改实参的数据。一般在使用的时候没有特别的限制,只是形参用数组名的形式,一般以下标或者地址法编写程序,反之形参用指针变量的时候,则直接利用地址的变化,访问相应的实参的空间。

【例 9.8】 判断两个指针所指存储单元中的值的符号是否相同;若相同则函数返回 1,否则返回 0。假设这两个存储单元中的值都不为 0。

【程序】

```
#include <stdio.h>
int fun ( double * a, double *b )
{
    if ((*a) * (*b)>0.0)
        return 1;
    else return 0;
}
int main()
{
    double n , m;
    printf("Enter n , m : ");
    scanf ("%lf%lf", &n, &m);
    printf( "\nThe value of function is: %d\n", fun ( &n, &m ) );
    return 0;
}
```

【运行】

```
Enter n , m : 4   -6
The value of function is: 0
```

【例 9.9】 输入 10 个整数,将其中最小的与第一个数对换,最大数与最后一个数对换(函数用指针处理)。

方案一:形参、实参均用数组名。

【程序】

```
#include <stdio.h>
void maxmin(int array[]);
int main()
{
    int num[10],i;
    for(i=0;i<10;i++)
        scanf("%d",&num[i]);
    maxmin(num);
    for(i=0;i<10;i++)
        printf("%d ",num[i]);
```

```
        return 0;
}
void maxmin(int array[])
{
    int *pmax, *pmin, *p;
    pmax=pmin=array;
    for(p=array+1;p<array+10;p++)
        if(*p>*pmax)
            pmax=p;
        else if(*p<*pmin)
            pmin=p;
    *p=array[0];
    array[0]=*pmin;
    *pmin=*p;
    *p=array[9];
    array[9]=*pmax;
    *pmax=*p;
}
```

【运行】

35 42 87 2 3 6 7 5 4 10
2 42 10 35 3 6 7 5 4 87

方案二：形参、实参均用指针。

【程序】

```
#include <stdio.h>
void maxmin(int *pa);
int main()
{
    int num[10],i;
    int *pnum;
    pnum=num;
    for(i=0;i<10;i++)
        scanf("%d",&num[i]);
    maxmin(pnum);
    for(i=0;i<10;i++)
        printf("%d ",num[i]);
    return 0;
}
void maxmin(int *pa)
{
    int *pmax, *pmin, *p;
    p=pmax=pmin=pa;
    for(;p<pa+10;p++)
        if(*p>*pmax)
```

```
                pmax=p;
            else if( * p< * pmin)
                    pmin=p;
    * p= * pa;
    * pa= * pmin;
    * pmin= * p;
    * p= * (pa+9);
    * (pa+9) = * pmax;
    * pmax= * p;
}
```

【运行】

32 54 45 6 41 53 67 56 31 12
6 54 45 32 41 53 12 56 31 67

9.3.4 通过指针访问二维数组

用指针变量可以访问一维数组中的元素,也可以访问二维数组中的元素。二维数组是具有行列结构的数据,所以二维数组元素地址与一维数组元素地址的表示方式不一样。

1. 二维数组的地址

设有整型二维数组 a[3][4]如下:

```
int a[3][4]={ {0,1,2,3},{4,5,6,7},{8,9,10,11}}
```

C 语言允许把一个二维数组分解为多个一维数组来处理。因此数组 a 可分解为 3 个一维数组,即 a[0]、a[1]、a[2]。每个一维数组又都含有 4 个元素,如图 9.11 所示。

由图 9.11 可见,每行都是一个一维数组,故只要能确定每个一维数组的首地址即行首地址,就能通过行首地址找到该行的元素地址。

a 是二维数组名,代表整个二维数组的起始行地址。a[0]、a[1]、a[2]分别表示数组 a 中 3 个一维数组的首地址,也就是每一行的第一个元素的地址。行地址与元素地址的关系如图 9.12 所示。

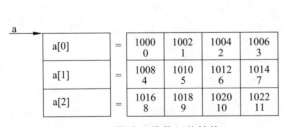

图 9.11 特殊一维数组的结构　　图 9.12 行首地址与元素地址的关系

以 m*n 数组 a 的第 i 行 j 列元素为例,总结二维数组的行地址、二维元素地址,二维元素的各种表示方法如下。

（1）行地址为：

a,a+i

（2）元素地址为：

a[i],a[i]+j,&a[i][j]

（3）元素为：

(a[i]+j),(*(a+i)+j),(*(a+i))[j],a[i][j]

【例 9.10】 用指针表示法输出二维数组的各元素值。
【程序】

```
#include <stdio.h>
int main()
{
    int a[2][3]={{0,1,2},{3,4,5}};
    int b[3][3]={{8,1,6},{9,4,5},{3,2,7}};
    int k,j,*p;
    for(j=0;j<2;j++)
    {
        for(k=0;k<3;k++)
            printf("%5d",*(a[j]+k));
        printf("\n");
    }
    for(j=0;j<3;j++)
    {
        for(k=0;k<3;k++)
            printf("%5d",*(*(b+j)+k));
        printf("\n");
    }
    j=0;
    for(p=a[0];p<a[0]+6;p++)
    {
        printf("%5d",*p);
    }
    if(++j==3) printf("\n");
    return 0;
}
```

【运行】

0 1 2
3 4 5
8 1 6
9 4 5
3 2 7

```
0 1 2
3 4 5
```

2. 指向二维数组的指针变量

在 C 语言中,可将二维数组看成一维数组的嵌套,即一个特殊的一维数组。其中,每个元素又是一个一维数组,在内存中按行顺序存放。利用指针访问二维数组可采用两种方式:指向数组元素的指针和行指针。

1) 指向数组元素的指针

这种指针变量的定义与普通指针变量定义相同。

【例 9.11】 用指向数组元素的指针找出二维数组中的最大元素及其位置。

【程序】

```c
#include <stdio.h>
void input(int * p,int r,int l);
void max(int * a,int r,int l);
int main()
{
    int a[3][3];
    printf("输入 3×3 数组\n");
    input(a[0],3,3);
    max(* a,3,3);
    return 0;
}
void input(int * p,int r,int l)
{
    int * q,* q_end=p+r* l-1;
    for(q=p;q<q_end;q++)
        scanf("%d",q);
}
void max(int * p,int r,int l)
{
    int k,t,i,j,m= * p;
    k=t=0;
    for(i=0;i<r;i++)
        for(j=0;j<l;j++,p++)
            if(m< * p)
            {
                m= * p;
                k=i;
                t=j;
            }
    printf("最大数=%d   行号=%d   列号=%d\n",m,k,t);
}
```

【运行】

输入 3×3 数组
3 5 6↙
4 7 9↙
2 1 0↙
最大数=9　行号=1　列号=2

2）行指针

行指针的一般说明形式为：

类型符（＊指针变量名）[元素个数]

例如：

int（＊p）[3],a[4][3];
p=a; p=a+2;

定义了一个指针 p。p 指向一个具有 3 个元素的一维数组（二维数组中的行数组），即 p 用来存放二维数组中的行地址。

注意：引用了行指针后，"p++;"表示指向下一行地址，p 的值应以一行占用存储字节数为单位进行调整。

【**例 9.12**】　用指向一维数组的行指针，输出二维数组，并求数组中的最大元素及所在行列号。

【程序】

```
#include <stdio.h>
int main()
{
    int j,i,m,n,max,a[3][3]={{1,7,9},{23,4,6},{45,79,8}};
    int (*p)[3];
    p=a;
    max=p[0][0];
    for(i=0;i<3;i++)
    {
        for(j=0;j<3;j++)
          if( max< *(*p+j))          //将 max 与数组中的每个元素比较
              max= *(*p+j),m=i,n=j;
        p++;                          //p 指向下一行
    }
    printf("最大数=%d　行号=%d　列号=%d\n",max,m,n);
}
```

【运行】

最大数=79　行号=2　列号=1

9.4 指针与字符串

9.4.1 字符串与指向字符串的指针

在 C 语言中字符串的表示形式有下面两种。

1. 用字符数组实现

例如：

```
char str[]="I love China!";
printf("%s\n",str);
```

2. 用字符指针变量指向一个字符串实现

将存放字符串的字符数组名赋给一个字符串指针变量，让字符串指针变量指向字符串的首地址，这样就可以通过指向字符串的指针变量操作字符串。例如：

```
char str[]="I love China!",*p;
p=str;
printf("%s\n",p);
```

此外，也可以不定义字符数组。C 语言编译系统对字符串常量按照和字符数组同样的方法进行处理，在内存中开辟一段连续存储空间来存放字符串常量。所以可以直接定义一个字符串指针变量指向字符串常量。例如：

```
char *p="I love China!";
printf("%s\n",p);
```

首先定义 p 是一个字符指针变量，然后把字符串常量"I love China!"的首地址，即字符"I"的地址，赋予字符串指针变量 p。还可以按以下形式赋值：

```
char *p;
p="I love China!";
```

注意：这里不是把该字符串本身赋值到指针变量 p 中，而是把存储字符串的首地址赋给指针变量 p。

【例 9.13】 在输入的字符串中查找有无字符'k'。

【程序】

```
#include <stdio.h>
int main()
{
    char st[20],*ps;
    int i;
    printf("Input a string:\n");
```

```
    ps=st;
    gets(ps);
    for(i=0; * ps!='\0';ps++)
      if(*ps=='k')
      {
        printf("there is a 'k' in the string\n");
        break;
      }
    if(*ps=='\0') printf("There is no 'k ' in the string\n");
    return 0;
}
```

【运行】

Input a string:abcdefjhkdl
there is a 'k 'in the string
Input a string:rlfg
There is no 'k ' in the string

9.4.2 字符串指针变量与字符数组的区别

用字符数组和字符指针变量都可实现字符串的存储和运算,但是两者是有区别的。在使用时应注意以下几个问题。

(1) 字符数组可用来存放整个字符串,它是由若干个数组元素组成的,每个元素中都存放一个字符。字符串指针变量本身是一个变量,用于存放字符串的首地址。

(2) 赋值方式不同。

对字符指针变量,可以采用下面方法赋值。

```
char * a;
a="I love China.";        //赋给 a 的是字符串的首地址
```

对字符数组只能对各个元素赋值,不能用以下方法对字符数组赋值。

```
char str[14];
str="I love China.";
```

(3) 指针变量的值是可以改变的,数组名虽然代表地址,但它的值是不能改变的。例如:

```
char * a="I love China. ";
a=a+7;
```

但以下是错误的:

```
char str[]="I love China. ";
str=str+7;
```

(4) 如果定义了一个字符数组,在编译时为它分配内存单元,它有确定的地址。例如:

```
char str[14];
scanf("%s",str);
```

而定义一个字符指针变量时,给指针变量分配内存单元,在其中可以放一个地址值。例如:

```
char * a;
scanf("%s",a);
```

指针变量 a 没有赋值,这时输入的内容将存入地址不可预期的存储单元,从而导致程序运行错误。

(5) 字符串指针作为函数参数,可以使程序更加简洁。

【例 9.14】 用函数调用实现字符串复制,要求不能使用 strcpy 函数。

方法一:用字符数组作为参数。

【程序】

```
#include <stdio.h>
void copy_string(char from[],char to[])
{   int i=0;
    while(from[i]!='\0')
    {   to[i]=from[i];
        i++;
    }
    to[i]='\0';
}
int main()
{   char a[]="I am a teacher.";
    char b[]="You are a student.";
    printf("string_a=%s\nstring_b=%s\n",a,b);
    copy_string(a,b);
    printf("\nstring_a=%s\nstring_b=%s\n",a,b);
    return 0;
}
```

【运行】

```
string_a=I am a teacher.
string_b=You are a student.

string_a=I am a teacher.
string_b=I am a teacher.
```

这里用地址传递的办法将字符串从一个函数传递到另一个函数。a 和 b 是字符数组名,即字符数组 a 和 b 的首元素地址。在调用 copy_string 函数时,将 a 和 b 首元素的地址分别传递给形参数组 from 和 to。因此,from[i]和a[i]是同一单元,to[i]和 b[i]也是同一单元。在 copy_string 函数中改变字符串的内容,在主函数中可以得到被改变了的字符串。

方法二:用字符指针变量作为参数。

【程序】

```
#include <stdio.h>
void copy_string(char * from,char * to)
```

```
{   while((*from)!='\0')
    {   *to=*from;
        from++,to++;
    }
    *to='\0';
}
int main()
{   char *pa="I am a teacher.";
    char *pb="You are a student.";
    printf("string_a=%s\nstring_b=%s\n",pa,pb);
    copy_string(pa,pb);
    printf("\nstring_a=%s\nstring_b=%s\n",pa,pb);
    return 0;
}
```

该程序运行结果如下：

string_a=I am a teacher.
string_b=You are a student.

string_a=I am a teacher.
string_b=I am a teacher.

在主函数中，定义字符指针变量 pa、pb 为实参，分别取得确定值后调用 copy_string 函数。指针变量 pa 和 from、pb 和 to 分别指向相同的字符串，因此在 copy_string 函数中改变字符串的内容，在主函数中可以得到被改变了的字符串。

copy_string 函数还可简化为以下形式：

```
void copy_string (char *from, char *to)
{
    while ((*to++=*from++)!='\0');
}
```

即，把指针的移动和赋值合并在一个语句中。表达式的意义可解释为，源字符向目标字符赋值，移动指针，若所赋值为非 0 则循环，否则结束循环。

【例 9.15】 删去字符串中指定的字符。

【程序】

```
#include<stdio.h>
void del_ch(char *p,char ch)
{   char *q=p;
    while(*p!='\0')
    {   if(*p!=ch) *q++=*p;
        p++;
    }
    *q='\0';
}
int main()
```

```c
    {
        char str[50],*pt,ch;
        printf("Input a string:\n");
        gets(str);
        pt=str;
        printf("Input the char deleted:\n");
        ch=getchar();
        del_ch(pt,ch);
        printf("Then new string is:\n%s\n",str);
        return 0;
    }
```

【运行】

```
Input a string:
hello world!
Input the char deleted:
w
Then new string is:
hello orld!
```

9.5　函数指针变量

在 C 语言中,一个函数总是占用一段连续的内存区,而函数名就是该函数所占内存区的首地址。因此,可以把函数的这个首地址(或称入口地址)赋予一个指针变量,使该指针变量指向该函数,然后通过指针变量就可以找到并调用这个函数。这种指向函数的指针变量称为函数指针变量。

函数指针变量定义的一般形式为:

类型说明符 (*指针变量名)(形参表);

其中:"类型说明符"表示被指函数的返回值的类型。"(* 指针变量名)"表示 * 后面的变量是定义的指针变量。例如:

int (*pf)();

pf 是一个指向函数入口的指针变量,该函数的返回值(函数值)是整型。

【例 9.16】 使用指针实现函数调用。

【程序】

```c
#include <stdio.h>
int max(int a,int b)
{
    if(a>b) return a;
    else return b;
}
```

```
int main( )
{
    int ( * pmax) ();
    int x,y,z;
    pmax=max;
    printf("input two numbers:\n");
    scanf("%d%d",&x,&y);
    z=( * pmax)(x,y);
    printf("maximum=%d",z);
    return 0;
}
```

【运行】

```
input two numbers:
234
567
maximum=567
```

使用函数指针应注意以下两点。

(1) 函数指针变量不能进行算术运算。

(2) 函数调用中"(* 指针变量名)"的两边的圆括号不可少,其中的 * 不应该理解为求值运算,在此处它只是一种表示符号。

【例 9.17】 编写一个函数,输入 n 为偶数时,调用函数求 $1/2+1/4+\cdots+1/n$;当输入 n 为奇数时,调用函数 $1/1+1/3+\cdots+1/n$(利用指针函数)。

【程序】

```
#include <stdio.h>
int main()
{
    float sum;
    int n;
    while (1)
      {
        scanf("%d",&n);
        if(n>1)
            break;
      }
    if(n%2==0)
      {
        printf("Even=");
        sum=dcall(peven,n);
      }
    else
      {
        printf("Odd=");
```

```c
            sum=dcall(podd,n);
        }
    printf("%f",sum);
    return 0;
}
float peven(int n)
{
    float s;
    int i;
    s=1;
    for(i=2;i<=n;i+=2)
        s+=1/(float)i;
    return(s);
}
float podd(int n)
{
    float s;
    int i;
    s=0;
    for(i=1;i<=n;i+=2)
        s+=1/(float)i;
    return(s);
}
float dcall(float (*fp)(int),int n)
{
    float s;
    s=(*fp)(n);
    return(s);
}
```

【运行】

468
Even=4.017335

9.6 指针型函数

函数类型是指函数返回值的类型。在 C 语言中允许一个函数的返回值是一个指针(即地址),这种返回指针值的函数称为指针型函数。

指针型函数的一般形式为:

```
类型说明符 *函数名(形参表)
{
    函数体
}
```

其中,"函数名"之前加了"*"号表明这是一个指针型函数,即返回值是一个指针。"类型说明符"表示返回的指针值所指向的数据类型。例如:

```
int * ap(int x,int y)
{
    函数体
}
```

表示 ap 是一个返回指针值的指针型函数,它返回的指针指向一个整型变量。

【例 9.18】 通过指针函数,输入一个 1~7 的整数,输出对应的星期名。

【程序】

```
#include <stdio.h>
int main()
{
    int i;
    char * day_name(int n);
    printf("input Day No:\n");
    scanf("%d",&i);
    if(i<0) exit(1);
    printf("Day No:%2d-->%s\n",i,day_name(i));
    return 0;
}
char * day_name(int n)
{
    static char * name[]={ "Error","Monday", "Tuesday", "Wednesday",
                            "Thursday","Friday","Saturday", "Sunday"};
    return((n<1||n>7) ? name[0] : name[n]);
}
```

【运行】

input Day No:
5
Day No: 5-->Friday

【说明】 exit 是一个库函数,exit(1)表示发生错误后退出程序,exit(0)表示正常退出。

应该特别注意的是,函数指针变量和指针型函数这两者在写法和意义上的区别。如 int(*p)()和 int * p()是完全不同的。

其中,int(*p)()是一个变量说明,说明 p 是一个指向函数入口的指针变量,该函数的返回值是整型量,(*p)的两边的括号不能少。

int * p()则不是变量说明而是函数说明,说明 p 是一个指针型函数,其返回值是一个指向整型量的指针。

【例 9.19】 若某班有 30 个学生,9 门课程,输入学号后,输出该班学生的姓名及 9 门课程成绩。

【程序】

```c
#include <stdio.h>
int main()
{
    float *search(float (*point)[8],int n);
    char name[30][9];
    float score[30][a], *p;
    int i, j, no[30], num;
    for (i=0; i<30; i++)
    { scanf("%s%d", name[i], &no[i]);
      for (j=0; j<9; j++)
          scanf("%f", &score[i][j]);
    }
    printf("Input the number of student:");
    scanf("%d", &num);
    printf("%s", name[num]);
    p=search(score,num);
    for (i=0; i<9; i++)
        printf("%f\t", *(p+i) );
    return 0;
}
float *search( float (*point)[8], int n)
{
    float *pt;
    pt=*(point+n);
    return pt;
}
```

9.7 指针数组和指向指针的指针

9.7.1 指针数组的概念

指针数组是一组有序的指针的集合。指针数组的所有元素都必须是具有相同存储类型和指向相同数据类型的指针变量。

指针数组说明的一般形式为：

类型说明符 *数组名[数组长度]

其中，"类型说明符"为指针值所指向的变量的类型。

例如：

int *pa[3];

表示 pa 是一个指针数组，它有 3 个数组元素，每个元素值都是一个指针，指向整型变量。

【例9.20】 通常可用一个指针数组来指向一个二维数组。指针数组中的每个元素都被赋予二维数组每一行的首地址。

【程序】

```
#include <stdio.h>
int main()
{
    int a[3][3]={1,2,3,4,5,6,7,8,9};
    int *pa[3];
    int *p=a[0];
    int i;
    pa[0]=a[0];pa[1]=a[1];pa[2]=a[2];
    for(i=0;i<3;i++)
        printf("%d,%d,%d\n",a[i][2-i],*a[i],*(*(a+i)+i));
    for(i=0;i<3;i++)
        printf("%d,%d,%d\n",*pa[i],p[i],*(p+i));
    return 0;
}
```

【运行】

3,1,1
5,4,5
7,7,9
1,1,1
4,2,2
7,3,3

【说明】 应该注意指针数组和二维数组指针变量的区别。这两者虽然都可用来表示二维数组,但是其表示方法和意义是不同的。即数组指针是单个的变量,而指针数组类型表示的是多个指针(一组有序指针)。

指针数组也可以作为函数参数,请看下面的示例。

【例9.21】 指针数组作为指针型函数的参数。

【程序】

```
#include <stdio.h>
int main()
{
    static char *name[]={"Error", "Monday", "Tuesday", "Wednesday",
            "Thursday", "Friday","Saturday","Sunday"};
    char *ps;
    int i;
    char *day_name(char *name[],int n);
    printf("input a number:\n");
    scanf("%d",&i);
    if(i<0) exit(1);
```

```
        ps=day_name(name,i);
        printf("number:%2d-->%s\n",i,ps);
        return 0;
    }
    char * day_name(char * name[],int n)
    {
        char * pp1,* pp2;
        pp1=* name;
        pp2=* (name+n);
        return((n<1||n>7)? pp1:pp2);
    }
```

【运行】

```
input a number:
5
number: 5-->Friday
```

【例9.22】 对5个国家名按字母顺序排列后输出。

【程序】

```
#include <string.h>
#include <stdio.h>
int main()
{
    void sort(char * name[],int n);
    void print(char * name[],int n);
    static char * name[]={ "CHINA","AMERICA","AUSTRALIA",
                            "FRANCE","GERMAN"};
    int n=5;
    sort(name,n);
    print(name,n);
    return 0;
}
void sort(char * name[],int n)
{
    char *pt;
    int i,j,k;
    for(i=0;i<n-1;i++)
    {
        k=i;
        for(j=i+1;j<n;j++)
            if(strcmp(name[k],name[j])>0) k=j;
        if(k!=i)
        {
            pt=name[i];
            name[i]=name[k];
            name[k]=pt;
```

```
            }
        }
    }
void print(char * name[],int n)
{
    int i;
    for (i=0;i<n;i++)
      printf("%s\n",name[i]);
}
```

【运行】

```
AMERICA
AUSTRALIA
CHINA
FRANCE
GERMAN
```

【说明】 如果采用普通的排序方法,则逐个比较之后交换字符串的位置。交换字符串的物理位置是通过字符串复制函数完成的。反复地交换将使程序执行的速度很慢,同时由于各字符串(国家名)的长度不同,又增加了存储管理的负担,而用指针数组能很好地解决这些问题。即把所有的字符串存放在一个数组中,把这些字符数组的首地址放在一个指针数组中,当需要交换两个字符串时,只需要交换指针数组相应两元素的内容(地址)即可,而不必交换字符串本身。

9.7.2 指向指针的指针

指向指针数据的指针变量,简称为指向指针的指针。

通过指针访问变量称为间接访问。由于指针变量直接指向变量,所以称为"单级间址"。而如果通过指向指针的指针变量来访问变量则构成"二级间址"。单级间址和二级间址的示意图如图9.13所示。

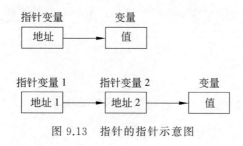

图9.13 指针的指针示意图

定义一个指向指针型数据的指针变量的形式如下:

char * * p;

假设name是一个指针数组,它的每一个元素都是一个指针型数据,其值为地址。name是一个数组,它的每一个元素都有相应的地址。数组名name代表该指针数组的首地址。

name+1 是 name[i]的地址,也就是指向指针型数据的指针(地址)。还可以设置一个指针变量 p,使它指向指针数组元素。p 就是指向指针型数据的指针变量,如图 9.14 所示。

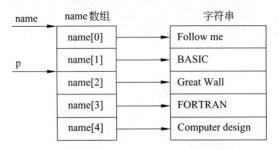

图 9.14 指针数组和指针的指针关系图

【例 9.23】 指向指针的指针程序示例。
【程序】

```
#include <stdio.h>
int main()
{
    char * name[]={"Follow me","BASIC","Great Wall","FORTRAN","Computer design"};
    char **p;
    int i;
    for(i=0;i<5;i++)
    {
        p=name+i;
        printf("%s\n", *p);
    }
    return 0;
}
```

【运行】

```
Follow me
BASIC
Great Wall
FORTRAN
Computer design
```

【例 9.24】 一个指针数组的元素指向数据的简单例子。
【程序】

```
#include <stdio.h>
int main()
{
    static int a[5]={1,3,5,7,9};
    int * num[5]={&a[0],&a[1],&a[2],&a[3],&a[4]};
    int **p,i;
    p=num;
```

```
    for(i=0;i<5;i++)
    {
        printf("%d\t",**p);
        p++;
    }
    return 0;
}
```

【运行】

```
1    3    5    7    9
```

9.7.3 main 函数的参数

C 语言规定 main 函数的参数只能有两个,习惯上这两个参数写为 argc 和 argv。
argc(第 1 个形参)必须是整型变量,argv(第 2 个形参)必须是指向字符串的指针数组。加上形参说明后,main 函数的函数首部应写为:

```
main (int argc,char * argv[])
```

由于 main 函数不能被其他函数调用,因此不可能在程序内部取得实际值。那么,在何处把实参值赋予 main 函数的形参呢？实际上,main 函数的参数值是从操作系统命令行上获得的。当要运行一个可执行文件时,可在 DOS 提示符下输入文件名,再输入实际参数即可把这些实参传递到 main 的形参中去。

DOS 提示符下命令行的一般形式为:

```
C:\>可执行文件名 参数 1 参数 2…
```

但是应该特别注意的是,main 的两个形参和命令行中的参数在位置上不是一一对应的。因为 main 的形参只有两个,而命令行中的参数个数原则上未加限制。argc 参数表示了命令行中参数的个数(注意,文件名本身也算一个参数),argc 的值是在输入命令行时由系统按实际参数的个数自动赋予的。

例如,若有一个命令行为:

```
C:\>E24 BASIC FoxPro FORTRAN
```

则由于文件名 E24 本身也算一个参数,所以共有 4 个参数,因此 argc 取得的值为 4。argv 参数是字符串指针数组,其各元素值为命令行中各字符串(参数均按字符串处理)的首地址。指针数组的长度即为参数个数。数组元素初值由系统自动赋予,其表示如图 9.15 所示。

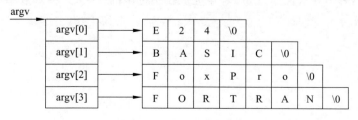

图 9.15 argv 存储示意图

【例 9.25】 显示命令行中输入的参数。
【程序】

```
#include <stdio.h>
int main(int argc,char * argv[]){
  while(argc-->1)
    printf("%s\n", * ++argv);
    return 0;
}
```

如果上例的可执行文件名为 E24.exe,存放在 C 驱动器的盘内。因此输入的命令行为:

C:\>e24 BASIC FoxPro FORTRAN

【运行】

BASIC
FoxPro
FORTRAN

习 题 9

【说明】 本章习题都要求用指针处理。

9.1 编写一个程序,输入 3 个整数,按由小到大的顺序输出。

9.2 编写一个程序,输入 3 个字符串,按由小到大的顺序输出。

9.3 编写一个程序,将字符串中自第 m 个字符开始的全部字符复制成另一个字符串。要求在主函数中输入字符串及 m 的值并输出复制结果,在被调用函数中完成复制。

9.4 编写一个程序,输入一行文字,找出其中的大写字母、小写字母、空格、数字以及其他字符各有多少。

9.5 编写一个函数,将一个 3×3 的矩阵转置。

9.6 在主函数中输入 10 个等长的字符串。用另一函数对它们排序,然后在主函数输出这 10 个已排好序的字符串。

9.7 编写一个程序,输入月份号,输出该月的英文月名。例如,输入 3,则输出 March,要求用指针数组处理。

9.8 从键盘输入一个字符串,然后按照下面要求输出一个新字符串。新字符串是在原字符串中的每两个字符之间插入一个空格,如原字符串为"abcd",则新字符串为"a□b□c□d□"(□代表空格)。要求在函数 insert 中完成新字符串的产生,并在函数中完成所有相应的输入和输出。

第 10 章　结构与联合

C 语言已经规定了一些数据类型供用户使用,但是在实际的程序设计过程中情况往往会比较复杂。当已有的数据类型不能满足实际需要时,C 语言允许用户自己建立一些数据类型,也就是结构与联合。

本章重点:
(1) 结构类型和结构变量的声明。
(2) 结构成员的引用。
(3) 结构数组的声明和使用。
(4) 结构指针的使用。
(5) 结构与函数的关系。
(6) 链表的建立与使用。

本章难点:
(1) 结构成员的引用。
(2) 结构数组与结构指针的关系。
(3) 结构与函数的关系。
(4) 链表的建立与使用。

10.1　概　　述

在实际应用中,经常需要将不同类型的数据作为一个整体来处理。比如描述一个学生的情况,需要记录学生的姓名、年龄、性别、身份证号码等信息;描述一个人的通信地址,需要记录姓名、邮编、邮箱地址、电话号码、E-mail 等信息。其共同特点是:需要用若干个数据项才能够将内容表达完整。如果仅仅使用前面章节讲述的基本数据类型和数组类型,则很难将它们形成一个整体。

例如,一个学籍管理系统中的人物需要存储的数据项如图 10.1 所示。

在图 10.1 中,每个数据项本身是一个称为数据域的实体。把所有的数据域都结合在一起就形成了一个称为结构的单元。尽管在学籍管理系统中可能存在很多人物,每一个人物都有他单独的特征,但每个人物的结构形式应该是相同的。

学号
姓名
性别
出生日期
所在学院
家庭住址

图 10.1　一个学籍管理系统人物的典型构成

10.2 结构类型的声明与引用

10.2.1 结构类型的声明

结构类型是由用户根据需要,按规定的格式自行定义的。
结构类型的声明方法如下:

```
struct 结构类型名
{
    类型名1  成员名表1;
    类型名2  成员名表2;
    …
    类型名n  成员名表n;
};
```

关于结构类型的声明有以下几点说明。
(1) struct 是关键字,由它引入结构声明。
(2) 结构类型名是由用户定义的标识符,如 student、person 等。
(3) 结构类型名、成员名、结构类型的变量名都要符合标识符的命名规则。
(4) 结构的全体成员用花括号括起来,最后一个花括号后还有一个分号,这个分号是不可省略的。
(5) 成员的声明方式和它所属类型的变量的声明方式相同,成员的类型可以是一切合法的类型,每个成员称为结构中的一个"域"。

例如,一个学生的数据包括以下多个数据项。

数据项	类型
学号	整型
姓名	字符数组
成绩	单精度实数

针对这种情况,可以将一个学生的数据声明为一个结构类型。描述如下:

```
struct student
{
    long num;
    char name[20];
    float score;
};
```

【例 10.1】 如果通信地址表由下面的项目构成:

姓名 (字符串)	工作单位 (字符串)	家庭住址 (字符串)	邮编 (长整型)	电话号码 (长整型)	E-mail (字符串)

该通信地址表用 C 语言提供的结构类型描述如下。

```
struct address
{
    char name[20];              //姓名
    char department[30];        //工作单位
    char address[30];           //家庭住址
    long zipcode;               //邮编
    long phone;                 //电话号码
    char email[30];             //E-mail
};
```

下面介绍声明和使用结构类型变量的方法。

10.2.2 声明结构类型变量的方法

在声明了结构类型后,就可以声明这种类型的变量了。结构变量的声明类似于其他的数据类型变量的声明。

声明结构变量有如下 3 种方法。

(1) 间接声明。即先声明结构类型再声明结构变量。比如:

```
struct student
{
    long num;
    char name[20];
    float score;
};
struct student stu1,stu2;
```

在这里声明了两个结构变量 stu1 和 stu2,每个变量的类型都是 struct student 结构类型,它们均包含 3 个成员。每个结构变量都可存放一个学生的数据,系统为每个结构变量分配 28 字节的内存单元(即系统为每个结构成员分配的存储空间的总和,4 字节+20 字节+4 字节=28 字节)。

结构变量 stu1 的存储状态如图 10.2 所示。

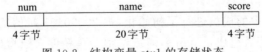

图 10.2 结构变量 stu1 的存储状态

(2) 直接声明。即在声明结构类型的同时声明结构变量。比如:

```
struct student
{
    long num;
    char name[20];
    float score;
```

```
} stu1,stu2;
```

该方法与第(1)种方法相同,表示声明了两个结构变量 stu1 和 stu2。

(3) 无类型名声明。即直接声明结构类型变量。比如:

```
struct
{
    long num;
    char name[20];
    float score;
} stu1,stu2;
```

以上这 3 种方法都可以用来声明结构变量,但是在程序设计的时候一般使用前两种方法。第(3)种方法与前两种方法的区别在于：在第(3)种方法中省去了结构名,直接给出了结构变量。但是,这种方法没有结构类型名,所以在程序的其他地方将不能再次声明该结构类型的变量。

关于结构类型的变量需要注意以下几个方面。

(1) 结构类型与结构变量是两个不同的概念。结构类型是用户自行定义的标识符。系统并不为结构类型分配存储空间,只有在程序中声明了该结构类型的变量后,才分配存储空间。

(2) 为每个结构变量分配的存储空间是该结构中各个成员的存储空间的总和。

(3) 结构成员名可与程序中其他变量同名,两者代表不同的对象,互不干扰。

10.2.3 结构变量的初始化

C 语言规定,任何存储类型的结构、数组和联合都可以在进行变量说明的时候初始化,初值是由常量表达式组成的初值表。结构的初值表形式与数组类似。例如：

```
struct student
{
    long num;
    char name[20];
    float score;
} stu1={20090401, "Li Ming", 91.5};
```

上面的语句对结构中的成员进行了初始化,把 20090401 赋值给长整型成员 num,字符串"Li Ming"赋值给字符数组成员 name,91.5 赋值给单精度实数型成员 score。

C 语言还可以用下面的语句初始化结构变量：

```
struct student
{
    long int num;
    char name[20];
    float score;
};
struct student stu1={20090401, "Li Ming", 91.5};
```

关于结构类型变量的初始化要注意以下几个问题。

(1) C 语言不允许对结构类型中的单个结构成员进行初始化,必须在实际变量的声明中初始化。例如,以下的初始化工作就是错误的。

```
struct student
{
    long num=20090401;
    char name[20]="Li Lin";
    float score=87.5;
}stu1;
```

(2) 所有初始化的数据都用花括号括起来,其中的数值必须与结构类型声明中成员的顺序及类型相匹配。

(3) 允许部分初始化。可以只初始化前面的一些成员。未初始化的成员必须位于初始化列表的末尾。例如,若有变量声明"struct student stu1={20090401,"Li Ming"};",则结构变量 stu1 的成员 score 没有初始化。

(4) 未初始化的成员将按如下规定赋给默认值:对于整数,赋给 0。对于实型数,赋给 0.0。对于字符,赋给'\0'。对于字符串,赋给"\0"。

10.2.4 访问结构的成员

结构成员是通过结构变量名和成员名共同表示的。C 语言规定结构变量成员的一般引用形式为:

结构变量名.成员名

其中,成员名是对结构类型成员的引用,"."称为成员选择运算符,用于连接结构变量名和成员名。"结构变量名.成员名"是一个整体,具有成员名的数据类型,可以像普通变量一样进行输入、运算和输出。

例如:stu1.score 表示结构变量 stu1 的成绩,它是 float 类型,可以像其他普通的 float 类型变量一样处理。

例如,下面的语句为结构变量 stu1 的成员赋值:

```
stu1.num=102;
strcpy(stu1.name,"Zhang ping");
stu1.score=85;
```

也可以使用 scanf 函数从键盘输入相关数据,为结构变量 stu1 的成员赋值,如下面的语句所示。

```
scanf("%ld", &stu1.num);
scanf("%s", stu1.name);
scanf("%f", &stu1.score);
```

【例 10.2】 声明一个结构类型 personal,包含姓名、参加工作日期以及工资。再编写一个程序从键盘读取每个人的这些信息,并将这些信息显示出来。

【程序】

```c
#include <stdio.h>
struct personal
{
    char name[20];
    int year;
    int month;
    int day;
    float salary;
};
int main()
{
    struct personal person;
    scanf("%s%d%d%d%f",
        person.name,
        &person.year,
        &person.month,
        &person.day,
        &person.salary);
    printf("name: %s\n",person.name);
    printf("birthday: %d-%d-%d\n",person.year,person.month,person.day);
    printf("salary: %5.1f\n",person.salary);
    return 0;
}
```

【运行】

```
Zhangling 2001 2 25 5600
name: Zhangling
birthday: 2001-2-25
salary: 5600.0
```

【例 10.3】 编写程序输入 100 个学生的学号、姓名和考试成绩,找出最高分和最低分的学生。

【分析】 这道题目的算法并不复杂。需要读者注意的是程序中对结构体类型变量的处理方法。

【程序】

```c
#include <stdio.h>
struct student
{
    int num;
    char name[20];
    int score;
};
int main()
```

```
{
    int i;
    struct student st,stmax,stmin;
    stmax.score=0;
    stmin.score=100;
    for(i=1;i<=100;i++)
    {
        scanf("%d%s%d",&st.num,st.name,&st.score);
        if(st.score>stmax.score) stmax=st;
        if(st.score<stmin.score) stmin=st;
    }
    printf("The max is %5d%15s%5d\n",stmax.num,stmax.name,stmax.score);
    printf("The min is %5d%15s%5d\n",stmin.num,stmin.name,stmin.score);
    return 0;
}
```

结构变量的成员也可以像其他变量一样参与运算，即可以使用表达式和运算符进行操作。如：

```
stu1.score+=20;
sum=stu1.score+stu2.score;
```

还可以对整型结构成员进行递增和递减运算。例如：

```
stu1.num++;
++stu1.num;
```

【例 10.4】 编写一个程序，逐个比较其中的成员，以确定两个结构变量是否相等。
【程序】

```
#include <stdio.h>
struct student
{
    int num;
    float score;
};

int main()
{
    struct student stu1={111,78};
    struct student stu2={222,89};
    struct student stu3;
    stu3=stu1;
    if(stu3.num==stu1.num && stu3.score==stu1.score)
    {
        printf("stu1 and stu3 are same\n\n");
        printf("%d %s %f\n",stu3.num,stu3.score);
    }
```

```
        else
            printf("\nstu1 and stu3 are different\n");
        return 0;
}
```

10.2.5 结构的嵌套

在 C 语言中允许结构的嵌套,即结构类型的成员还可以是另一个结构。

例如,声明一个表示学生信息的结构类型,如下所示。

```
struct student{
    int num;
    char name[20];
    char sex;
    int year;
    int month;
    int day;
    float score;
}stu;
```

该结构声明了学生的学号、姓名、性别、出生年月日以及成绩。在这里可以将出生年月日合并在一起,将它们声明为一个子结构,如下所示。

```
struct student
{
    int num;
    char name[20];
    char sex;
    struct date
    {
        int year;
        int month;
        int day;
    }birthday;
    float score;
}stu1;
```

struct student 结构含有一个名为 birthday 的成员,而 birthday 本身又是一个含有 3 个成员的结构,包含在内部结构中的成员有 year、month 和 day。

C 语言规定只能对最低一级的成员进行赋值、存取及比较等操作。

所以,上述结构变量 stu1 的嵌套子结构成员可以这样引用:

stu1.birthday.year
stu1.birthday.month
stu1.birthday.day

另外,在程序设计的过程中也可以用如下方式来声明嵌套的结构:

```
struct date
{
    int month;
    int day;
    int year;
};
struct student{
    int num;
    char name[20];
    char sex;
    struct date birthday;
    float score;
}stu1;
```

在这个例子中,先声明了一个结构类型 struct date,接着又声明一个结构类型 struct student,在这个结构类型中声明一个 struct date 类型的变量 birthday 作为它的成员,成为嵌套的结构。

10.3 结构数组

在实际应用中,经常要处理具有相同结构类型的一批数据。比如一个班的学生档案、一个单位职工的工资表等。这时可以通过结构数组来存放批量数据。

10.3.1 结构数组的声明

声明结构数组与声明普通数组的方法相同。例如:

```
struct payrecord
{
    long num;
    char name[20];
    float salary;
};
struct payrecord employee[100];
```

这里声明了一个名为 employee 的结构数组,它由 100 个元素组成,可以存放 100 个员工的完整信息。结构数组 employee 中的每个元素均声明为 struct payrecord 类型,分别都包含成员变量 num、name 和 salary。

由于 employee 是一个数组,我们就可以使用访问数组元素的方法来访问结构数组中的每一个元素,而结构数组中的每一个元素都是 struct payrecord 类型,所以可以用成员选择运算符来访问它的结构成员。例如,employee[0].num、employee[21].salary。必须注意,employee 数组的每个元素都是一个含有 3 个成员的结构变量。

10.3.2 结构数组的初始化

结构数组的初始化与普通数组的初始化方法相同,可以在声明结构数组的同时指定初值。例如,可以按如下方式声明并初始化一个有 4 个元素的结构数组。

```
struct payrecord
{
    long int num;
    char name[20];
    float salary;
};
struct payrecord employee[3]={{2033409,"Lili",2014.15},
                    {2033410,"Wanghong",2310.56},
                    {2033411,"Zhanglei",1890.67}};
```

也可以按照下面的方式声明并初始化一个结构数组。

```
struct payrecord
{
    long int num;
    char name[20];
    float salary;
}employee[3]={{2033409,"Lili",2014.15},
            {2033410,"Wanghong",2310.56},
            {2033411,"Zhanglei",1890.67}};
```

结构数组在内存中的存储方式与其他数组一样,都是按顺序存放的。

在初始化结构数组时,也可以不指定数组元素的个数。系统会根据初值的情况,确定结构数组中元素的个数。例如:

```
struct payrecord
{
    long int num;
    char name[20];
    float salary;
};
struct payrecord employee[ ]={{2033409,"Lili",2014.15},
                    {2033410,"Wanghong",2310.56},
                    {2033411,"Zhanglei",1890.67}};
```

系统根据初值的实际情况,确定结构数组中元素的个数为 3。

10.3.3 结构数组元素的引用

引用结构数组的元素与引用普通数组元素的形式完全一样。例如,employee[0]是引用结构数组 employee 的第 0 个元素。每个 employee[i](i=0,1,2,3)等同于一个结构变量。在引用 employee[i]的成员时,employee[i]起着一个结构变量名的作用。

例如,引用结构数组元素 employee[0]中的成员。

```
employee[0].num
employee[0].name
```

employee[0].score

下面的语句给 employee[0]中的成员赋值。

```
employee[0].num=21008;              //或 scanf("%d",&employee[0].num);
scanf("%s",employee[0].name);       //或 strcpy(employee[0].name, "Lili");
employee[0].score=97;               //或 scanf("%f",&employee[0].score);
```

下面说明结构数组元素的引用方法。

【例 10.5】 将 4 个职工按照工资由高到低排序，并输出排序后的结果。

【分析】 将职工的基本信息声明为一个结构类型。4 个职工的数据可以保存在结构数组 employee 中。程序中用冒泡排序法对工资进行排序。最后输出排序后的全部职工的信息。

【程序】

```
#include <stdio.h>
struct payrecord
{
    long int num;
    char name[20];
    float salary;
};
int main()
{
    struct payrecord employee[4]={{2033409,"Lili",2014.15f},
                                  {2033410,"Wanghong",2310.56f},
                                  {2033411,"Zhanglei",1890.67f},
                                  {2033412,"Luowen",3010.08f}};
    int i,j;
    struct payrecord temp;
    //用冒泡排序法排序
    for(i=0;i<4-1;i++)
        for(j=0;j<4-1-i;j++)
            if(employee[j].salary<employee[j+1].salary)    //比较的是员工的工资
            {
                temp=employee[j];
                employee[j]=employee[j+1];
                employee[j+1]=temp;
            }
    //输出排序后的结果
    for(i=0;i<4;i++)
        printf("%10ld%20s%10.2f\n", employee[i].num, employee[i].name,
            employee[i].salary);
    return 0;
}
```

【运行】

```
2033412        Luowen    3010.08
2033410        Wanghong  2310.56
2033409        Lili      2014.15
2033411        Zhanglei  1890.67
```

10.4　指向结构类型数据的指针

结构类型变量是存放在内存单元中的。如果声明了一个结构类型变量,可以用取地址操作符"&"来得到该结构变量的地址。有地址的变量就可以通过指针来访问它。

指向结构类型变量的指针变量声明的一般形式:

struct 结构名 *结构指针变量名;

下面通过一个例子来说明指向结构类型变量的指针变量(以下简称为结构指针)的声明和使用方法。

(1) 声明结构,比如:

```
struct student
{
    char name[20];
    long number;
    float score;
};
```

(2) 声明结构类型的变量:

struct student stu_1;

(3) 声明结构指针变量:

struct student * p;

(4) 通过取结构类型变量的地址,使指针变量 p 指向结构类型变量:

p=&stu_1;

(5) 用结构指针访问结构类型变量,通过箭头运算符"->"引用结构变量中的成员,其引用形式为:指针变量名->成员名,或者(*指针变量名).成员名。即

p->score

或者

(*p).score

下面通过一个例子具体说明结构指针的声明和使用方法。

【例 10.6】　指向结构类型变量的指针变量的应用。

```
#include <stdio.h>
```

```c
#include <string.h>
struct student
{
    char * name;
    char sex;
    unsigned long birthday;
    float height;
};
int main()
{
    struct student stu1;
    struct student * point;
    point=&stu1;
    //输入学生的相关信息
    strcpy(point->name,"Zhu Zheqing");
    point->sex='F';
    point->birthday=19881011;
    point->height=1.69;
    //输出学生数据
    printf("Name=%s\n",stu1.name);
    printf("Sex=%c\n",stu1.sex);
    printf("Birthday=%d\n",(*point).birthday);
    printf("Height=%f\n",point->height);
    return 0;
}
```

【运行】

```
Name=       ZhuZheqing
Sex= F
Birthday=  19881011
Height= 1.69
```

10.5 结构与函数

结构和结构指针既可以作为函数的参数,也可以作为函数的返回值返回。将一个结构传递给一个函数有如下 3 种方法。

(1) 将结构变量的成员作为函数调用的实参。
(2) 将结构变量作为函数的参数。
(3) 将指向结构的指针作为函数的参数。

10.5.1 结构成员作为函数的参数

用结构成员作为函数参数与用普通变量作为函数参数的用法相同。在这种方法中,将形参说明为结构成员的类型,实参就是对结构成员的引用,参数传递采取"值传递"方式。应该注意使实参与形参的类型保持一致。

【例10.7】 结构变量 stu 内含学生的学号、姓名和3门课程的成绩。要求在 main 中赋值,在函数 printf 中打印输出(要求将结构的每一个成员作为函数的参数)。

【程序】

```c
#include <stdio.h>
#include <string.h>
struct student
{
    int num;
    char name[20];
    float score[3];
};
void display(int ,char[ ],float[ ]);
int main( )
{
    struct student stu;
    stu.num=12345;
    strcpy(stu.name, "Lili");
    stu.score[0]=67.5;
    stu.score[1]=89;
    stu.score[2]=78.6;
    display(stu.num, stu.name, stu.score);
    return 0;
}
void display (int n,char na[],float sc[])
{
    printf("%d\n%s\n%f\n%f\n%f\n", n, na, sc[0], sc[1], sc[2]);
    printf("\n");
}
```

10.5.2 结构作为函数的参数

在标准 C 语言中,允许用结构变量作为函数参数进行整体传送。一个结构所有成员的副本可以通过结构变量名传递给一个被调用的函数。用结构作为函数参数时,需将形参和实参说明为同类型的结构变量。参数传递仍是采取"值传递"的方式。例如,若有函数调用:

```c
display(stu);
```

则是传递全部的结构变量 stu 的一个副本给 display 函数。在 display 函数中,必须声明一个该结构类型的形参来接收这个结构变量。

下面通过一个例子来具体说明参数这种方法。

【例10.8】 有一个结构变量 stu,内含学生的学号、姓名和3门课程的成绩。要求在 main 中给结构变量赋值,在函数 display 中打印输出该结构变量的值(要求将整个结构作为函数的参数)。

【程序】

```c
#include <stdio.h>
#include <string.h>
struct student
{
    int num;
    char name[20];
    float score[3];
};
void display(struct student);
int main()
{
    struct student stu;
    stu.num=12345;
    strcpy(stu.name, "Lili");
    stu.score[0]=67.5;
    stu.score[1]=89;
    stu.score[2]=78.6;
    display(stu);                          //实参为 struct student 结构类型变量
    return 0;
}
void display(struct student dispst)
{
    printf("%d\n%s\n", dispst.num, dispst.name);
    printf("%f\n%f\n%f\n", dispst.score[0], dispst.score[1], dispst.score[2]);
    printf("\n");
}
```

【说明】 在本程序中,首先声明一个 struct student 结构变量 stu,接着给 stu 的每个成员赋值,最后调用函数 display,将结构变量 stu 作为实参传递给函数。在 display 函数中,struct student 结构类型的形参 dispst 用来接收实参的值,并将它们输出。

前面两种方法是将结构的全部成员逐个传送给被调用函数,时间和空间的开销增大,特别是结构成员是数组时将会使传递的时间和空间开销很大,降低了程序的效率,仅适用于较小的结构。但由于形参是实参的副本,在被调用函数中对形参结构的修改将不会影响主调函数中实参结构的值。所以,在不需要修改实参结构值的情况下,这两种方法都是适用的。

10.5.3 将指向结构的指针作为函数的参数

将指向结构的指针作为函数的参数时,需要将形参说明为与实参类型相同的结构指针,实参为结构变量的地址。这时,参数传递采取的是"地址传递"的方式,传递的是结构变量的地址。请看下面的例子。

【例 10.9】 结构变量内含学生学号、姓名和 3 门课程的成绩。要求在 main 中为结构变量的成员赋值,在函数 display 中将它们输出(要求将结构变量的指针作为函数的参数)。

【程序】

```c
#include <stdio.h>
#include <string.h>
struct student
{
    int num;
    char name[20];
    float score[3];
};
void display (struct student * );
int main( )
{
    struct student stu;
    stu.num=12345;
    strcpy(stu.name, "Lili");
    stu.score[0]=67.5;
    stu.score[1]=89;
    stu.score[2]=78.6;
    display(&stu);                    //实参是结构变量的地址
    return 0;
}
void display(struct student * ps)
{
    printf("%d\n%s\n ", ps->num, ps->name);
    printf("%f\n%f\n%f\n", ps->score[0], ps->score[1], ps->score[2]);
    printf("\n");
}
```

【说明】 在本程序中,首先声明一个 struct student 结构变量 stu,接着给 stu 的每个成员赋值,最后调用函数 display,将 stu 的首地址作为实参传递给该函数。在 display 函数中,声明一个 struct student 结构类型的指针 * ps,接收实参的值(即 stu 的地址),并通过该指针将该结构变量的成员全部输出。

该方法是用结构指针变量作为函数的参数进行传递。这时由实参传向形参的只是结构变量的地址,减少了时间和空间的开销,适合于较大的结构。但在被调用函数中通过指针对结构的值所做的修改就是对主调函数中的实参结构进行的修改。

10.6 动态数据结构与链表

10.6.1 动态数据结构

在程序设计的过程中,许多实际问题涉及的数据之间具有线性关系。对于具有线性关系的数据集,在 C 语言中采用一维数组表示。数组类型采用的是静态存储分配方式。它具有下面两个主要特点。

(1) 在声明数组类型变量时要明确地指出所包含的元素数量。

(2) 系统按照给定的常量为数组类型变量分配一片连续的内存空间。其中，数组的下标代表数据在线性序列中的位置。利用下标可以快速地在数组中定位。当在某个位置插入一个新的数据时，需要将后面的所有数据向后移动一个位置。当删除某个位置上的数据时，需要将后面的所有数据向前移动一个位置。

因此，采用数组类型存储具有线性关系的数据集合，其优点是容易查找给定位置的数据；其缺点是无法根据需求动态地确定数组元素的数量，插入或删除数据时需要移动其他数据。

前面所讲述的数据的数据结构都是静态的。静态数据结构是通过对变量的说明建立的，变量所占用的存储空间的大小是在变量说明时由系统分配的，而且在程序的执行过程中是不能改变的。访问静态数据对象可以用变量名，也可以用指向变量的指针。

C 语言还提供了动态存储分配的方式，可以随时调整数组的大小，以满足不同问题的需要，从而很好地避免了上述问题的产生。

动态数据结构是在程序运行的过程中，根据需要随时调用系统提供的动态存储分配函数向系统申请的存储空间逐步建立起来的。其存储空间在程序执行过程中是可以改变的，可以随时申请空间，也可以随时释放空间（交还给系统）。由于存储空间并不是一次性申请得到的，所以数据之间占用的存储空间有可能不连续。因此对于每一个数据来说，在存储数据值的同时还要保存在这个数据之后的数据的存储位置。访问动态数据结构只能通过指针。

10.6.2 动态存储分配函数

1. 动态存储分配函数及功能

动态数据结构的各个结点是在程序运行的过程中由动态存储分配函数动态地建立起来的。在 C 语言中，提供了不少函数实现存储空间的动态分配和释放。因为动态存储分配函数的原型是在头文件 malloc.h 和 stdlib.h 中定义的，所以在使用这些函数时必须在程序中包含这两个头文件中的任意一个。

1) malloc 函数

其函数原型为：

```
void * malloc(size_t size);
```

malloc 函数在内存的动态存储区中分配一个长度为 size 的连续空间，并返回指向该空间起始地址的指针。若分配失败（比如系统不能提供所需的内存空间），则返回空指针 NULL。新分配的区域没有初始化。

注意：size_t 是在 <stddef.h> 中定义的 unsigned 的别名。

可以用该函数为一维数组申请动态存储空间。例如：

```
a=(int *) malloc(10 * sizeof(int));
```

在内存中为长度 10 的整型数组申请了存储空间。

2) free 函数

其函数原型为：

void free(void * p);

free 函数释放指针 p 所指向的内存空间，使这部分的内存区域能够被其他程序使用。当 p 的值为 NULL 时，该函数不执行任何操作。p 必须指向最近一次调用 malloc 函数分配的空间。free 函数没有返回值。

2. 动态存储分配函数的用法

在使用动态存储分配的存储区域之前，必须检查函数返回的指针是否有效。如果返回的指针不是空指针，则存储区域分配成功，就可以通过该指针使用已经分配的存储区域。否则，存储区域分配失败，不能进行正常的处理，此时可终止程序的运行，或返回到调用处，根据具体情况进行相应的出错处理。

【例 10.10】 下面的程序用 malloc 函数申请一个 student 结构的存储空间，然后输入该结构的信息，最后输出所有的数据，并释放内存。

```c
#include <stdio.h>
#include <stdlib.h>
struct student
{
    int num;
    char * name;
    char sex;
    float score;
};
int main()
{
    struct student * ps;
    ps=(struct student * )malloc(sizeof(struct student));   //③申请存储空间
    if(ps==NULL)                    //④检查返回指针的有效性
    {
        printf("Out of Memory!\n");
        exit(-1);                               //指针无效,终止程序运行
    }
    ps->num=102;
    ps->name="Zhangping";
    ps->sex='M';
    ps->score=62.5;
    printf("Number=%d\nName=%s\n",ps->num,ps->name);
    printf("Sex=%c\nScore=%8.2f\n",ps->sex,ps->score);
    free(ps);
    return 0;
}
```

【说明】 在本例中，首先声明了一个结构类型 struct student，声明了指向 struct student 结构类型的指针变量 ps。然后向内存申请一块 struct student 大小的内存区，并把首地址赋予 ps，使 ps 指向该区域。再用指针变量 ps 为各成员赋值，并输出各成员的值。最后用 free 函数释放 ps 所指向的内存空间。

整个程序包括包含头文件、说明结构指针变量、申请内存空间、检查返回指针的有效性、使用内存空间、释放内存空间 6 个步骤。一般的动态分配程序都是由这 6 个步骤来完成的。

10.6.3 链表

链表是一种可以实现动态分配存储空间的数据结构，它不需要一组地址连续的存储单元，而是用一组在存储空间中零散分布的存储单元存放数据。

可以将它类比成一"环"接一"环"的链条，每一"环"都视作一个结点，结点串在一起形成链条，如图 10.3 所示。

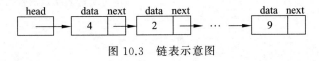

图 10.3 链表示意图

这种数据结构非常灵活，结点的数目不需要事先指定，可以临时生成。每个结点都有自己的存储空间。结点间的存储空间也可以不连续，结点之间的串联由指针来完成，指针的操作极为灵活方便，习惯上称这种数据结构为动态数据结构。

下面的声明和语句可以描述一个含 3 个结点的单链表。

```
struct node
{
    int data;
    struct node * next;
};
struct node a,b,c, * head=&a;
a.next=&b;
b.next=&c;
c.next=NULL;
```

在该链表中，a 为头结点，b 为中间结点，c 为尾结点，因而 a、b 和 c 首尾相接。

按结点连入链表的方式不同，链表分为先进后出链表和先进先出链表两种。先进后出链表结点的连入方式为最先建立的结点为链尾，最后建立的结点为链头，称为栈式链表；先进先出链表结点的连入方式为最先建立的结点为链头，最后建立的结点为链尾，称为队列式链表。本节主要以队列式链表为例介绍单链表的主要操作：建立、删除、插入和遍历输出。

1. 链表的创建和输出

所谓建立动态链表是指在程序执行过程中从无到有地建立起一个链表，即一个一个地开辟结点，输入各结点数据，并建立起前后相连的关系。

下面通过一个例子来说明如何建立一个动态链表。

【例 10.11】 建立一个链表存放输入的整数,使链表中从链头至链尾的结点排列顺序正好和整数的输入顺序相同(称为先进先出链表或队列,即最先建立的结点为链头,最后建立的结点为链尾)。

【分析】 该程序的关键是建立第一个结点,建立链表的过程就是重复执行建立第一个结点的过程,直到输入的数据为 0。最先建立的结点是链头,将其地址保存在头指针中,它的建立不能包含在循环中,必须在循环之前先建立第一个结点。然后通过不断地往第一个结点前面插入新的结点的方式建立其他结点,从而建立起队列式链表。

逐个读取链表中所有结点的过程称为遍历链表。输出链表中所有结点需要遍历链表,在输出链表的过程中需要一个指针用于指向链表的当前结点(称其为遍历指针)。

【程序】

```
#include <stdio.h>
#include <stdlib.h>
struct node                                  //声明链表结点的数据结构
{
    int data;
    struct node * next;
};

int main()
{
    struct node * head=NULL, * p, * q;
    int num=0;
    p=q=(struct Node * )malloc(sizeof(struct Node));
    if(p=NULL)   exit(-1);
    scanf("%d",&p->data);
    while(p->data!=0)
    {
        num++;
        if(num==1)
            head=p;
        else
            q->next=p;
        q= p;
        p=(struct Node * )malloc(sizeof(struct Node));
        if(p==NULL)   exit(-1);
        scanf("%d",&p->data);
    }
    q->next=NULL;
    //遍历输出链表
    p=head;
    while(p!=NULL)
    {
        printf("%3d",p->data);
```

```
        p=p->next;
    }
    return 0;
}
```

【运行】

12␣23␣35␣56␣0
12␣23␣35␣56

【例 10.12】 用函数实现例 10.11 中的建立链表的功能,将该函数说明为指针函数。
【程序】

```
#include<stdio.h>
#include<stdlib.h>
struct node
{
    int data;
    struct node * next;
};
struct node * createlist();

int main()
{
    struct node * head, * p;
    head=createlist();                         //调用 createlist 函数建立链表
    p=head;
    while(p!=NULL)
    {
        printf("%-3d",p->data);
        p=p->next;
    }
    return 0;
}
struct node * createlist()                     //函数返回的是与结点相同类型的指针
{
    struct node  * head, * q, * p;
    int num=0;
    q=p=(struct node * )malloc(sizeof(struct node));   //申请新结点
    if(p==NULL)
        exit(-1);
    scanf("%d",&p->data);
    while(p->data!=0)
    {
        num++;
        if(num==1)
            head=p;
```

```
            else
                q->next=p;
            q=p;
            p=(struct node*)malloc(sizeof(struct node));
            if(p==NULL)
                exit(-1);
            scanf("%d",&p->data);
        }
        q->next=NULL;
        return head;
    }
```

【说明】 在本例中,将结构 node 声明为外部类型,这样程序中的各个函数均可使用该声明。createlist 函数用于动态建立一个有 n 个结点的链表,它是一个指针函数,返回指向 node 结构的指针。

也可以将输出链表的过程用一个函数来实现,该函数的定义如下所示。

```
void display(struct node * head)          //输出以 head 为头的链表各结点的值
{
    struct node  * p;
    p=head;                               //取得链表的头指针
    while(p!=NULL)                        //遍历链表
    {
        printf("%6d",p->num);             //输出链表结点的值
        p=p->next;                        //使指针变量 p 指向下一个结点
    }
}
```

2. 删除链表的结点

在删除一个结点时可能会遇到以下 3 种情况。

(1) 链表为空。这时不需要做任何事情,直接返回即可。

(2) 链表头就是要删除的结点。这时先用一个指针 p 暂存此结点,再让链表头指向相邻的下一个结点,最后将 p 结点释放。

```
p=head;
head=p->next;
free(p);
```

(3) 要删除的结点不在链表头。这时,要查找该链表中是否有要删除的结点,如果没有则返回,如果有则删除。

下面通过一个例子说明单链表的删除操作。

【例 10.13】 以前面建立的动态链表为例,编写一个删除链表中指定结点的函数 delete。

【分析】 当链表中结点的值与指定值相同时,将其从链表中删除。由前述可知,从链表中删除一个结点有 3 种情况,即链表为空、删除链表的头结点、删除链表的中间结点。

链表删除操作的具体步骤如下。

(1) 声明一个指针变量 p 指向链表的头结点。

(2) 判断链表是否为空,如果为空,则从函数返回;如果不为空,则转到(3)。

(3) 用循环从头到尾依次查找链表中各结点并与要删除的值进行比较,若相同,则查找成功退出循环。

(4) 判断该结点是否为表头结点,如果是则使 head 指向第二个结点,如果不是则使被删结点的前一结点指向被删结点的后一结点。

删除函数代码如下所示。

```
int delete(struct node * head,int x)         //以 head 为头指针,删除 x 所在结点
{
    struct node * p, * last;
    if(head==NULL)                            //若为空表,则输出提示信息
    {
        printf("empty list!\n");
        return 0;
    }
    p=head;
    while(p->data!=x && p->next!=NULL)
    {
        last=p;
        p=p->next;
    }
    if(p->data==x)                            //找到要删除的结点
    {
        if(p==head)                           //如果被删结点是第一个结点,则使 head 指向第二个结点
            head=p->next;
        else
            last->next=p->next;               //否则使 last 所指结点的指针指向下一个结点
        free(p);
        return 1;
    }
    return 0;
}
```

3. 在链表中插入一个结点

【例 10.14】 编写一个函数,在链表中插入一个结点。

【分析】 假设链表中结点的数据已经按照从小到大的顺序排列,则新结点的插入过程中存在以下几种情况:

(1) 如果原表是空表,只需使链表的头指针 head 指向被插结点即可。

(2) 如果被插结点值最小,则应插入第一结点之前,这种情况下使头指针 head 指向被插结点,被插结点的指针域指向原来的第一结点即可。

(3) 如果在链表中某位置插入,则使插入位置的前一结点的指针域指向被插结点,使被插结点的指针域指向插入位置的后一结点即可。

(4) 如果被插结点值最大,则在表尾插入,使原表末结点指针域指向被插结点,被插结

点指针域置为 NULL。

由于插入的结点可能在链头,会对链表的头指针造成修改,所以函数的返回值声明为返回结构类型的指针。

函数代码如下所示。

```c
struct node * insert(struct node * head, int x)
{
    struct node  * last, * current, * p;
    p=(struct node *)malloc(sizeof(struct node));
    p->data=x;
    if(head==NULL)                                          //空表插入
    {
        head=p;
        p->next=NULL;
    }
    else
    {
        current=head;
        while((x>current->data)&&(current->next!=NULL))
        {
            last=current;
            current=current->next;
        }
        if(x<=current->data)
            if(head==current)                               //在第一结点之前插入
            {
                p->next=head;
                head=p;
            }
            else
            {
                p->next=current;
                last->next=p;
            }
        else                                                //在链表尾插入
        {
            current->next=p;
            p->next=NULL;
        }
    }
    return head;
}
```

10.7 联　　合

在实际问题中,有很多数据对象在不同的情况下拥有不同类型的成员。例如,在学校的教师和学生需填写包含姓名、年龄、职业和单位等数据项的表格,其中"职业"项可以是教师或学生。对学生要求在"单位"填入班级编号,而教师则要求在该项填入某系某教研室。其中班级编号用整型量表示,教研室用字符类型表示。如何把这两种不同类型的数据都填入"单位"这个变量中?遇到这种情况,我们往往把"单位"变量声明为联合类型,该类型包含整型和字符型数组两种类型的数据。

10.7.1 联合的声明

联合是一种特殊的结构,它的特点是两个或多个变量共享内存中的相同区域。一个联合类型的变量由多个成员组成,但这些成员并不同时存在,而是在不同时刻拥有不同的成员,在同一时刻仅拥有其中的一个成员。

声明联合类型的一般形式为:

```
union 联合类型名
{
    成员表列
};
```

例如:

```
union personinfo
{
    int class;
    char office[10];
};
```

声明了一个名为 personinfo 的联合类型,它含有两个成员;一个为整型,成员名为 class;另一个为字符数组,数组名为 office。同结构一样,这里声明的联合类型只是一种"模型",其中并没有具体的数据,因此系统也没有给它分配任何的存储单元。要引用联合类型中的各成员,还必须声明联合类型的变量。声明为一个联合数据类型的变量能够用于容纳字符变量、整型变量、双精度变量或任何其他有效的 C 语言数据类型。这些类型中的每个能够被赋值给联合变量,但是同一时刻只能有一个起作用。

10.7.2 联合变量的说明

联合变量的说明方法和结构变量的说明方式相同,也有 3 种形式。以 personinfo 类型为例,说明如下。

(1) 先声明联合类型再声明联合变量。比如:

```
union personinfo
{
    int class;
    char office[10];
};
union personinfo a,b;          //说明 a,b 为 personinfo 类型
```

(2) 在声明联合类型的同时声明联合变量。比如:

```
union personinfo
{
    int class;
    char office[10];
}a,b;
```

(3) 直接声明联合类型变量。比如：

```
union
{
    int class;
    char office[10];
}a,b;
```

虽然联合与结构数据类型在形式上非常相似，但其表示的含义及存储过程是完全不同的。下面通过一个例子分析两者的区别。

【例 10.15】 结构和联合的区别。

【程序】

```
#include <stdio.h>
struct stud
{
    int a;
    float b;
    double c;
    char d;
};
union data
{
    int a;
    float b;
    double c;
    char d;
};
int main()
{
    printf("%d,%d",sizeof(struct stud),sizeof(union data));
}
```

【运行】

15,8

程序的输出说明结构类型中各成员有各自的内存空间，一个结构变量所占的内存空间为其各成员所占存储空间之和。而联合类型中各成员共享一段内存空间，实际占用存储空间为在这个联合中存储空间最大的成员所占的存储空间。详细说明如图 10.4 所示。

这里所谓的共享并不是指把多个成员同时装入一个联合变量内，而是指该联合变量可被赋予任一成员值,但每次只能赋一种值,新值赋入就覆盖了原来的旧值。比如前面提到的"单位"变量,如果声明为一个包含整型类型的"班级"成员和字符数组类型的"教研室"成员的联合类型后,就允许赋予联合类型变量成员为整型值或字符串,但不能同时赋予这两种类型。

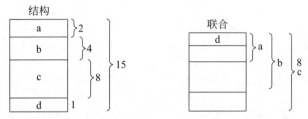

图 10.4 联合类型和结构类型占用存储空间的比较

10.7.3 联合变量的引用

对联合成员的引用与结构成员的引用方式相同,可以是下列形式之一。
(1) 联合变量名.成员名
(2) (*指向联合变量的指针).成员名
(3) 指向联合变量的指针->成员名
例如,若声明联合类型变量为:

```
union data
{
    int a;
    float b;
    double c;
    char d;
}mm;
```

那么,以下这些成员的引用方式都是正确的:

mm.a
mm.b
mm.c
mm.d

但是要注意的是,由于联合各成员共用同一段内存空间,使用时在某一时刻只能根据需要使用其中的某一个成员,不能同时引用 4 个成员。其特点是方便程序设计人员在同一内存区对不同数据类型的交替使用,增加灵活性,节省内存。

【例 10.16】 对联合变量的使用。
【程序】

```
#include <stdio.h>
union data
{
```

```
        int a;
        float b;
        double c;
        char d;
};
int main()
{
        union data mm;
        mm.a=6;
        printf("%d\n",mm.a);
        mm.c=67.2;
        printf("%5.1lf\n",mm.c);
        mm.d='W';
        mm.b=34.2;
        printf("%5.1f,%c\n",mm.b,mm.d);
        return 0;
}
```

【运行】

```
6
67.2
34.2,?
```

【说明】 程序最后一行的输出有些出人预料。其原因是连续赋值"mm.d='W';mm.b=34.2;"后，最终保存在联合内存单元的数值是34.2。因此当输出成员mm.d时，它是char类型，只占1字节的空间，而在其后赋值的成员mm.b是float类型，占4字节，所以只取mm.b中低8位的值输出，对应的ASCII符号为"?"。

通过这个例子，说明联合变量中的值是最后一次存放的成员的值。

10.7.4 联合与结构的区别与联系

联合是一种特殊的结构，它与结构的相同之处有以下几点。

(1) 声明方式相同。除了将关键字 struct 换成 union 以外，结构的各种声明方式都可以用来声明联合。联合的成员可以是任何类型的数据，包括基本类型、指针、数组、结构或联合类型。

(2) 引用成员的方式相同。联合变量也有地址，可以用 & 运算符对联合取地址，也可以说明指向联合的指针，还可以用"."或"->"运算符来访问联合的成员。

(3) 赋值方式相同。联合也不能进行整体赋值、输入和输出，但同类型的联合变量可以作为一个整体相互赋值。

(4) 结构和联合可以相互嵌套，即结构可以是联合的成员，联合也可以是结构的成员。

(5) 同结构变量一样，联合变量名和联合的指针可以作为函数的参数，也可以作为函数的返回值。

联合和结构的区别有以下几点。

(1) 存储结构。结构的各个成员各自占用自己的存储单元,各有自己的地址,各个成员所占的存储单元的总和就是结构的长度。联合的各个成员则占用共同的存储单元,其中占用最多存储单元的成员的长度就是联合的长度,联合的各个成员的地址都是同一地址。因此,一个联合中可能有若干个不同类型的成员,但在每一时刻只有一个成员起作用,即最近一次存放的成员起作用。

(2) 初始化。联合变量的初始化形式与数组和结构的初始化形式相同。但由于联合在同一时刻只有一个成员起作用,因此只能对联合的第一个成员初始化。例如:

```
union data
{
    int i;
    char ch;
    float f;
};
union data a={100};              //正确
union data a={1,'a', 1.5};       //错误
```

由于对联合的初始化没有多大意义,一般不用初始化方法给联合赋值。

(3) 成员的地址。结构各成员的地址互不相同,只有第一个成员的地址与结构变量的地址相同;联合所有成员的地址相同,都等于联合变量的地址。

【例 10.17】 假设有一个教师和学生的统一表格,教师数据有姓名、性别、年龄、职业和教研室等。学生有姓名、年龄、职业和班级等。编程输入人员数据,再以表格的形式输出。

【分析】 程序中用一个结构数组来存放人员数据,该结构共有 4 个成员。其中学生数据的 class(班级)和教师数据的 office(教研室)类型不同,但在同一表格中,因此考虑使用联合数据类型保存该项人员数据。下面给出它的算法。

(1) 声明一个结构数组 person 来存放人员数据。

(2) 调用函数来输入人员的信息。利用 for 语句,输入人员的各项数据。

① 先输入结构的前 3 个成员。

② 判别 job 成员项,若为's'则对学生赋班级编号;对教师则赋教研室名。

③ 继续输入,直到循环结束。

(3) 利用 for 语句,调用函数来输出人员的信息。

① 判别 job 成员项,若为's'则将学生的信息输出,其中的 category 成员按照班级编号输出;否则将教师的信息输出,其中的 category 成员按照教研室名输出。

② 继续输入,直到循环结束。

【程序】

```
#include <stdio.h>
#define NUM 10
struct pp
{
    char name[20];
    char sex;
    int age;
```

```c
        char job;
        union
        {
            int classes;
            char position[10];
        }category;
};
void input(struct pp person[],int n);
void print(struct pp person[],int n) ;
int main()
{
    struct pp person[NUM];
    input(person,NUM);
    print(person,NUM);
    return 0;
}
void input(struct pp person[],int n)
{
    int i;
    for(i=0;i<n;i++)
    {
        printf("请输入姓名、性别、年龄、学生/教师:\n");
        scanf("%s %c %d %c",person[i].name, &person[i].sex,\
                    &person[i].age,&person[i].job);
        if(person[i].job=='s')
        {
            printf("请输入学生的班级: ");
            scanf("%d",&person[i].category.classes);
        }
        else if(person[i].job=='t')
        {
            printf("请输入教师所在的教研室: ");
            scanf("%s",person[i].category.position);
        }
        else
            printf("input error!\n");
    }
}
void print(struct pp person[],int n)
{
    int i;
    printf("Name    sex age job    class/position\n");
    for(i=0;i<n;i++)
    {
        if(person[i].job=='s')
```

```
            printf("%-10s%-3c%-6d%-3c%-6d\n",person[i].name,\
            person[i].sex,person[i].age,person[i].job,person[i].category.classes);
        else
            printf("%-10s%-3c%-6d%-3c%-6s\n",person[i].name,\
            person[i].sex,person[i].age,person[i].job,person[i].category.position);
    }
}
```

【说明】 该程序在 struct pp 结构中嵌套着一个联合成员 category，通过其 job 成员区分输入的人员的类型。根据不同类型的人员为联合变量输入不同的值，如果是学生，则输入班级信息 classes，如果是老师则输入所在的教研室 position。

习 题 10

10.1 声明一个名为 time 的结构，它包含 3 个整数成员：hour、minute 和 second。编写一个程序，提示用户输入当前的时、分和秒，并按如下格式显示：13:04:25。

10.2 输入两个时间，用函数实现比较两个时间是否相同。若相同则返回 1，否则返回 0。

10.3 声明一个名为 date 的结构，包含年、月、日 3 个成员。编写一个程序，完成以下任务。
(1) 用一个函数输入年、月、日，并放入日期结构变量中。
(2) 用另一个函数来验证输入的日期是否合法。
(3) 用一个函数显示该日期。

10.4 输入 n 个学生的姓名、性别及成绩，并分别找出男学生的前 3 名及女学生的前 3 名。要求程序至少由 3 个函数组成。
(1) 主函数，输入学生个数 n，开辟内存空间，组织调用其他函数，输出统计结果。
(2) 输入函数，输入 n 个学生的数据。
(3) 统计函数，统计男女学生成绩的前 3 名。

10.5 输入一行字符，建立一个先进先出链表，链表的每个结点含有输入的一个字符，最后输出链表中的所有字符。

10.6 有两个链表 a 和 b，设结点中包含学号、姓名，从链表 a 中删除与链表 b 中有相同学号的那些结点。

第11章 文　件

计算机中的文件是指一组相关数据的有序集合。在程序设计中，文件主要用于存放程序和数据。C 语言支持一些函数能够执行基本的文件操作。本章首先介绍文件的基本概念、文件指针的概念以及文件的打开与关闭，然后介绍文本文件和二进制文件的顺序读写方法和随机读写方法。

本章重点：
（1）文件指针的概念。
（2）文件的打开与关闭方法。
（3）文本文件的顺序读写和随机读写方法。
（4）二进制文件的顺序读写和随机读写方法。

本章难点：
（1）文件的打开与关闭方法。
（2）文件的随机读写方法。

11.1　文件概述

所谓文件，广义是指一组相关数据的有序集合，比如数码照片、MP3 音乐、Word 文档等，每个数据集都有一个名字，叫作文件名。在前面的各章中已经多次使用了文件的概念，例如源程序文件、目标文件、可执行文件、库文件（头文件）等。文件通常是驻留在外部介质（如磁盘、光盘等）上的，在使用时才调入内存中来。

以前各章中所用到的输入和输出，都是通过诸如 scanf 和 printf 之类的函数从键盘读取数据和向显示器传送数据。这些是基于控制台的 I/O 函数的，总是使用终端（键盘和屏幕）作为目的地。这种方法只要数据不多，都可以很好地工作。但是，在很多实际问题中需要用到大量的数据，这时基于控制台的 I/O 操作就会出现两个问题：一是通过终端来处理大量的数据非常费时；二是当程序终止或关机时，所有输入的数据以及正在处理的数据都会丢失。

针对这两个问题，C 语言使用文件来解决，即把数据存储在磁盘文件中，需要时再从文件中读取。C 语言支持一些函数，执行文件的命名、文件的打开、从文件中读取数据、往文件中写数据以及文件的关闭等基本的文件操作。

在 C 语言中，有两种方法来执行文件操作：一种是低级 I/O，使用 UNIX 系统调用；另一种是高级 I/O，使用 C 语言的标准 I/O 库函数。本章将介绍 C 标准函数库中用于文件处理的各种函数，如表 11.1 所示。

表 11.1 C 语言的 I/O 函数

函 数 名	执行的操作
fopen	创建一个文件或打开一个已有的文件
fclose	关闭一个已打开的文件
fgetc	从文件中读取一个字符
fputc	往文件中写入一个字符
fprintf	往文件中写入一个格式化的数据值集
fscanf	从文件中读取一个格式化的数据值集
fseek	将文件指针定位在指定的位置
ftell	给出文件的当前位置
rewind	将文件指针重新定位在文件的开头

11.2 文件的分类

从操作系统角度来看,每一个与主机相连的输入输出设备都被看作一个文件,终端键盘是输入文件,显示器和打印机是输出文件。下面从不同的角度对文件进行分类。

(1) 从用户的角度看,文件可分为普通文件和设备文件两种。

普通文件是指驻留在磁盘或其他外部介质上的一个有序数据集,可以是源文件、目标文件、可执行程序;也可以是一组待输入处理的原始数据,或者是一组输出的结果。比如源文件、目标文件、可执行程序称为程序文件,输入输出数据称为数据文件。

设备文件是指与主机相连的各种外部设备,如显示器、打印机、键盘等。在操作系统中,外部设备是被看作一个文件来进行管理的,对它们的输入、输出等同于对磁盘文件的读和写。通常把显示器定义为标准输出文件,把键盘定义为标准输入文件。一般情况下在屏幕上显示有关信息就是向标准输出文件输出,比如前面经常使用的 printf 和 putchar 函数就是这类输出。从键盘上输入就意味着从标准输入文件上输入数据,比如 scanf 和 getchar 函数就属于这类输入。

(2) 按存储的形式不同,文件可分为 ASCII 文件和二进制文件两种。

ASCII 文件也称为文本文件,这种文件在磁盘中存放时每个字符都对应一字节,用于存放对应的 ASCII 码。例如,数 1234 的存储形式如图 11.1 所示,共占用 4 字节。二进制文件是按二进制的编码方式来存放文件的。例如,数 1234 的存储形式为:00000100 11010010,只占 2 字节。

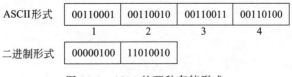

图 11.1 1234 的两种存储形式

ASCII 文件可在屏幕上按字符显示,例如源程序文件就是 ASCII 文件,用文本编辑软件可以显示文件的内容。由于是按字符显示,因此能读懂文件内容。但这种文件一般占有较多的存储空间。

二进制文件以二进制形式存放数值,可以节省外存空间和转换时间。二进制文件虽然也可在屏幕上显示,但其内容无法直接读懂。

C语言在处理文件时,并不区分文件的类型,把数据都看成是一连串的字符,即字符流(Stream)。对文件的存取以字符(字节)为单位,按字节进行处理。输入输出字符流的开始和结束只由程序控制而不受物理符号(如回车符)的控制。因此也把这种文件称作流式文件。

(3) 按照操作系统对磁盘文件的读写方式,文件可以分为缓冲文件和非缓冲文件。

缓冲文件系统就是操作系统在内存中为每个正在使用的文件开辟一个读写缓冲区。输出数据时先将数据送到缓冲区中,当缓冲区装满后才输出到磁盘等外部介质上。同样,输入数据时先从磁盘文件中的数据送到缓冲区中,当缓冲区装满后再从缓冲区逐个地将数据送到程序数据区。

而对于非缓冲文件系统,操作系统不自动开辟确定大小的缓冲区,而是由程序为每个文件设定缓冲区。

在 ANSI C 标准中,对文件的处理采用的是缓冲文件系统。

11.3 文件类型指针

由前文可知,在 C 语言中,文件是以数据流的方式保存的。对文件的存取以字符(字节)为单位,逐字节地进行访问和读写操作。如果希望能够随机地对文件中的任何一个字节进行访问,就需要有一个能够很方便地改变当前读写位置的变量。显然指针变量可以较灵活地实现上述操作。因此对流中的数据的操作是通过文件指针实现的。所谓文件指针就是指向一个文件的指针变量。通过文件指针就可对它所指的文件进行各种操作。一个文件对应一个文件指针。

如果要把数据存放在磁盘文件中,必须向操作系统指定文件的相关信息,主要包括文件类型、文件名以及文件的打开方式。

文件类型定义为 FILE,它是在<stdio.h>中定义的结构类型,用户在编程中不必关心 FILE 的细节。文件使用之前必须声明为 FILE 类型的指针变量,以便通过它与文件建立起链接关系。

定义说明文件指针的一般形式为:

FILE *指针变量标识符;

则定义一个文件型指针变量为:

FILE * fp;

关于文件类型的指针有以下几个方面需要注意。

(1) FILE 应为大写。在缓冲文件系统中,每个被使用的文件都在内存中开辟一个区,用来存放文件的有关信息(如文件名、文件状态及文件当前位置等),这些信息就被保存在 FILE 类型的结构体变量中。但是,在编写源程序时并不需要关心 FILE 结构的细节。

（2）fp 是指向 FILE 结构的指针变量，通过 fp 可找到存放某个文件信息的结构变量，然后按该结构变量提供的信息访问该文件，可实现对文件的读写操作。习惯上把 fp 称为指向一个文件的指针变量或文件指针。如果有 n 个文件，一般应设 n 个文件指针变量，使它们分别指向这 n 个文件。

文件操作的一般步骤为：

第一步，打开文件，建立 FILE 指针与文件的联系。

第二步，调用标准输入输出函数，通过 FILE 指针对文件进行读写操作。

第三步，当不再使用文件时，关闭文件，切断文件指针与文件的联系。

11.4 文件的打开与关闭

在 C 语言中，文件的打开、关闭、读、写、定位等各种操作都是由标准库函数来完成的。这些函数被定义在头文件<stdio.h>中。在本节内将介绍主要的文件操作函数。

11.4.1 标准文件

标准文件是指每一个 C 程序的运行过程中，由系统自动打开并自动关闭的 3 个文件，它们是标准输入文件（文件名为 stdin）、标准输出文件（文件名为 stdout）和标准输入输出错误文件（文件名为 stderr）。

标准输入文件对应于终端键盘，标准输出文件和标准输入输出错误文件对应于终端显示器。例如，标准输入函数 getchar 和 scanf 就是从标准输入文件 stdin 读取数据的，标准输出函数 putchar 和 printf 就是向标准输出文件 stdout 写数据的。所有的标准文件都是系统预定义的，使用时只需要直接使用，并不需要由用户程序打开和关闭。

11.4.2 文件的打开与关闭函数

1. 文件的打开函数

打开文件将通知编译系统 3 个信息：①使用的文件指针；②需要打开的文件名；③使用文件的方式。

在 ANSI C 标准中，用 fopen 函数打开文件。

打开文件的一般格式为：

```
FILE   * fp;
fp=fopen ("filename","mode");
```

其中，fp 为指向 FILE 类型的指针变量；filename 是要打开文件的文件名；mode 是指文件的打开方式，它规定了打开文件的目的。

该函数的功能是：打开由文件名指定的文件，并把被打开文件的指针赋给 FILE 类型的指针 fp。该指针包含了文件的所有信息，可以用作系统与程序之间的通信。

文件名是一个字符串，它是操作系统的一个合法文件名，包括基本名称和扩展名。文件名一般是字符串常量、字符数组或字符型指针。文件名也可以带路径，如果不指明路径，则表示文件在当前盘当前目录下。例如,test.txt、student.dat、prog.c 等。

当打开一个文件时,必须指定要对文件进行操作的方式。打开文件方式 mode 是一个字符串,可以为字母 r、w、a、b 和加号(+)的组合,如表 11.2 所示。

表 11.2 使用文件的方式

读写方式	含 义	读写方式	含 义
"r"	打开文本文件(只读)	"r+"	打开文本文件(读、覆盖写)
"w"	建立文本文件(只写)	"w+"	打开文本文件(先写后读)
"a"	打开文本文件(追加)	"a+"	打开文本文件(读、追加)
"rb"	打开二进制文件(只读)	"rb+"	打开二进制文件(读、覆盖写)
"wb"	建立二进制文件(只写)	"wb+"	打开二进制文件(先写后读)
"ab"	打开二进制文件(读、追加)	"ab+"	打开二进制文件(读、追加)

r 表示打开的文件只能用于读取数据,w 表示打开的文件只能用于写入数据,a 表示打开的文件可以在文件尾添加数据,b 表示打开的文件是二进制文件(省略 b 时默认为文本文件)。加号(+)表示打开的文件既可以读也可以写,但从读操作转为写操作(或从写操作转为读操作)时,必须先调用 fflush 函数或者定位函数。

例如,下面的语句:

```
FILE * fp;
fp=fopen("file1.txt","r");
```

表示在当前盘当前目录下以读(r)方式打开文本文件 file1.txt,同时使指针变量 fp 指向该文件。

又例如,下面的语句:

```
FILE * fp;
fp=fopen("c:\\student.dat","rb");
```

表示打开 C 盘根目录下的二进制文件 student.dat,只允许按二进制方式进行读操作。其中,两个反斜线"\\"表示根目录。

文件的打开与关闭需要注意以下几个问题:

(1) 用读(r)方式打开文件时,该文件必须已经存在,而且只能从该文件读出数据,否则打开文件不成功。

(2) 用写(w)方式打开文件时,只能往该文件写数据。如果打开的文件不存在,则以指定的文件名建立该文件;如果打开的文件已经存在,则将原文件删去,重新建立一个新文件。

(3) 如果希望在一个已存在的文件的末尾追加新信息(同时不希望删除原有数据),可用 a 方式打开文件。但要求该文件必须已经存在,否则将会出错。打开时,文件位置指针会自动移到文件末尾。

(4) fopen 函数把文件正常打开后,返回文件在内存中的起始地址,并把该地址赋给文件指针,从而建立起文件和文件指针之间的联系。此后对文件的操作就可以通过文件指针进行,而不再使用文件名。如果不能打开指定的文件(比如用 r 方式打开一个并不存在的文件,或磁盘空间已满无法建立新文件等),该函数将返回一个空指针值 NULL。因此在编程的过程中,可以通过判断文件指针的值是否等于 NULL 来检验文件是否正常打开,并做出相应的处理。如下面的程序段所示。

```
#include <stdio.h>
#include <stdlib.h>                        //用于 exit 函数
…
FILE * fp;
if((fp=fopen("test.txt","r")) ==NULL)
{
    printf("cannot open file %s\n","test.txt");
    exit(0);
}
```

这段程序的含义是,用读方式在当前盘当前目录打开一个名为 test.txt 的文本文件,并检查打开文件是否成功。如果打开文件时返回的是空指针,则表示打开指定文件失败,显示提示信息"cannot open file test.txt",然后调用 exit 函数终止程序的执行。exit 函数的作用是关闭所有文件,退出程序的执行,返回操作系统。

(5) 把一个文本文件读入内存时,要将 ASCII 码转换成二进制码,而把文件以文本方式写入磁盘时,也要把二进制码转换成 ASCII 码,因此文本文件的读写要花费较多的转换时间。对二进制文件的读写则不存在这种转换。

2. 文件的关闭函数

文件一旦使用完毕,应使用关闭文件函数把打开的文件关闭,以避免文件的数据丢失等错误。

在 ANSI C 标准中,对文件的处理采用的是缓冲文件系统。在向文件中写数据时,是先将数据输出到缓冲区,等缓冲区充满后才输出到文件中。如果缓冲区还没有填满,而程序运行又已经结束,这时保存在缓冲区中的数据就来不及写到文件中,造成数据丢失的情况发生。如果在程序运行结束前关闭打开的文件,它先将缓冲区中的数据输出到文件中,然后才释放文件指针变量,这样就可以避免数据丢失的问题。

在 ANSI C 标准中,用 fclose 函数关闭文件。关闭文件的一般格式为:

fclose (文件指针);

fclose 函数正常完成关闭文件操作时,函数返回值为 0,否则返回 EOF(-1)。文件关闭后,文件指针与文件名脱钩,就不能对该文件进行读和写的操作了,但这个文件指针可以再与其他文件建立新的连接关系。

例如,关闭上面的例子中打开的文件 test.txt:

fclose(fp);

通常,当程序正常运行结束时,系统也会自动关闭所有已经打开的文件。但是,应该养成良好的编程习惯,只要文件使用完毕就立即关闭文件。

3. C 语言中文件操作的步骤

综上所述,对文件进行读写操作时一般都包含 6 大步骤,具体方法如下:

(1) 包含头文件：#include <stdio.h>。
(2) 说明文件指针："FILE * fp;"。
(3) 打开文件,获得文件指针："fp=fopen("filename","mode");"。
(4) 检查打开文件是否成功：

```
if(fp==NULL)
{   //不成功,进行出错处理,并退出程序}
else
{   //成功,执行步骤(5)}
```

(5) 调用读写函数,通过 fp 存取文件,并进行所需的处理。
(6) 关闭文件：fclose(fp)。

下面通过一个例子来说明文件操作的步骤。

【例 11.1】 复制文本文件,即将从源文件中读取信息并将这些信息写到目标文件中。

【程序】

```
#include <stdio.h>                    //包含头文件
#include <stdlib.h>                   //用于 exit 函数
int main()
{
    FILE * fp1, * fp2;                //说明文件指针
    char ch;
    if((fp1=fopen("source.txt","r"))==NULL)
        //以读方式打开源文件,获得文件指针,并检查打开文件是否成功
    {
        printf("cannot open file %s\n","source.txt");
        exit(0);
    }
    if((fp2=fopen("target.txt","w"))==NULL)
        //以写方式打开目标文件,获得文件指针,并检查打开文件是否成功
    {
        printf("cannot open file %s\n","target.txt");
        exit(0);
    }
    //调用读、写函数,通过文件指针存取文件
    while((ch=fgetc(fp1))!=EOF)
        fputc(ch,fp2);
    fclose(fp1);                      //关闭文件
    fclose(fp2);
    return 0;
}
```

11.5 文本文件的顺序读写

当文件按指定的工作方式打开以后,就可以通过调用读写函数对它进行读写操作了。C 语言允许对文件进行顺序和随机存取。顺序存取时,数据顺序写入,顺序读出。不需要对

文件指针精确定位,不要求每个数据项都具有相同的长度。

C 语言的读写函数往往针对不同的数据对象,采用不同的数据格式。一般采用文本文件和二进制文件的两种不同性质:对文本文件来说,可按字符读写或按字符串读写;对二进制文件来说,可进行成块的读写或格式化的读写。下面对文本文件的读写方式进行介绍。二进制文件的读写方式将在 11.6 节介绍。

一般而言,"可见"的文件就是文本文件,比如采用各种文本编辑器输入的文件、按文本方式输出的文件等都是文本文件。存放一个 ASCII 代码,代表一个字符。例如,一个 int 型的整数 12345,它在内存中占 2 字节。若以二进制形式存放,按书写形式每个字符占用 1 字节,它在文本文件中将占 5 字节。该数在写入文本文件时,要将内存中 2 字节的二进制数转换为 5 字节的 ASCII 码。反之,从文本文件读入内存时,要将这 5 个字符转换成 2 字节的二进制数。

文本文件的优点是可以直接阅读,而且 ASCII 码标准统一,文件易于移植;缺点是输入输出都要进行转换,效率低下。

在 C 语言中提供了多种读写文本文件的函数:

(1) 字符读写函数:fgetc 和 fputc。

(2) 字符串读写函数:fgets 和 fputs。

(3) 格式化读写函数:fscanf 和 fprinf。

在使用以上函数前,要求在程序的开始处包含头文件<stdio.h>。另外,C 语言还提供几个用于测试标准输入输出函数执行状态的函数,它们的功能及调用如下。

(1) 文件结束检测函数(feof 函数):也叫文件尾测试函数。

feof 函数的调用形式为:

`feof(fp);`

其中,参数 fp 是已经打开文件的 FILE 指针,该函数用于在执行对 fp 文件的 I/O 操作之后,判断文件的读写指针是否已经指向文件结束位置。如果已经指向文件结束位置,则返回值为 1,否则为 0。

feof 函数一般用于测试输入文件(二进制文件或文本文件)是否结束,而文件尾结束标志 EOF 只能用于测试文本文件是否结束。所以测试二进制文件是否结束只能用 feof 函数。

(2) 读写文件出错检测函数(ferror 函数):错误测试函数。

ferror 函数的调用形式为:

`ferror(fp);`

其中,参数 fp 是已经打开文件的 FILE 指针,该函数用于测试对 fp 文件的 I/O 操作是否出错。如果返回值为 0,则表示没有出错;否则,表示 I/O 操作出错。

下面的关系表达式通常用于控制文件的读操作:

`!feof(fp) && !ferror(fp)`

如果该表达式结果为非 0,则当前读写位置不是文件尾,且最近一次执行的文件 I/O 操作正常。

11.5.1 字符读取函数

C 语言中字符读取函数有 fgetc 和 getc 两个函数。fgetc 和 getc 是两个功能完全相同的函数。其调用格式为：

字符变量=fgetc(文件指针);
字符变量=getc(文件指针);

其功能是以字符(字节)为单位从指定的文件中读取一个字符,如果读取正确,则返回读取的字符;如果读取错误或遇到文件结束标志 EOF 时,则返回 EOF。例如:

ch=fgetc(fp);

表示从打开的文件 fp 中读取一个字符并送入字符变量 ch 中。

fgetc 函数调用中,读取的文件必须是以读或读写方式打开的。

在文件内部有一个位置指针,用来指向文件的当前读写字节。在文件打开时,该指针总是指向文件的第一个字节。使用 fgetc 函数后,该位置指针将向后移动一个字节。因此可连续多次使用 fgetc 函数,读取多个字符。

注意：文件指针和文件内部的位置指针不是同一个指针。文件指针是指向整个文件的,必须在程序中定义说明,只要不重新赋值,文件指针的指向是不变的。文件内部的位置指针用来指示文件内部的当前读写位置,每读写一次,该指针均向后移动,它不需要在程序中定义说明,而是由系统自动设置的。

【例 11.2】 从文件 file1.txt 中读入文件的内容,并在屏幕上输出该文件的内容。

【程序】

```
#include <stdio.h>
#include <stdlib.h>
int main( )
{
    FILE * fp;
    char ch;
    if((fp=fopen("file1.txt,"r"))==NULL)
    {
        printf("Cannot open file:file1.txt ");
        exit(0);
    }
    while (!feof(fp)&&!ferror(fp))
    {
        ch=fgetc(fp);
        putchar(ch);
    }
    fclose(fp);
    return 0;
}
```

11.5.2 写字符函数

C 语言中写字符函数有 fputc 和 putc 两个函数。fputc 和 putc 是两个功能完全相同的函数,其调用格式为:

```
fputc(字符变量,文件指针);
putc(字符变量,文件指针);
```

其功能是把一个字符写入指定的文件中,如果执行成功,则返回所写的字符;否则,返回 EOF。例如:

```
fputc(ch,fp);
putc(ch,fp);
```

表示把字符变量 ch 中的字符写入 fp 所指向的文件中。

使用该函数时要注意以下 3 个方面:
(1) 被写入的文件可以用写、读写、追加方式打开。
(2) 每写入一个字符,文件内部位置指针都向后移动一字节。
(3) fputc 函数有一个返回值,如果写入成功,则返回写入的字符;否则,返回一个 EOF。

【例 11.3】 从键盘输入若干字符,将它们存放在磁盘上的文件 file1.txt 中。

【程序】

```
#include <stdio.h>
#include <stdlib.h>
int main()
{
    FILE * fp;
    char ch;
    if((fp=fopen("file1.txt ","w"))==NULL)        //以写方式打开文件
    {
        printf("Cannot open file");
        exit(0);
    }
    while((ch=getchar())!=EOF)
        fputc(ch,fp);                             //将从键盘输入的字符写入打开的文件中
    fclose(fp);
    return 0;
}
```

11.5.3 字符串读取函数

C 语言还可以从磁盘文件中读取一个字符串,字符串读取函数 fgets 的调用形式为:

```
fgets(s,n,fp);
```

其中,s 为字符数组名或字符型指针用于存放读入的字符串;n 是一个正整数,用于指定读入

的字符的个数(不超过 n-1 个字符);fp 是已经打开的文件的指针。

该函数的功能是从指定的文件中读一行(包括换行符'\n')到字符数组 s,并在末尾添加一个字符串结束标志'\0'。如果一行字符的数目多于 n 个,则至多读入 n-1 个字符。如果在读入 n-1 个字符之前遇到'\0'、换行符或 EOF,读入立即结束。如果执行成功,则返回值是读取的字符串的指针 s;否则,遇到文件尾或出错时返回空指针 NULL。例如:

```
fgets(str,n,fp);
```

表示从 fp 所指向的文件中读出 n-1 个字符送入字符数组 str 中。

下面通过一个例子说明字符串读取函数的使用方法。

【例 11.4】 从 file1.txt 文件中读入一个含 10 个字符的字符串,并将其显示在屏幕上。

【程序】

```c
#include <stdio.h>
#include <stdlib.h>
int main()
{
    FILE * fp;
    char str[11];
    if((fp=fopen("file1.txt","r"))==NULL)
    {
        printf("Cannot open file:file1.txt! ");
        exit(0);
    }
    fgets(str,10,fp);              //读入字符串
    printf("%s",str);              //输出字符串
    fclose(fp);
    return 0;
}
```

11.5.4 写字符串函数

写字符串函数 fputs 的调用形式为:

```
fputs(s,fp);
```

其中,s 为字符数组名、字符串常量或字符型指针,fp 是已经打开的文件的指针。

该函数的功能是将一个字符串写入指定的文件,如果执行成功,则返回一个非负数;否则,返回 EOF。其中,字符串可以是字符串常量,也可以是字符数组名或字符指针变量。例如:

```
fputs("abcd",fp);
```

表示把字符串"abcd"写入 fp 所指向的文件之中。

【例 11.5】 从键盘输入一个字符串,追加在文件 file1.txt 的末尾,并将新文件显示在屏幕上。

【程序】

```c
#include <stdio.h>
#include <stdlib.h>
int main()
{
    FILE *fp;
    char ch,str[20];
    if((fp=fopen("file1.txt","a+"))==NULL)    //用追加读写方式打开磁盘文件
    {
        printf("Cannot open file:file1.txt ");
        exit(0);
    }
    printf("input a string:\n");
    scanf("%s",str);
    fputs(str,fp);
    rewind(fp);                               //重新定位读写指针到文件开头
    while(!feof(fp))
    {
        ch=fgetc(fp);
        putchar(ch);
    }
    printf("\n");
    fclose(fp);
    return 0;
}
```

【说明】 本例子要求在 file1.txt 文件的末尾添加字符串,因此在程序中先以追加读写文本文件的方式打开文件 file1.txt。然后输入一个字符串 str,并用 fputs 函数把该字符串写入文件中。然后用 rewind 函数把文件内部位置指针移到文件开头,再逐个显示当前文件中的全部内容。

rewind 函数的作用是将文件位置指针重新放在文件的开头,当文件由读转为写或由写转为读时就要重新设置文件的位置指针到文件的开头。

11.5.5 格式化读写函数

格式化读写函数 fscanf 和 fprintf 函数与前面学习过的 scanf 和 printf 函数的功能相似,都是用于格式化输入和输出多个数据。它们的区别在于 scanf 和 printf 函数的读写对象是键盘和显示器,而 fscanf 和 fprintf 函数的读写对象是文件。

1. 格式化输入函数

C 语言中格式化输入函数是 fscanf。fscanf 函数的调用形式为:

fscanf(文件指针,格式字符串,输入表列);

其中,格式字符串与 scanf 函数相同。该函数的功能是从指定的文件中按指定的格式读出一批数据,并赋给输入表列中的各项。如果函数执行成功,则返回输入项的个数;如果遇到文件尾,则返回 EOF;如果赋值失败,则返回 0。

2. 格式化输出函数

C 语言中格式化输出函数是 fprintf。fprintf 函数的调用形式为:

```
fprintf(文件指针,格式字符串,输出表列);
```

其中,格式字符串与 printf 函数相同。该函数的功能是将输出表列中的各个数据按指定的格式写入指定的文件中。如果函数执行成功,则返回实际写入文件的字符个数;若出现错误,则返回负数。例如:

```
fscanf(fp,"%d%f",&i, &t);
```

如果磁盘文件中有字符串"3 4.5",则将磁盘文件中的数据 3 送给变量 i,数据 4.5 送给变量 t。

```
fprintf(fp,"%2d%3c",j,ch);
```

其作用就是将整型变量 j 和字符型变量 ch 的值按%2d 和%3c 的格式输出到由 fp 指定的文件中。

下面通过一个例子说明格式化输入输出函数的使用。

【例 11.6】 已知磁盘文件 file1.txt 中存放着 10 个整数,将它们读出然后排序,再将排序后的结果输出到另一文件 score.txt 中,并显示在屏幕上。

【程序】

```
#include <stdio.h>
#include <stdlib.h>
void sort(int b[], int n);
int main()
{
    int  i,a[10]={0};
    FILE *fp1,*fp2;
    if((fp1=fopen("file1.txt","r"))==NULL)
    {
        printf("can't open file----file1.txt!\n");
        exit(-1);
    }
    
    for(i=0;i<10;i++)
        fscanf(fp1,"%d ",&a[i]);              //从 fp1 所指的文件中读数据
    fclose(fp1);
    
    sort(a,10);
```

```
    if((fp2=fopen("score.txt","w"))==NULL)
    {
        printf("can't open file----score.txt!\n");
        exit(-1);
    }
    for(i=0;i<10;i++)
        fprintf(fp2,"%4d",a[i]);
    rewind(fp2);                              //重新定位文件指针到文件头
    if((fp2=fopen("score.txt","r"))==NULL)
    {
        printf("can't open file----score.txt!\n");
        exit(-1);
    }
    for(i=0;i<10;i++)                         //将文件中的数据读出到数组中
        fscanf(fp2,"%4d",&a[i]);
    for(i=0;i<10;i++)                         //将读出的数据输出
        printf("%4d",a[i]);
    fclose(fp2);
    return 0;
}
void sort(int b[], int n)
{
    int i, j, k, t;
    for(i=0;i<n-1;i++)
    {
        k=i;
        for(j=i+1;j<n;j++)
            if(b[j]<b[k])
                k=j;
        t=b[k];
        b[k]=b[i];
        b[i]=t;
    }
}
```

【运行】

若 file1.txt 文件中的数据为：65 73 55 32 76 78 86 98 84 69
程序执行后 score.txt 文件中的数据为：
___32___55___65___69___73___76___78___84___86___98

使用格式化读写函数时应该注意以下几点：
(1) 文本文件的输入格式说明符要与文件中的数据格式相匹配。
(2) 用 fscanf 函数和 fprintf 函数存取文件时，可以一次读写一批数据。这时，必须正确设置输入输出格式，以防止出现错误。

当 fscanf 函数读到空白符时，便自动结束读入操作，在使用时要特别注意。在 file1.txt

文件中数据和数据之间有一个空白符,所以在读取操作时 fscanf 函数中的格式符"%d"中相应也必须有一个空格,只有这样才能将文件中的数据读取到数组中。

用 fprintf 函数向文件写入数据时,为了能够再用 fscanf 函数将其读出,在每个输出项后面都多输出一个空格即可。

在例 11.6 的程序中使用了 rewind 函数,该函数是将文件指针重新放置在文件的开头。当从读转为写或从写转为读时需要使用此函数来对文件指针重新定位。

11.6 数据块读写函数

二进制文件中的数据是按其在内存中的存储形式存放的。二进制文件在输入输出时不必进行转换,效率很高。但二进制文件只能由机器阅读,人工无法阅读,也不能打印。而且,由于不同的计算机系统对数据的二进制表示也各有差异,因此,二进制文件可移植性差。一般用二进制文件保存数据处理的中间结果,供本计算机以后使用。

在 C 语言中读写二进制文件的关键是如何将以二进制方式存放的文件信息读出同时输入程序的数据结构中,以及如何将程序数据结构中的数据以二进制的方式输出到指定文件中。对于读操作来说,如果要读的文件是以二进制方式存放的,应按二进制文件的方式读取。对于写来说,如果所写的文件只用于数据交换,则应用二进制方式写。

在 C 语言中用于对二进制文件读写的函数有:

(1) 数据块读写函数:fread 和 fwrite。

(2) 数据读写函数:getw 和 putw。

在这里只介绍数据块读写函数 fread 和 fwrite。注意,在使用以上函数前,要求在程序的开始处包含头文件<stdio.h>。

11.6.1 读数据块函数

读数据块函数 fread 的调用形式为:

fread(buffer,size,count,fp);

其中,buffer 是用来存放读入数据在内存中的首地址,通常是数组名或数组指针;size 表示读出的单个数据块的字节数;count 表示要读入的数据块的个数;fp 表示数据存放的文件指针。

该函数的功能是从 fp 所指定的文件中,连续读 count 次,每次读 size 字节存放在 buffer 所指向的一片连续的内存单元中。在读出的过程中,系统自动把回车符和转义序列转换为换行符。函数的返回值为实际读入的数据项的个数;若读入的数据块少于规定的数据,则说明已提前到达文件末尾。

例如:

fread(num,4,5,fp);

表示从 fp 所指的文件中,每次读 4 字节送入数组 num 中,连续读 5 次,即读 5 个数到数组 num 中。

11.6.2　写数据块函数

写数据块函数 fwrite 的调用形式为：

```
fwrite(buffer,size,count,fp);
```

其中，buffer 表示要从内存中写入文件的数据块的首地址，通常是数组名或数组指针；size 表示要写入文件的每个数据块的长度(字节数)；count 表示要写的数据块的个数；fp 表示文件指针。

该函数的功能是将 buffer 中存放的数据写入由 fp 所指向的文件中，共写入 count 块数据，每块数据的大小为 size 字节。如果函数执行成功，则返回实际写入的数据块个数；如果所写数据块少于实际需要的数据块，则出错。

例如：

```
fwrite(buffer,sizeof(float),5,fp);
```

表示将 buffer 中存放的数据写入 fp 所指的文件中，共写入 5 块数据，每块数据的大小为 float 类型占用的字节数。

11.6.3　使用数据块读写函数的注意事项

在使用数据块读写函数应该注意以下事项：

（1）打开二进制文件时，fopen 函数中的文件使用方式只能用"wb"、"rb"或"ab"。

（2）用 fread 和 fwrite 函数可以读写一个或多个数据块。数据块可以是一个数值数据，也可以是一个数组、结构或结构数组，也就是说，允许对连续占用内存的多个数据进行整体输入输出。例如，下列程序段：

```
float sum[100];
fwrite(sum,sizeof(sum),1,fp);
```

表示以整个数组作为一个数据块写入文件，用 sizeof(sum)得到数据块的长度，并一次写入一个数据块。而下列语句：

```
fwrite(sum,sizeof(float),100,fp);
```

表示以数组元素作为一个数据块，用 sizeof(float)得到数据块的长度，共写入 100 个数据块。

（3）在循环读写大量数据块时，不能用 EOF 来判别是否已经到达文件末尾，应该使用 feof 函数来判别文件是否结束。

【例 11.7】　从键盘输入 30 个学生的基本信息，写入一个二进制文件中，再从该文件读取学生的基本信息，并显示在屏幕上。

【分析】　假设学生基本信息只包含学号、姓名、年龄和家庭地址几个数据项，为此需要定义一个结构类型。输入学生信息的时候，将所有数据项都存放在一个结构类型的变量中，并以二进制的形式写入文件。在读取文件的时候，每次都读取一个结构变量。

【程序】

```c
#include <stdio.h>
#include <stdlib.h>
#define NUM 30                                      //定义符号常量
struct student
{
    int num;
    char name[10];
    int age;
    char addr[15];
};
int main()
{
    struct student stu, * pp;
    FILE * fp;
    int i;
    pp=&stu;
    if((fp=fopen("stu_list.dat","wb"))==NULL)       //以二进制写方式打开文件
    {
        printf("Cannot open file:stu_list.dat!");
        exit(0);
    }
    printf("\ninput data\n");
    for(i=0;i<NUM;i++)
    {
        scanf("%d%s%d%s",&pp->num,pp->name,&pp->age,pp->addr);
        fwrite(pp,sizeof(struct student),1,fp);     //将学生结构写入文件
    }
    fclose(fp);
    if((fp=fopen("stu_list.dat","rb"))==NULL)       //以二进制读方式打开文件
    {
        printf("Cannot open file:stu_list.dat!");
        exit(0);
    }
    printf("\n\nnumber\tname\t age\t address\n");
    while(!feof(fp) &&ferror(fp))
    {
        fread(pp,sizeof(struct student),1,fp);      //读出学生结构
        if(!feof(fp))
            printf("%5d\t%s\t%3d\t%s\n",pp->num,pp->name,pp->age,pp->addr);
    }
    fclose(fp);                                     //关闭文件
    return 0;
}
```

【说明】 本程序定义了一个结构 student，说明了一个结构类型的变量 stu 和一个结构类型的指针变量 pp。pp 指向 stu。程序中以读方式打开二进制文件 stu_list.dat，输入一个学生信息之后，写入该文件中，共输入 NUM 个学生的信息。然后关闭该文件，重新以二进制读方式打开该文件，每次从文件中读出一个学生的信息后，在屏幕上显示，循环读入直到文件结束。最后关闭文件。

在采用 fread 函数和 fwrite 函数操作结构变量时，一个很常见的错误就是写入和读取时采用了不同的方式。例如，写入时按照结构大小工作，而读取时按照结构元素逐个读取，这样就会产生意想不到的结果。所以写入和读出一定要采用相同的方式。

11.7 文件的随机读写

前面介绍的对文件的读写方式都是顺序读写，即读写文件只能从头开始，按照数据的先后顺序读写各个数据。因此，顺序文件的存取只需要关心文件指针是在文件头还是在文件尾，一般不关心文件指针的精确位置，读写总是在指针的当前位置上进行。当文件刚打开时，文件指针位于文件头，进行读写时文件指针会自动移动。在某些情况下，例如，写数据后希望从头读出文件中的数据，这时就需要用 rewind 函数将文件指针重新指向文件头或者先将文件关闭然后再打开。

但是在实际问题中通常要求只读写文件中某一指定的部分，即随机存取文件。文件的随机存取是将数据写入文件的指定位置或从文件的指定位置读取数据。这时就需要精确知道文件指针的当前位置。

实现随机读写的关键是要按要求移动位置指针，该操作称为文件的定位。实现文件定位的函数主要有 3 个，即 rewind、fseek 和 ftell。

11.7.1 文件头定位函数

文件头定位函数 rewind 的调用形式为：

rewind(文件指针);

其中，文件指针是已经打开的文件指针。该函数的功能是把文件的读写位置重新定位在文件的开头，并清除文件结束标志和错误标志。该函数没有返回值。

下面举例说明该函数的用法。

【例 11.8】 把一个文件的内容显示在屏幕上，并同时复制到另一个文件。

【程序】

```
#include <stdio.h>
int main()
{
    FILE * fp1, * fp2;
    fp1=fopen("file1.c", "r");      //以读方式打开源文件
    fp2=fopen("file2.c", "w");      //以写方式打开目标文件
    while(!feof(fp1))               //读取源文件中的字符并显示到屏幕上
```

```
        putchar(fgetc(fp1));
    rewind(fp1);                        //将 fp 重新定位在文件的开头
    while(!feof(fp1))                   //再次读取源文件中的字符并写入目标文件
        fputc(fgetc(fp1), fp2);
    fclose(fp1);
    fclose(fp2);
    return 0;
}
```

【说明】 在这个程序中,文件 file2.c 被读了两次,在两次读之间要重新将文件的位置指针指向文件的开头,在这里使用 rewind 函数来实现文件头的重新定位。

11.7.2 文件随机定位函数

用 fseek 函数可随机移动文件指针到指定的位置。

fseek 函数的调用形式为:

`fseek(fp,offset,origin);`

其中,fp 是文件指针,offset 表示移动的字节数(即偏移量),origin 表示从何处开始计算偏移量。

该函数的功能是将文件指针移到以 origin 为起始点,且偏移量为 offset 字节的地方。

ANSI C 和大多数 C 版本要求偏移量 offset 是 long 型数据,以便在文件长度大于 64KB 时不会出错。当用常量表示位移量时,要求加后缀 L。当 offset 为负时,表示向文件头的方向移动。当 offset 为正时,表示向文件尾的方向移动。当 offset 为 0 时,表示不移动。

origin 表示从何处开始计算位移量,规定的起始点有 3 种:文件开头、文件当前位置和文件末尾,分别用数字 0、1、2 表示,其表示方法如表 11.3 所示。

例如:"fseek(fp,100L,0);"表示把文件指针从文件头向后移动 100 字节;"fseek(fp,-100L,2);"表示把文件指针从文件尾向前移动 100 字节;"fseek(fp,0L,SEEK_SET);"表示把文件指针定位在文件开头,它的作用与"rewind(fp);"的作用相同。

表 11.3 指针初始位置表示法

符 号 名	数字表示	含 义
SEEK_SET	0	文件开头
SEEK_CUR	1	文件当前位置
SEEK_END	2	文件末尾

在文本文件中由于要进行字符转换,计算位置时往往会出现错误。因此,fseek 函数一般用于二进制文件。但是只要一个文件中的各个数据项具有相等的长度,该文件既可以顺序存取,也可以随机存取,而不管它是文本文件还是二进制文件。此外,完全由 ASCII 码字符组成的文本文件与二进制文件也没有区别。

下面举例说明 fseek 函数的使用方法。

【例 11.9】 将一个文本文件连接到另一文本文件的末尾。

【程序】

```c
#include <stdio.h>
#include <stdlib.h>
int main()
{
    FILE * fp1, * fp2;
    if((fp1=fopen("file1.txt","r"))==NULL)     //以读方式打开文本文件
    {
        printf("Cannot open file !");
        exit(-1);
    }
    if((fp2=fopen("file2.txt","r+"))++NULL)    //以读写方式打开文本文件
    {
        printf("Cannot open file !");
        exit(-1);
    }
    fseek(fp2,0L,SEEK_END);                    //将文件指针移动到文件的末尾
    while(!feof(fp1))
        fputc(fgetc(fp1),fp2);                 //读取文件 fp1 中的字符写入文件 fp2 中
    fclose(fp1);
    fclose(fp2);
    return 0;
}
```

【例 11.10】 将已经保存在文件 stud_dat.txt 中的学生信息读出并显示。其中学生的信息包括姓名、学号、年龄和性别。

【分析】 首先通过 fseek 函数随机移动文件指针到指定的位置,再用 fread 函数读取一个学生的信息到结构数组中,并显示结构数组中的内容。因为在文件 stud_dat.txt 中保存的学生信息是用结构的形式进行存放的,所以读取的时候仍然要以结构的形式来读取,否则会出现错误。

【程序】

```c
#include <stdio.h>
#include <stdlib.h>
struct student
{
    char name[20];
    int num;
    int age;
    char sex;
};
int main()
```

```
{
    struct student stud[10];
    int i;
    FILE * fp;
    if ((fp=fopen("stud_dat.dat", "rb")) ==NULL)
    {
        printf("can not open file\n");
        exit(0);
    }
    for(i=0; i<10; i +=2)
    {
        fseek(fp, i * sizeof(struct student_type), SEEK_SET);
        fread(&stud[i], sizeof(struct student_type), 1, fp);
        printf("%s %d %d %c\n",stud[i].name, stud[i].num, stud[i].age, stud[i].sex);
    }
    fclose(fp);
    return 0;
}
```

11.7.3 文件当前位置函数

文件的当前位置可用 ftell 函数获得。ftell 函数的调用方式是：

```
n=ftell(fp);
```

该函数以一个文件指针为参数,返回一个 long 类型的值,它对应于文件的当前位置。在保存文件的当前位置(这样在程序的后面就可以使用)时,该函数非常有用。n 表示当前位置的相对于偏移量(以字节为单位)。这意味着已经读取(或写入)了 n 字节。若出错,则返回值为 −1L。

例：

```
long i;
if((i=ftell(fp))==-1L)
    printf("The file error has occurred at %ld\n",i);
```

该程序段可以通知用户在文件的什么位置出现了错误。

如果一个二进制文件中存放的是若干个结构类型的数据(该结构类型名为 student),则可以使用 fseek 函数和 ftell 函数来确定文件的长度(字节数)及文件中所包含的数据块的个数 k。例如：

```
fseek(fp,0L,SEEK_END);           //将文件指针移动到文件的末尾
n=ftell(fp);                     //将文件指针相对于文件头的字节数赋值给 n
k=n/sizeof(struct student);      //k 为文件中所包含的数据块的个数
```

11.8 其他函数

C 语言还提供一些函数来检查输入输出函数调用中的错误及清除键盘缓冲区。

1. 文件结束检测函数 feof

feof 函数的调用形式为：

`feof(文件指针);`

其功能是判断文件是否处于文件结束位置,如果文件结束,则返回值为 1,否则为 0。

2. 读写文件出错检测函数 ferror

ferror 函数的调用形式为：

`ferror(文件指针);`

其功能是检查文件在用各种输入输出函数进行读写时是否出错。如果 ferror 返回值为 0 则表示未出错,否则表示有错。

3. 文件出错标志和文件结束标志置 0 函数 clearerr

clearerr 函数的调用形式为：

`clearerr(文件指针);`

其功能是清除出错标志和文件结束标志,使它们为 0 值。

4. 清除键盘缓冲区函数：fflush 函数

fflush 函数的调用形式为：

`fflush(fp);`

该函数的功能是如果打开的文件用于输出,则该函数使缓冲区的内容被写到相应的文件中去(清仓);如果被打开的文件用于输入,则该函数将清除键盘缓冲区的内容。正常时,函数返回 0,出错时返回 EOF。

习 题 11

11.1 C 文件操作有什么特点？什么是缓冲文件系统？什么是非缓冲文件系统？二者的区别是什么？
11.2 什么是文件类型指针？通过文件类型指针访问文件有什么好处？
11.3 解释文件的打开与关闭的含义。为什么要打开和关闭文件？
11.4 如果一个文件被顺序地组织,这意味着文件访问必须是顺序的吗？为什么？
11.5 对应于 stdin 的设备是什么？对应于 stdout 的设备是什么？

11.6 什么函数可用于把文件指针定位到文件中的任何位置?

11.7 假设在你的计算机上存放了以下内部文件:data.txt,price.txt 和 exper.dat。

(1) 编写两条语句来打开这些外部文件(作为输入文本文件)。

(2) 使用一条语句来打开这些外部文件(作为输入文本文件)。

(3) 编写两条语句来打开这些外部文件(作为输出文本文件)。

(4) 使用一条语句来打开这些外部文件(作为输出文本文件)。

11.8 使用 getchar 和 fputc 函数,编写一个程序,从键盘接收一行文本,将其中的小写字母转换为大写字母(其他的字符不变)后写入一个名为 text.txt 的文件,直到输入一个回车键为止。

11.9 编写一个函数,比较两个文件,如果相等,则返回 0,否则返回 1。在主函数中调用此函数,并显示结果。

11.10 已知文件 stuinfo.dat 中存放了若干学生的学号、姓名及数学、英语、计算机 3 门课的成绩,具体格式为:第 1 行存放一个不定长的整数,代表学生个数 n。第 2 行开始,每行存放一个学生的数据。

如下所示:

```
3
2019    丁峰      76      77      88
2020    王雪其    97      96      98
2021    黄鹏成    88      68      83
```

其中,各行中的每个数据间用空格分开,姓名是不定长的字符串,其余数据是不定长的整数。编写程序读入这些数据,并按总分从高到低的顺序排序后输出到文件 stusort.dat 中。

11.11 使用 fseek 和 ftell 函数用反序读取一个文件,从最后一个字符到第一个字符。每个字符在读取的同时也被显示在显示器上。

11.12 把数字 92.22,88.25,67.58,79.54 作为双精度数值写入一个名为 results 的二进制文件中。在写入数据到这个文件后,再从这个文件中读取数据,计算所读取的 4 个数的平均值并显示这个平均值。

11.13 用文本编辑器建立一个文本文件 stuinfo.txt,存放 n 个学生的基本信息,包括班号、学号、所在院系、性别、年龄。用文本编辑器再建立另一个文本文件 grdinfo.txt,存放这 n 个学生的学号和各门功课的成绩(文件格式自行设计)。编写程序实现以下功能:

(1) 输入一个新学生的基本信息后可以保存到文件 stuinfo.txt 中,输入一个新学生的学号和各门功课的成绩可以保存到文件 grdinfo.txt。

(2) 学生基本信息的检索:①输入一个学生的学号或姓名,检索得到该学生的全部信息(包括班号、学号、所在院系、性别、年龄和各门功课的成绩);②输入单科成绩或统计成绩(总分或平均分)的相关条件,检索得到满足条件的学生的全部信息(包括班号、学号、所在院系、性别、年龄和各门功课的成绩),将检索结果按合理格式保存在文件中。

(3) 输入一个学生的学号,删除与这个学生相关的所有信息(包括基本信息和各门功课成绩)。

附录 A　ASCII 字符编码一览表

ASCII 字符编码如表 A.1 所示。

表 A.1　ASCII 字符编码

ASCII 码		字　符	ASCII 码		字　符	ASCII 码		字　符	ASCII 码		字　符
十进制	十六进制		十进制	十六进制		十进制	十六进制		十进制	十六进制	
000	00	NUL	032	20	SP	064	40	@	096	60	`
001	01	SOH(^A)	033	21	!	065	41	A	097	61	a
002	02	STX(^B)	034	22	"	066	42	B	098	62	b
003	03	ETX(^C)	035	23	#	067	43	C	099	63	c
004	04	EOT(^D)	036	24	$	068	44	D	100	64	d
005	05	END(^E)	037	25	%	069	45	E	101	65	e
006	06	ACK(^F)	038	26	&	070	46	F	102	66	f
007	07	BEL(^G)	039	27	'	071	47	G	103	67	g
008	08	BS(^H)	040	28	(	072	48	H	104	68	h
009	09	HT(^I)	041	29	)	073	49	I	105	69	i
010	0A	LF(^J)	042	2A	*	074	4A	J	106	6A	j
011	0B	VT(^K)	043	2B	+	075	4B	K	107	6B	k
012	0C	FF(^L)	044	2C	,	076	4C	L	108	6C	l
013	0D	CR(^M)	045	2D	−	077	4D	M	109	6D	m
014	0E	SO(^N)	046	2E	.	078	4E	N	110	6E	n
015	0F	SI(^O)	047	2F	/	079	4F	O	111	6F	o
016	10	DLE(^P)	048	30	0	080	50	P	112	70	p
017	11	DC1(^Q)	049	31	1	081	51	Q	113	71	q
018	12	DC2(^R)	050	32	2	082	52	R	114	72	r
019	13	DC3(^S)	051	33	3	083	53	S	115	73	s
020	14	DC4(^T)	052	34	4	084	54	T	116	74	t
021	15	NAK(^U)	053	35	5	085	55	U	117	75	u
022	16	SYN(^V)	054	36	6	086	56	V	118	76	v
023	17	ETB(^W)	055	37	7	087	57	W	119	77	w
024	18	CAN(^X)	056	38	8	088	58	X	120	78	x
025	19	EM(^Y)	057	39	9	089	59	Y	121	79	y
026	1A	SUB(^Z)	058	3A	:	090	5A	Z	122	7A	z
027	1B	ESC	059	3B	;	091	5B	[	123	7B	{
028	1C	FS	060	3C	<	092	5C	\	124	7C	|
029	1D	GS	061	3D	=	093	5D	]	125	7D	}
030	1E	RS	062	3E	>	094	5E	^	126	7E	~
031	1F	US	063	3F	?	095	5F	_	127	7F	del

附录 B C 语言运算符

C 语言运算符如表 B.1 所示。

表 B.1 C 语言运算符

优先级	运算符	含义	运算类型	结合性
1	( )	圆括号、函数参数表	单目运算符	自左向右
	[ ]	数组元素下标	双目运算符	自左向右
	->	指向结构体成员		
	.	引用结构体成员		
2	!	逻辑非	单目运算符	自右向左
	~	按位取反		
	++、--	增1、减1		
	-	求负		
	*	指针间接引用运算符		
	&	取地址运算符		
	(类型表示符)	强制类型转换运算符		
	sizeof	取占内存大小运算符		
3	*、/、%	乘、除、整数求余	双目算术运算符	自左向右
4	+、-	加、减	双目算术运算符	自左向右
5	<<、>>	左移、右移	双目位运算符	自左向右
6	<、<=	小于、小于或等于	双目关系运算符	自左向右
	>、>=	大于、大于或等于		
7	==、!=	等于、不等于	双目关系运算符	自左向右
8	&	按位与	双目位运算符	自左向右
9	^	按位异或	双目位运算符	自左向右
10	|	按位或	双目位运算符	自左向右
11	&&	逻辑与	双目逻辑运算符	自左向右
12	||	逻辑或	双目逻辑运算符	自左向右
13	?:	条件运算符	三目运算符	自右向左
14	=	赋值运算符	双目运算符	自右向左
	+=、-=、*=、/=、%=、&=、^=、|=、<<=、>>=	复合赋值运算符	双目运算符	自右向左
15	,	逗号运算符	顺序求值运算	自左向右

说明：

(1) 运算符的结合性只对相同优先级的运算符有效,也就是说,只有表达式中相同优先级的运算符连用时,才按照运算符的结合性所规定的运算顺序运算。而不同优先级的运算符连用时,先操作优先级高的运算符。

(2) 对于表 B.1 所罗列的优先级关系可按照如下方法记忆:首先记两边,初等运算符()、[]、->、.的优先级最高,逗号运算符最低,赋值运算符和复合赋值运算符次低。其次,单目运算符的优先级高于双目运算符,双目运算符的优先级高于三目运算符。最后,算术运算符优先级高于其他双目运算符,移位运算符高于关系运算符,关系运算符高于除移位之外的位运算符,位运算符高于逻辑运算符。

附录 C C 语言中的关键字

C 语言中的关键字如表 C.1 所示。

表 C.1 C 语言中的关键字

关键字	用途
auto	指定变量的存储类型是自动型变量,是默认值
break	跳出循环或 switch 语句
case	定义 switch 语句中的 case 子句
char	定义字符型变量或指针
const	定义常态变量或参数
continue	在循环语句中,结束本次循环,回到循环体的开始处重新执行循环体
default	定义 switch 语句中的 default 子句
do	定义 do…while 语句
double	定义双精度浮点型变量
else	定义 if…else 语句中的 else 子句
enum	定义枚举类型
extern	声明外部变量或函数
float	定义浮点型变量或指针
for	定义 for 循环语句
goto	定义 goto 语句,实现程序转移
if	定义 if 语句或 if…else 语句实现分支
int	定义整型变量或指针
long	定义长整型变量或指针
register	定义变量的存储类型是寄存器变量,已过时
return	从函数返回
short	定义短整型变量或指针
signed	定义有符号的整型或字符型变量或指针
sizeof	获取某变量或数据类型所占内存的大小(单位:字节),是运算符
static	定义变量的存储类型是静态变量,或指定函数是静态函数
struct	定义结构体类型
switch	定义 switch 语句,实现多路分支
typedef	为数据类型定义别名
union	定义联合类型
unsigned	定义无符号的整型或字符型变量或指针
void	定义空类型变量或空类型指针或定义函数无返回值
while	定义 while 循环语句

附录 D 常用标准库函数

不同的 C 语言编译系统所提供的标准库函数的数目和函数名及函数功能并不完全相同。限于篇幅，本附录只列出 BC 3.0 和 VC 6.0 提供的一些常用库函数，如表 D.1～表 D.8 所示。读者在编程时若用到其他库函数，请查阅所用系统的库函数手册。

表 D.1 数学函数

函数名	函数原型	函数功能	返回值	说明
abs	int abs(int i)	求整数 i 的绝对值	计算结果	
acos	double acos(double x)	计算 arccosx 的值	计算结果	x 应为 $-1\sim 1$
asin	double asin(double x)	计算 arcsinx 的值	计算结果	x 应为 $-1\sim 1$
atan	double atan(double x)	计算 arctanx 的值	计算结果	
ceil	double ceil(double x)	求出不小于 x 的最小整数	该整数的双精度实数	
cos	double cos(double x)	计算 cosx 的值	计算结果	x 的单位为弧度
exp	double exp(double x)	求 e^x 的值	计算结果	
fabs	double fabs(double x)	求实数 x 的绝对值	计算结果	
floor	double floor(double x)	求出不大于 x 的最大整数	该整数的双精度实数	
fmod	double fmod(double x,double y)	求整除 x/y 的余数	返回余数的双精度数	
labs	Long labs(long n)	求长整数 n 的绝对值	计算结果	
log	Double log(double x)	求 lnx	计算结果	
log 10	Double log10(double x)	求 lgx	计算结果	
pow	Double pow(double x, double y)	求 x^y	计算结果	
sin	Double sin(double x)	计算 sinx 的值	计算结果	x 的单位为弧度
sqrt	double sqrt(double x)	计算 $\sqrt{x}$	计算结果	$x\geqslant 0$
tan	double tan(double x)	计算 tanx 的值	计算结果	x 的单位为弧度

注：在源程序中使用数学函数时，应在该源程序中包含其头文件 math.h。

表 D.2 字符处理函数

函数名	函数原型	函数功能	返回值
isalnum	int isalnum(int ch)	检查 ch 是否为字母（alpha）或数字（numeric）	若是字母或数字,则返回 1;否则返回 0
isalpha	int isalpha(int ch)	检查 ch 是否为字母	若是,则返回 1;否则返回 0
isascii	int isascii(int ch)	检查 ch 是否为 ASCII 码字符（ASCII 码为 0~127）	若是,则返回 1;否则返回 0
iscntrl	int iscntrl (int ch)	检查 ch 是否为控制码字符（ASCII 码为 0~31）	若是,则返回 1;否则返回 0
isdigit	int isdigit (int ch)	检查 ch 是否为数字字符('0'~'9')	若是,则返回 1;否则返回 0
isgraph	int isgraph (int ch)	检查 ch 是否可显示字符（ASCII 码为 33~126,不包括空格）	若是,则返回 1;否则返回 0
islower	int islower (int ch)	检查 ch 是否为小写字母('a'~'z')	若是,则返回 1;否则返回 0
isprint	int isprint (int ch)	检查 ch 是否可打印字符（ASCII 码为 32~126,包括空格）	若是,则返回 1;否则返回 0
ispunct	int ispunct (int ch)	检查 ch 是否为标点字符(不包括空格),即除字母、数字和空格以外的所有可打印字符	若是,则返回 1;否则返回 0
isspace	int isspace(int ch)	检查 ch 是否为空格、跳格符（制表符）或换行符	若是,则返回 1;否则返回 0
isupper	int isupper (int ch)	检查 ch 是否为大写字母('A'~'Z')	若是,则返回 1;否则返回 0
isxdigit	int isxdigit(int ch)	检查 ch 是否为一个十六进制数字字符(即 '0'~'9',或'A'~'F',或'a'~'f')	若是,则返回 1;否则返回 0
tolower	int tolower (int ch)	将 ch 转换为小写字母	返回 ch 所代表的字符的小写字母
toupper	int toupper (int ch)	将 ch 转换为大写字母	返回 ch 所代表的字符的大写字母

注:在源程序中使用字符处理函数时,应在该源程序中包含其头文件 ctype.h。

表 D.3 字符串处理函数

函数名	函数原型	函数功能	返回值
strcpy	char * strcpy(char * str1,const char * str2)	将字符串 str2 复制到字符串 str1 中	返回 str1 指针
strncpy	char * strncpy(char * str1,const char * str2,unsigned int count)	将字符串 str2 中前 count 个字符复制到字符串 str1 中	返回 str1 指针
strlen	unsigned int strlen (const char * str)	统计字符串 str 中字符的个数(不包含'\0')	返回字符个数
strcat	char * strcat(char * str1,const char * str2)	将字符串 str2 连接到 str1 之后	返回 str1 指针
strncat	char * strncat(char * str1,const char * str2,unsigned int count)	将字符串 str2 中前 count 个字符连接到字符 str1 之后,并以'\0'结束	返回 str1 指针
strcmp	int strcmp(const char * str1, const char * str2)	按字典顺序比较两个字符串 str1 和 str2(大小写敏感)	str1<str2,返回负数 str1=str2,返回 0 str1>str2,返回正数

续表

函数名	函数原型	函数功能	返 回 值
stricmp	int stricmp(const char * str1, const char * str2)	按字典顺序比较两个字符串 str1 和 str2(大小写不敏感)	str1＜str2,返回负数 str1＝str2,返回 0 str1＞str2,返回正数
strncmp	int strncmp(const char * str1, const char * str2, unsigned int count)	按字典顺序比较两个字符串 str1 和 str2 前 count 个字符的字串(大小写敏感)	str1＜str2,返回负数 str1＝str2,返回 0 str1＞str2,返回正数
strnicmp	int strnicmp(const char * str1, const char * str2, unsigned int count)	按字典顺序比较两个字符串 str1 和 str2 前 count 个字符的字串(大小写不敏感)	str1＜str2,返回负数 str1＝str2,返回 0 str1＞str2,返回正数
strset	char * strset(char * str, char c)	将字符串 str 中的每个字符都设成 c	返回 str 指针
strnset	char * strnset(char * str, char c, unsigned int count)	将字符串 str 中的前 count 个字符都设成 c	返回 str 指针
strchr	char * strchr(const char * str, char c)	在字符串 str 中查找第一次出现字符 c 的位置	返回该位置的指针;没找到则返回 NULL
strrchr	char * strrchr(const char * str, char c)	在字符串 str 中反向查找第一次出现字符 c 的位置	返回该位置的指针;没找到则返回 NULL
strstr	char * strstr(const char * str1, const char * str2)	找出 str2 字符串在 str1 字符串中第一次出现的位置	返回该位置的指针;没找到则返回 NULL
strupr	char * strupr(char * str)	将字符串 str 中的字母转换为大写字母	返回 str 指针
strlwr	char * strlwr(char * str)	将字符串 str 中的字母转换为小写字母	返回 str 指针

注：在源程序中使用字符串处理函数时,应在该源程序中包含其头文件 string.h。

表 D.4　动态内存分配函数

函数名	函数原型	函数功能	返 回 值
calloc	void * calloc(unsigned n, unsigned size)	分配 n 个数据项的内存连续空间,每项大小为 size 字节	若成功,则返回分配的内存单元的起始地址;若不成功,则返回 NULL
free	void free(void * p)	释放 p 所指的内存区	无返回值
malloc	void * malloc(unsigned size)	分配 size 字节的存储区	若成功,则返回分配的内存单元的起始地址;若不成功,则返回 NULL
realloc	void * realloc(void * p, unsigned size)	将 p 所指向的已分配内存区的大小改为 size	返回指向该内存区的指针

注:在源程序中使用动态内存分配函数时,应在该源程序中包含其头文件 stdlib.h 或 malloc.h。

表 D.5 内存操作函数

函数名	函数原型	函数功能	返回值
memcpy	void * memcpy(void * to, const void * from, unsigned int count)	从 from 指向的内存区向 to 指向的内存区复制 count 字节；如果两内存区重叠，不定义该内存区的行为	返回指向 to 的指针
memset	void * memset(void * buf, int ch, unsigned int count)	把 ch 的低字节复制到 buf 指向的内存区的前 count 字节处，常用于把某个内存区域初始化为已知值	返回 buf 指针
memmove	void * memmove(void * to, const void * from, unsigned int count)	从 from 指向的内存区向 to 指向的内存区复制 count 字节；如果两内存区域重叠，则复制仍进行，但把内容放入 to 后修改 from	返回指向 to 的指针
memcmp	int memcmp(const void * buf1, const void * buf2, unsigned int count)	比较 buf1 和 buf2 指向的内存区前 count 字节信息	buf1<buf2，返回负数 buf1=buf2，返回 0 buf1>buf2，返回正数

注：在源程序中使用内存操作函数时，应该在该源程序中包含其头文件 string.h。在 BC 3.1 下也可使用 mem.h，在 VC 6.0 下可使用 memory.h。

表 D.6 缓冲文件系统的输入输出函数

函数名	函数原型	函数功能	返回值
fclose	int fclose(FILE * fp)	关闭 fp 所指的文件，释放文件缓冲区	若成功则返回 0，否则返回 1
feof	int feof (FILE * fp)	检查文件是否结束	遇到文件结束符则返回 1 值，否则返回 0
ferror	int ferror (FILE * fp)	检查文件 fp 所指向的文件中的错误	无错时返回 0，有错时返回 1
fflush	int fflush (FILE * fp)	如果 fp 所指向的文件是"写打开"的，则将输出缓冲区的内容物理地写入文件；如果文件是"读打开"的，则清除输入缓冲区的内容。在这两种情况下，文件维持打开不变	若成功则返回 0；出现写错误时，返回 EOF
fgetc	int fgetc (FILE * fp)	从 fp 所指定的文件中取得下一个字符	返回所得到的字符；若读入出错，则返回 EOF
fgetchar	int fgetchar(void)	从标准输入设备中取得下一个字符	返回所得到的字符；若读入出错，则返回 EOF
fgets	char * fgets(char * buf, int n, FILE * fp)	从 fp 指定的文件中读取一个长度为 (n−1) 的字符串，存入起始地址为 buf 的空间	返回地址 buf；若遇文件结束或出错，则返回 NULL
fopen	FILE * fopen(const char * filename, const char * mode)	以 mode 指定的方式打开名为 filename 的文件	若成功，则返回一个文件指针；若失败，则返回 NULL 指针
fprintf	int fprintf (FILE * fp, const char * format,args,…)	把 args 的值以 format 指定的格式输出到 fp 所指定的文件中	实际输出的字符数
fputc	int fputc (int ch, FILE * fp)	将字符 ch 输出到 fp 指向的文件中	若成功，则返回该字符；否则返回 EOF

续表

函数名	函数原型	函数功能	返回值
fputchar	int fputchar(char ch)	将字符 ch 输出到标准输出设备上	若成功,则返回该字符;否则返回 EOF
fputs	int fputs(const char * str,FILE * fp)	将 str 指向的字符串输出到 fp 所指定的文件	若成功则返回 0;若出错则返回 1
fread	int fread(char * pt,unsigned int size,unsigned int n,FILE * fp)	从 fp 所指定的文件中读取大小为 size 的 n 个数据项,存到 pt 所指向的内存区	返回所读的数据项个数,若遇到文件结束或出错,则返回 0
fscanf	int fscanf(FILE * fp,char * format,args,…)	从 fp 指定的文件中按 format 给定的格式将输入数据送到 args 所指向的内存单元(args 是指针)	已输入的数据个数
fseek	int fseek(FILE * fp,long int offset,int base)	将 fp 所指向的文件的位置指针移到以 base 所指出的位置为基准、以 offset 为位移量的位置	若成功,则返回当前位置;否则返回－1
ftell	long ftell (FILE * fp)	返回 fp 所指向的文件中的读写位置	返回 fp 所指向的文件中的读写位置
fwrite	unsigned int fwrite (const char * ptr,unsigned int size,unsigned int n,FILE * fp)	把 ptr 所指向的 n * size 字节写到 fp 所指向的文件中	写到 fp 文件中的数据项的个数
getc	int getc(FILE * fp)	从 fp 所指向的文件读入一个字符	返回所读的字符;若文件结束或出错,则返回 EOF
getchar	int getchar()	从标准输入设备读取并返回下一个字符(以回车符结束)	返回所读字符;若文件结束或出错则返回－1
gets	char * gets(char * str)	从标准输入设备读入字符串,放到 str 所指向的字符数组中,一直读到接收新行符或 EOF 时为止,新行符不作为读入串的内容,变成'\0'后作为该字符串的结束	若成功则返回 str 指针;否则返回 NULL 指针
printf	int printf (const char * format,args,…)	将输出表列 args 的值按 format 规定的格式输出到标准输出设备	输出字符的个数;若出错则返回负值
putc	int putc (int ch, FILE * fp)	把一个字符 ch 输出到 fp 所指的文件中	输出的字符 ch;若出错则返回 EOF
putchar	int putchar(char ch)	把字符 ch 输出到标准输出设备	输出的字符 ch;若出错则返回 EOF
puts	int puts(const char * str)	把 str 指向的字符串输出到标准输出设备,将'\0'转换为回车换行	返回换行符;若失败则返回 EOF
rename	int rename (const char * oldname, const char * newname)	把 oldname 所指的文件名改为由 newname 所指的文件名	若成功则返回 0;若出错则返回 1
rewind	void rewind(FILE * fp)	将 fp 指示的文件中的位置指针置于文件开头位置,并清除文件结束标志	无返回值
scanf	int scanf (const char * format,args,…)	从标准输入设备按 format 指向的字符串规定的格式,输入数据给 args 所指向的单元	读入并赋给 args 的数据个数。遇到文件结束返回 EOF;若出错则返回 0

注:在源程序中使用缓冲文件系统的输入输出函数时,应在该源程序中包含其头文件 stdio.h。

表 D.7 数据类型转换函数

函数名	函数原型	函数功能	返回值
atof	double atof(const char * str)	把字符串 str 转换为双精度浮点值。串中必须含合法的浮点数,否则返回值无定义	返回转换后的双精度浮点值
atoi	int atoi(const char * str)	把字符串 str 转换为整型值。串中必须含合法的整形数,否则返回值无定义	返回转换后的整型值
atol	long atol(const char * str)	把字符串 str 转换为长整型值。串中必须含合法的整形数,否则返回值无定义	返回转换后的长整型值
itoa	char * itoa(int value, char * str, int radix)	将整数 value 转换为用 radix 进制表示的字符串 str。进制 radix 必须为 2~36	指向 str 的指针
ltoa	char * ltoa (long value, char * str, int radix)	将长整数 value 转换为用 radix 进制表示的字符串 str。进制 radix 必须为 2~36	指向 str 的指针
ultoa	char * ultoa (unsigned long value, char * str, int radix)	将无符号长整数 value 转换为用 radix 进制表示的字符串 str。进制 radix 必须为 2~36	指向 str 的指针

注:在源程序中使用数据类型转换函数时,应在该源程序中包含其头文件 stdlib.h。

表 D.8 其他常用函数

函数名	函数原型	函数功能	返回值
sprintf	#include<stdio.h> int sprintf(char * str, const char * format, args, …)	将输出表列 args 的值按 format 规定的格式输出到字符串 str 中	输出字符的个数;若出错则返回负值
sscanf	#include<stdio.h> int sscanf(char * str, char * format, args, …)	从字符串 str 中按 format 给定的格式将输入数据送到 args 所指向的内存单元(args 是指针)	已输出的数据个数
getch	#include<conio.h> int getch(void)	从控制台取得一个字符,无回显	返回所读字符
getche	#include<conio.h> int getche(void)	从控制台取得一个字符	返回所读字符
exit	#include<stdlib.h> void exit(int code)	执行该函数时,程序立即正常终止,清空和关闭任何打开的文件。程序正常退出状态由 code 等于 0 或 EXIT-SUCCESS 表示,非 0 值或 EXIT-FAILURE 表示错误	无返回值
rand	#include<stdlib.h> int rand(void)	产生 0~RAND-MAX 的随机数,RAND-MAX 至少是 32767	返回随机数
srand	#include<stdlib.h> void srand(unsigned int seed)	为 rand 函数生成的伪随机数序列设置起点种子值	无返回值
random	#include<stdlib.h> int random(int num)	产生 0~num−1 的随机数	返回随机数
randomize	#include<stdlib.h> void randomize(void)	为 random 函数生成的伪随机数序列设置起点种子值	无返回值

参 考 文 献

[1] 谭浩强. C 程序设计[M]. 3 版. 北京:清华大学出版社,2005.
[2] 王敬华,林萍,王清国,等. C 语言程序设计教程[M]. 北京:清华大学出版社,2005.
[3] 杨起帆,等. C 语言程序设计教程[M]. 杭州:浙江大学出版社,2006.
[4] 曹计昌,卢萍,李开,等. C 语言程序设计[M]. 北京:科学出版社,2008.
[5] 王晓冬. 算法设计与分析[M]. 北京:清华大学出版社,2003.
[6] ISO 的 C 语言标准:ISO/ IEC 9899:1999 (E).
[7] HARBISON S P, STEELE G L. C 语言参考手册[M]. 北京:机械工业出版社,2003.

图书资源支持

感谢您一直以来对清华版图书的支持和爱护。为了配合本书的使用,本书提供配套的资源,有需求的读者请扫描下方的"书圈"微信公众号二维码,在图书专区下载,也可以拨打电话或发送电子邮件咨询。

如果您在使用本书的过程中遇到了什么问题,或者有相关图书出版计划,也请您发邮件告诉我们,以便我们更好地为您服务。

我们的联系方式:

地　　址:北京市海淀区双清路学研大厦 A 座 701

邮　　编:100084

电　　话:010-83470236　　010-83470237

资源下载:http://www.tup.com.cn

客服邮箱:2301891038@qq.com

QQ:2301891038(请写明您的单位和姓名)

用微信扫一扫右边的二维码,即可关注清华大学出版社公众号"书圈"。

书圈

扫一扫,获取最新目录

课程直播